böhlau

Michael Machatschek

Nahrhafte Landschaft 3

Von Baumwässern, Fetthennen, Schaum-
und Springkräutern, Ohrenpilzen, Kranawitt,
süßen Eicheln und anderen wiederentdeckten
Nutz- und Heilpflanzen

Böhlau Verlag Wien · Köln · Weimar

Abbildung Seite 2:
Der „Wald als Garten bewirtschaftet" umschreibt, welche vielfältigen Möglichkeiten an Erträgnissen in Erwägung gezogen werden können. So liefert er nicht nur Bau-, Werk- und Brennholz, sondern vielmehr auch Weidefutter, Einstreu, Heilpflanzen, Beeren- und Pilzerträge. Über mehrere Generationen war der Wald Teil einer Fruchtfolge, wobei nach der Abholzung zwischen den Holzstöcken Getreide und Kartoffeln angebaut, danach Heu- und Weidewirtschaft betrieben wurden, ehe wieder Waldbäume aufkamen (Alpenvorland, Oberösterreich).

Abbildungen Seiten 6 und 7:
Die kleinteiligen Landnutzungsformen mit Wiesen, Weiden, Obsthainen, Feldgebüschen, Hecken und Wäldern schaffen einen sehr vielfältigen Lebensraum für den Menschen, die Tiere und Pflanzen. Je höher diese Vielfalt ist und durch das sorgsame Wirken der Landnutzer erhalten bleibt, umso reichhaltiger gestalten sich auch die Sammelorte an den Rändern der Nutzungszuschreibungen, der Zäune, Säume, Böschungen, Bachverläufe und Ruderalplätze (Großternberg, Oberösterreich).

Bibliografische Information der Deutschen Nationalbibliothek:
Die Deutsche Nationalbibliothek verzeichnet diese Publikation in der Deutschen Nationalbibliografie; detaillierte bibliografische Daten sind im Internet über http://portal.dnb.de abrufbar.

© 2015 by Böhlau Verlag Ges.m.b.H. & Co.KG, Wien · Köln · Weimar,
www. boehlau-verlag.com

Alle Rechte vorbehalten. Dieses Werk ist urheberrechtlich geschützt.
Jede Verwertung außerhalb der engen Grenzen des Urheberrechtsgesetzes ist unzulässig.

© Fotos: Michael Machatschek, Hermagor
Korrektorat: Josef Georg Majcen, Graz
Umschlaggestaltung: Susanne Keuschnig, Wien
Satz, Layout: Ulrike Dietmayer, Wien
Bildbearbeitung: Pixelstorm, Wien

Gedruckt auf umweltfreundlichem, chlor- und säurefrei gebleichtem Papier.
Printed in Europe

ISBN 978-3-205-79626-8

Der dritte Band der Reihe

„Nahrhafte Landschaft"

ist den jüngsten Nachkommen

Matteo und *Hanna Helena*

als Anregung gewidmet, damit sie Muße und Zeit finden,
dem Gesang der Garten-Grasmücke zu lauschen und die
Kohlmeise beim Absammeln der Blattläuse im Apfelbaum
zu beobachten, die Bedeutung der Vogelarten zu erkennen und zu
lernen und die Vielfalt an nutzbaren Pflanzen zu schätzen wissen.

Von Angst befreites Leben

Die Angst vermiest uns heute das Leben,
man könne was falsch machen oder versäumen.
Das gute Leben wird auf morgen verschoben,
aber das wird es im Morgen niemals geben,
denn es ist nicht mehr nachholbar.

In Persien sagt man, der Mutige stirbt ein Mal,
der Ängstliche stirbt Tausende Tode.

Wer seine freie Haltung aufgibt
und ewig verbindlichen Verträgen nachläuft,
um im Leben scheinbar mehr Absicherung zu gewinnen,
der wird nie frei sein können,
sondern Freiheit und Sicherheit verlieren,
der hat sein Leben nicht verstanden und
wird das gute Leben auch morgen
nicht verwirklichen können.

Wildbeuterei und „Kräutern"

Sich der Wildbeuterei zu erfreuen und sich mit Kräutern zu versorgen ist ein Urrecht der Menschheit. Wenn wir dazu Kräuterkenntnisse erforschen und dokumentieren, soll die Aktualisierung dieses Urwissens die Hoffnung wachsen lassen, dass es heute wieder in Gebrauch genommen wird. Die Theorie darüber hilft nur wenig, wenn das im Verlust begriffene Wissen nicht aus dem praktischen Gebrauch heraus vermittelt wird.

    Scheint das Leben aus der Natur, aus dem Garten und von den Kräutern eine naive Sichtweise zu sein oder lediglich von einem uneinholbaren Paradies zu schwärmen? Nein, es handelt sich um eine Annäherung an eine Form des guten, einfachen Lebens, welche sich auf eine wundersame Weise breitmacht. Eine andere Sicht wird als Gegenentwurf im Treiben des heutigen Verschwendungs- und Wohlstandsrausches gesucht. Diese kann nicht gefunden werden, wenn die Menschen nicht die „bestehenden Wege mit eingefahrenen Gleisen" verlassen und bereit sind, das Einfache wieder zu lernen und wertzuschätzen.

Inhalt

- 7 Wildbeuterei und „Kräutern"
- 11 Vorbemerkungen zum einstigen Gebrauchswissen
- 25 Die ideale Wiese – *Pratensis* lesen lernen
- 42 Der Wald als Garten

FRÜHLING

- 68 Über die Bedeutung des Birkensafts (*Betula spec.*), des Birkenblätter-Sirups und andere Baumnutzungsgeschichten
- 94 Über das Baumwasser und die Gewinnung von Süßstoffen aus den Baumsäften der Ahorne (*Acer spec.*) und anderer Gehölze
- 120 Tausendsassa Vogelmiere deckt den Bedarf wichtiger Vitamine und Mineralstoffe ab
- 130 Süße Nachspeise mit Wiesen-Schaumkraut (*Cardamine pratensis*) und andere Aspekte der selten beschriebenen Heilpflanze

SOMMER

- 143 Große und Purpur-Fetthenne (*Sedum maximum, S. telephium*) eignen sich wunderbar für Salate, Suppen und Desserts
- 154 Die Rosenwurz (*Rhodiola rosea*) – Ethnobotanische Betrachtungen zur „Goldenen Heilwurzel"
- 170 Delikates Wildgemüse-Pfandl für die schnelle Küche
- 176 Rühr-mich-nicht-an – Sind Springkräuter (*Impatiens spec.*) als Nahrung verwertbar?
- 189 Der Rote oder Trauben-Holunder (*Sambucus racemosa*) liefert ein wertvolles Kernöl und die heilsame Hollersülze
- 204 *Dryas octopetala* – die Weiße Silberwurz oder der lebensverlängernde „Kaisertee"

HERBST

212 Der Hohlzahn (*Galeopsis spec.*) – Die „Kornwut" – eine wertvolle Heil- und vergessene Nahrungspflanze der Brandschläge und Äcker

226 Von den Früchten und Wurzeln der Berberitze (*Berberis vulgaris*)

237 Von Brombeer-Mus, Brombeer-Likör und Korb-Flechtwerk (*Rubus fruticosus agg.*, *Ra. caesius*)

247 Die Wurzel der Echten Nelkenwurz (*Geum urbanum*) wirkt vorbeugend gegen Schlaganfall

258 Eichelkuchen-Backversuche und Eichelmehl-Herstellung im Winter und Frühjahr

WINTER

272 Die Zweige und Beeren des Wacholders (*Juniperus communis*) sind auch im Winter für Heilzwecke erntbar

290 Das Judasohr (*Auricularia auricula-judae*) oder der Ohrlappenpilz – Ein Speise- und Heilpilz der kalten Übergangszeit

300 Von Süßen Eicheln, Eichelbier, Eichenrinde und Galläpfeln – die Geschichte der Eichen, spannend wie ein Krimi

321 **Von den Wildpflanzen leben ist ein Naturrecht**

333 Literatur- und Quellenverzeichnis

340 Allgemeines Sach- und Stichwortverzeichnis

349 Krankheiten – betroffene Körperteile

352 Der Autor

Vorbemerkungen zum einstigen Gebrauchswissen

*Wer Kräuter nur für sich sammelt,
ist kein wahrer Sammler.
Werden Kräuter in Geld umgesetzt,
so verlieren sie ihre Heilkraft.*

Eingeweihte fragen mich häufig, warum über die Nutzpflanzen und das Kräuterwissen noch weitere Bücher zu verfassen seien, wenn schon im Mittelalter darüber Vieles festgestellt und dokumentiert wurde und wenn in den letzten Jahren eine Vielzahl an neuen Büchern des ohnehin bekannten Wissens entstanden ist. Zu dieser Frage merke ich zumeist erweiternd an, inwiefern das derzeit dargestellte Wissen um die Kräuternutzungen vollständig sei und wer das bestimme. Damit das Kräuterwissen durch die Moderne nicht in Vergessenheit gerät, ist es ständig aktuell zu halten. Dazu sind weitere Anmerkungen anzubringen:

Die Kräuterkunde ist ein Wissen, welches wie das Handwerk durch das Aktualisieren der Gebräuche fundiert vermittelt werden kann. Diese Vermittlung über den Gebrauch ist ein Akt der Annäherung aus der Praxis und schafft Erfahrung. Über die Handhabung der Kräuter erlangt das Wissen eine Art von Selbstverständlichkeit. Doch die allzu große Nähe zu einem Thema kann verblenden. Ein oberflächlicher Spruch wird dann zumeist eingebracht: „Für jede Krankheit ist ein Kraut gewachsen." Wer sich mit Heilkräutern beschäftigt, weiß darüber zu berichten, wie vielfältig z.B. allein ein Kraut bei gesundheitlichen Beschwerden einsetzbar ist. Erzählen mir in verschiedenen Ländern die Leute darüber Geschichten, so sind vor allem die Einzelheiten von Bedeutung, welche andere geflissentlich unbeachtet lassen.

Früher war die Landschaft offener und wurde kleinteiliger bewirtschaftet. Heute steht der Intensivierung die Extensivierung auf der anderen Seite gegenüber: So finden wir gleichzeitig große Flurschläge mit wenigen freistehenden Einzelgehölzen und Gehölzbrachen (siehe Gelbfärbung) bzw. vermehrte Aufforstungen parallel in der Landschaft wieder (Raum Pöllau, Steiermark).

Allerdings unterliegen diese Kenntnisse in ihrer Vollständigkeit einem Reibungsverlust, wenn man von der undistanzierten Vertrautheit des Themas ausgeht. Die Berichtenden glauben, dasselbe zu wissen wie andere, und reduzieren die einfachen Wissenszusammenhänge und zuweil auch über Generationen gepflegte falsche Kolportagen in ihrem Gehalt. Dabei berichten die Menschen häufig das in den letzten Jahrzehnten z.b. in Glossen der Zeitschriften wiedergekäute und sehr verallgemeinerte Wissen oder verweisen auf derlei oberflächliche Sammlungen, welche mich wenig ansprechen.

Traditionell vermitteltes Wissen

Vielmehr interessiert mich das von den Vorfahren traditionell vermittelte Praxiswissen, welches auch tatsächlich gelebt wurde und in dem persönliche Erfahrungen beinhaltet sind. Wenn ich z.b. den „Laubgeschichten" nachgegangen bin, so stecken dahinter 18 Jahre „Wissenserarbeitung" und drei Jahre der Textabfassung, und nach wie vor höre ich nicht auf, mich für dieses Thema zu interessieren. Denn die Wissensbegrenzung hört nie auf, ist in verschiedene Richtungen offen und kann erst durch den praktischen Gebrauch Erweiterung finden.

Die in diesem Buch zusammengefassten Erfahrungen zur Baumwassergewinnung musste ich mir selber in 30 Jahren der Beforschung erschließen. Mit den Jahren des praktischen Umgangs erst kommt man auf Kenntnisse der Verarbeitung, der Qualitätsunterschiede in Bezug auf Erntekriterien und in Abhängigkeit der Witterungseinflüsse. Aber aus Büchern lernt man diese Zusammenhänge nie. In den verschiedenen Regionen Mitteleuropas konnte ich dazu Experimente machen, vor allem auf den Höfen, wo ich mitarbeitete oder die wir selber bewirtschafteten. Kleine Hinweise eröffneten eine Reise in eine Gegend, wo ich noch nie zuvor gewesen war, und brachten mich auf andere Themen. Die interessanten Gewährsleute und beiläufigen Bekanntschaften beschenkten mich reich mit Wissen, und manchmal erhielt ich im Gegenzug für die Mithilfe Naturalien. Das ist wahrlich ein anderes Wissen von Leuten, welche bei der Arbeit blieben. Die Zusammenführung der vielen Details lassen Pflanzen und die sie bedingende Landnutzung in einem anderen Licht erscheinen.

Zufällige und beabsichtigte Experimente

Wenn man zufällig auf eine Nutzungsmöglichkeit stößt, kann man dies von verschiedenen Seiten beleuchten, um zu einer gefestigten Folgerung zu kommen. Erst diese Vergewisserung und die Beweisführung aus anderen Ebenen und Beispielen lassen weitere Nutzungsmöglichkeiten zu. Vermeintlich misslungene und durchdachte Versuche legen neue Nutzungszuschreibungen offen. So entstehen aus zufälligen Experimenten auf einer anderen Seite brauchbare Aussagen. Aber Voraussetzung dafür ist es, eine Ahnung von neuen Zusammenhängen zu haben. Eine Gebrauchsgeschichte der Vorfahren zu haben, an der man anknüpfen kann, gibt auch der nächsten Generation eine Sicherheit im hauswirtschaftlichen Lebenszugang.

Wenn ich z. B. an den jungen Ronald denke, den ich einmal in Amelinghausen kennenlernte und der bei einem Seminar davon erzählte und es vorführte, wie er getrocknetes Speiselaub verwertet, so können aus seinen Eigenversuchen zusätzlich zu meinen Experimenten und Behauptungen zur Laubnutzung für Speisezwecke unterstützende Schlüsse gezogen werden. Solche Erfahrungen anderer Leute bestätigen im Übrigen, dass die Menschen tatsächlich richtig bewirtschaftete Bäume und richtig geerntetes Laub als Nahrungsbestandteil berücksichtigen können und mit hoher Wahrscheinlichkeit auch verwendet hatten. Affen in etwa leben nicht nur von Obst und schon gar nicht allein nur von Bananen, vor allem weil diese nicht in dieser paradiesischen Menge allzeit zur Verfügung stehen. Sie leben vielmehr vom Baumlaub und von anderen Vegetabilien. Archäologen suchen stets nach Getreideresten, obwohl sie längstens wissen müssten, dass es bei uns auch eine Ernährungsgeschichte vor der Zeit der Getreidekultur gegeben hatte. Und wenn sie nicht auf diese Fragen achten, dann übersehen sie diese Zusammenhänge und zerstören jene Indizien, welche bei ihren Grabungen zu finden wären.

All unsere Erfahrungsschätze

Die kontinuierliche praktische Beschäftigung mit Nutzpflanzen wirft immer wieder neue interessante Fragen auf, auch wenn etwas Geheimnisvolles bewahrt bleibt. Und wer nicht fragt, bekommt keine Antworten und bringt aus dem Sichtbaren nicht das Verborgene hervor. Richtiges Forschen ist ein unablässiges und schwerfälliges Fragen und auch eine Form der Gastfreundschaft gegenüber den Leuten. Kommunikation setzt allerdings Wissen voraus, damit ein wohlwollender Erfahrungsaustausch möglich wird. John BERGER (1990) schreibt: „Ich habe niemals den Eindruck, daß meine Erfahrung nur mir gehört, und oft scheint mir, daß sie schon vor mir da war." Von den wenigen alten Leuten, welche das Kräuterwissen noch tatsächlich handhaben, werden neben der vertrauten Kernbedeutung der Einfachheit halber zumeist nur einige Nebenaspekte erläutert, obwohl es davon viele zu berichten gäbe. In einer gewissen Art idealisieren sie ihre eigenen Erfahrungen und unterstellen sie einem wertenden Kommentar. Geht man mehreren erzählten Berichten, Meinungen, Gerüchten oder Hinweisen zu Einzelpflanzen nach, so handelt es sich gewöhnlich um Teilaspekte, mit einem hohen Unsicherheitsgrad behaftet. Bringen die Leute zu einer Pflanze jeweils andere Erzählungen hervor, so machen viele Aspekte, aus verschiedenen Regionen zusammengetragen, die Nutzungsgeschichte kompletter und erschließen aus dem Vergleich neue Gesichtspunkte. Das praktische, von anderen Leuten berichtete Detailwissen um die vielen Gebrauchsgeschichten macht die Pflanzen interessanter. Ich für meinen Teil unterstelle das Wissen einer praktischen Erprobung, versuche es, soweit es möglich ist, einzusetzen und zu erweitern, wodurch der Erfahrungsschatz erarbeitet wird und zuwächst. Vielfach erfolgt ein Austausch mit Leuten, welche in der Verwendung Erfahrungen haben oder hatten. Die Vervollständigung der Gebrauchskenntnisse ist ein spannendes Projekt, dem ich mit Vergnügen auch weiterhin nachgehe.

Kräuterkunde ist ein vegetationskundiges Botanisieren

Wir kommen nicht umhin, uns der Einflüsse der Moderne auch auf das Kräuterwissen und die Standorte ihres Vorkommens zu vergegenwärtigen. Auf der einen Seite hat sich die Einstellung zur Naturheilkunde und Ernährung rückwendend geändert, und auf der anderen Seite bedingt die agroindustrielle Landwirtschaft und damit einhergehend die Verbrachung von Flächen – auch der Naturschutzflächen –

Die Ausnützung der Gratis-Naturproduktivkräfte einer Landschaft war mit viel Handarbeit, einer klugen zeitlichen und räumlichen Organisation verbunden und sicherte die Existenzen der ländlichen und städtischen Bevölkerung (Assling mit Lienzer Dolomiten, Osttirol).

stark reduzierte Nutzungsmöglichkeiten wildwachsender Pflanzen. Es spielen so viele Parallelentwicklungen mit, dass es müßig ist, all diese Einflüsse hier aufzuzählen und wertend zu interpretieren. Wie sich die Zeiten geändert haben, verdeutlichte Walther KAUER (1987) in seinem empfehlenswerten Roman „Spätholz" treffend:

> *„… Rocco hatte ihnen mehr als einmal im Grotto zugehört. Freilich hatte er sich gehütet, auch nur ein Wort davon zu sagen, was er über diese Kräuter und Wurzeln wußte. Giancarlo hatte ihm sein Wissen nicht mitgeteilt, um damit im Wirtshaus großzutun. Aber er wunderte sich doch, daß die Terzoner Bauern mit vor Staunen offenem Mund zuhörten, hatten sie doch die gleichen Kräuter oft gesehen, wenn sie den alten Giancarlo und später ihn gerufen hatten, um Krankheit von Haus und Stall zu nehmen. Gewiß, die Herren Professoren und Studenten gebrauchten andere Ausdrücke, aber Rocco erkannte die mitgebrachten Kräuter und Wurzeln auf den ersten Blick. Merkwürdig*

kam ihm nur vor, daß diese gelehrten Herren über die Wirkung dieser Kräuter und Wurzeln kein Wort verloren, also offenbar nicht die geringste Ahnung hatten."

Die Art der Pflanzenvermittlung unterliegt nicht dem Zufall, sondern beherbergt Absichten. Da versteckt sich zumeist eine wohlweisliche „Politur des Wissens" und der Gedanken. Die „floristische Botanik" der ProfessorInnen und DozentInnen betreibt gerade die Verschüttung des Pflanzengebrauchs. Würden diese Herren und Damen „vegetationskundig Botanisieren" (s. MACHATSCHEK, M. 2000), würden sie darin eine „gebrauchsorientierte Nützlichkeit" erkennen. So verharren sie aber in einer abstrakten Pflanzensicht und in Ansichten eines starren Glassturz-Naturschutzes und sind dafür verantwortlich, dass selten gewordene Arten gerade durch die von ihnen mitverursachte Verbrachung verschwinden. Wer diesbezüglich die schlechten Nachrichten überbringt, lädt immer die Prügel auf sich. Aus verschiedenen Gründen will niemand einen anderen Ansatz verstehen und zulassen. Eine fundierte Kräuterkunde hingegen trägt auch die Verpflichtung mit sich, die Auswirkungen der Landbewirtschaftungsweisen auf das Vorhandensein der Pflanzen und unserer natürlichen Ressourcen zu verdeutlichen (s. MACHATSCHEK, M. 2001). Und Kräuter stellen eine Basis für die gesellschaftlichen Produktionsverhältnisse dar. Der Umgang mit Nutzkräutern sensibilisiert ein anderes Verständnis für einen erhaltenden Schutz der Natur, allerdings nicht für die aktive Verbrachung von Naturschutzflächen.

Vom Wert der Kräuter

Heutige Generationen unterrichten lediglich abstraktes Wissen mit alibisierenden Teilaspekten der Nutzbarkeit. Sie kennen weder die besondere Bedeutung eines Krautes noch die Vielfalt ihrer Anwendungsmöglichkeiten. Vielfach handelt es sich um aus Büchern reproduziertes Wissen, welches erst in den letzten Jahren wiederum aus Büchern angeeignet, aber nicht aus den Vorgenerationen übermittelt wurde. Denn kaum je zuvor war seit dem Zweiten Weltkrieg die wirkungsvoll erregte Aufmerksamkeit der Kräuterkunde von den Medien oder in Diplomarbeiten so deutlich an die Öffentlichkeit gedrungen wie im letzten Jahrzehnt. Während der Kriegs- und Wirtschaftskrisenjahre wurde die Bevölkerung ob der niederliegenden Landwirtschaft zum Sammeln für den Tee an der Front und für Wildgemüse zur eigenen Versorgung aufgefordert. Die Kräuterkunde war dadurch stigmatisiert, ja missbraucht worden. Aber das Wissen kann nichts dafür, wenn es von Ideologien vereinnahmt wird (s. LAMPERT H. et al. 2000). Und scheinbar ist das Kräuterwissen seit jener Zeit dieser Ideologie entzogen worden und danach sehr wohl aber der Moderne erlegen.

Nach dem Zweiten Weltkrieg berief man sich vorrangig auf materialistische Gesichtspunkte und ökonomische Gesetze, welchen man bis heute die Autorität von Naturgesetzen verlieh. Die Hoffnung der Zukunft wurde durch den Verheißungsglauben an anonymisierte Marktwaren ersetzt. Die Leute fingen mit der Natur nichts mehr an, viele Werte wurden dem Konsum geopfert. Demzufolge versuchte man sich wie in einem exzessiven Verlangen von der „abhängigen Natur" und dem Arme-Leute-Klischee vollends zu befreien. Zwischen 1960 und Ende der 1990er-Jahre war infolge der modernen Konsumeinstellung das Kräuterwissen fast durchgängig außer Acht gelassen, ja verdrängt worden und war der Abstand von den Erfahrungen zur Vergangenheit größer geworden als je zuvor im Geschichtsverlauf. Auch lokale und autochthone Kultursorten an Getreide, Gemüse und Obst waren mithilfe der Beratung durch moderne Sorten ersetzt worden. Es schickte sich nicht an, Subsistenzwissen zu leben, wenn man dafür ausgelacht und diffamiert wurde. Die auf Geldwert und auf Verbrauch orientierte Konsumwelt und das Vergessen kluger Gebrauchswerte waren stärker als die erzählende und vorgelebte Wissensvermittlung vor allem der älteren Frauen. Erbarmungslos wurde jeder Wert auf seinen Geldwert reduziert. Man glaubte auf die einfachen Erfahrungen verzichten zu können. Dies bedeutete einerseits den Verzicht auf die unmittelbar erprobten Kenntnisse unserer Vorgenerationen und andererseits folglich eine Verleugnung und Entwürdigung der Kulturmomente unserer Menschheit.

Es kann nicht sein, dass wir im ungleichen Tausch Geld verdienen müssen, um uns wiederum in einem ungleichen Tausch damit die Nahrung leisten zu können, das war nicht im Sinne einer Schöpfung, ein normales Leben zu führen. Geld als Tauschmittel ist eine sinnvolle

Erfindung. Allerdings manövrierte sich unsere Elterngeneration in eine Abhängigkeit des beliefernden Marktes. Vielmehr ist die Ernährung, zumindest in einem größeren Anteil aus dem Garten und der freien Natur, eine erstrebenswerte Angelegenheit, auch weil mit dem selber getätigten Nahrungserwerb das Wissen erhalten bleibt und vermittelnd weitergegeben wird.

Das „Kräutern", „Gärtnern" und „Bauern" ist eine Form der Wissenserhaltung

Davon auszugehen, die Zeiten hätten sich geändert, ist eine zu einfache Interpretation und eröffnet stets die Möglichkeit, neue Märkte einzuführen. Die Wandlungen in der Kultur spitzen sich heute mehr denn je zu neuen Abhängigkeitsmechanismen zu und bedeuten Abstriche in der Autonomie. In den Jahrgängen zwischen 1920 und 1945 erarbeitete man noch Speisen und Heilmittel auf der Basis so mancher Sammelkräuter. Heute dazu befragt, erinnern sich nur wenige Leute daran, da sie vieles verdrängt haben. Auch die Gemüsegartenwirtschaft war in den Landgemeinden mit Ende der 1960er- bis 1970er-Jahre sukzessive eingestellt und durch die Ziergartenpflege ersetzt worden. Beinahe alle Bauernwirtschaften wurden in Landwirtschaften mit agroindustriellem Charakter umgewandelt. Die „Dürrkräutler", wie ich sie noch kennenlernen durfte, sind mittlerweile ausgestorben (s. bei POHANKA, A. 1987; BERGER, J. 1982). Nur ganz wenige hielten durch den Gebrauch das Wissen um das „Kräutern", „Gärtnern" und „Bauern" warm und verfügten über einen umfangreichen Fundus. Die Generation, welche das Wissen umfassend und im Sinne einer ökologischen Sparsamkeit auch lebte, ist mittlerweile ausgestorben.

Dieser weitere Band soll in Fragen der Kräuterkunde ein Fenster in eine Vorzeit öffnen, um die sinnvollen Zusammenhänge der Naturnutzung sichtbar zu machen. Denn Kräuterwissen zu aktualisieren bedeutet, aufseiten des Verlustes die Hoffnungen wachsen zu lassen, dass es wieder auflebt und in den Gebrauch genommen wird. Das Wiederkehren des Wissens aus dem praktischen Gebrauch vermittelt, stellt die Relevanz dar. Diese Dokumentationen und gelebten Gebräuche sollen daran erinnern, wie mithilfe des Naturwissens die Autonomie der Leute gestärkt werden kann. Allein das Kräutersammeln ist gleichzeitig ein Sammeln von Kenntnissen aus dem alltäglichen Gebrauch für die Einzelpersonen wie auch ein Vermächtnis für die Allgemeinheit.

Vermächtnis an zukünftige Generationen

Insofern handelt es sich bei meinen Büchern um eine Art des Berichtens über das verlorengegangene Gebrauchswissen und seine Folgen des Verlustes. Beim Schreiben dieses Bandes fragt man trotzdem um die Motive, welche einen bewegen. Das Abfassen der Kapitel ist ein Ringen um den Sinn von „Kräuter-Erfahrungen", ein Ringen um die Erhaltung des Subsistenzwissens, ohne das wir nicht auskommen werden, auch in mehreren Hunderten oder tausend Jahren nicht. Das Schreiben ist zudem von der Hoffnung getragen, eine geänderte Wahrnehmung mit der Natur und einen anderen Umgang mit uns selber

❚ Vorbemerkungen zum einstigen Gebrauchswissen

In den gefüllten Gläsern ist das Wissen um den Gebrauch der Bevorratung enthalten. Die Vermittlung des Wissens und das Vorzeigen des Gebrauchens ist das Vermächtnis an die nachfolgenden Generationen und dieses liegt in unserer Verantwortung.

▌ Vorbemerkungen zum einstigen Gebrauchswissen

zu finden, indem wir uns einbremsen und hinsehen, was an klugen Gebräuchen vorhanden gewesen ist und wieder nutzbar möglich wird. Die Blätter und Sprossen verschiedener essbarer Kräuter, z.B. Löwenzahn, Sauerampfer, Schafgarbe, Brombeeren usf. zählten zu den Nahrungsmitteln aus der Kulturlandschaft. Eine ganze Menge davon, allerdings in eingeschränktem Umfang, kennen wir heute zumindest großteils, und darüber wurden z.b. für Mitteleuropa und darüber hinaus einige fragmentarische Übersichten angefertigt (s. z.B. MAURIZIO, A. 1927, 1940; SCHLOSSER, S. et al. 1991; MACHATSCHEK, M. 2010; FLEISCHHAUER, S.G. et al. 2013). Aber welche Pflanzen und Früchte wie z.B. Wildgräser, Flechten, Baumlaubarten und Wildwurzeln der Urwelt nutzten unsere Vorfahren, welche die jungfräuliche Erde selbst in der Naturlandschaft darbot, welche nicht unter dem Einfluss einer Kultur standen? Eicheln, Schneeball oder Traubenkirsche zählen z.B. zu diesen nutzbaren Urweltpflanzen. Die meisten der ursprünglich genutzten Wildpflanzen und bevor die Getreidekultur bei uns Einzug nahm, blieben bislang im Verborgenen. Ein relevanter Schritt zur Wiederentdeckung des verlorengegangenen Wissens liegt auch im experimentellen Zugang und in den Geschichten zur Landnutzung. Für mich bedeuten die gebrauchsorientierte Beforschung der Wildkräuter und ihre Dokumentation ein in die weite Zukunft gesendetes Vermächtnis, damit die Menschen auf eine Vielfalt des „Wildwurzelwerkwissens" unserer Natur zurückgreifen können. Und liebend gerne baue ich z.b. die eingeführte „Cartufula" (friaulanisch für Kartoffel) an und weiß sie sehr zu genießen. Die Akzeptanz der Kulturerrungenschaften, der selektiven Züchtung und der Anbau von Zuchtsorten helfen der Überwindung von Kultur- und Sprachgrenzen (vgl. IMFELD, A. 2005). Werden allerdings heute die weit verbreitete allergiefördernde Hybrid- und in Zukunft eine genmanipulierte Nahrung zugelassen werden, sind eindeutig sinnvolle Grenzen überschritten worden.

Das Kräuterwissen wird benutzt, um Heilwissen zu verleugnen

Wer Kräuter sammelt und nutzt, erarbeitet sich das Erfahrungswissen, welches ständig zuwächst. Durch den Gebrauch in der hauswirtschaftlichen Ökonomie bleibt die Kräuterkunde lebendig und werden der

Wert, die Verarbeitung und Bevorratung vorgelebt. Wer diese Grundbasis der Verwendung von Kräutern nicht kennt, tut sich schwer die Zusammenhänge der Bedeutungen und Wirkungen zu erkennen und zu akzeptieren. In der Diskussion um die Verwendung von Heilkräutern ist der fiktive Einwand der JounalistInnen, der KöchInnen, ErnährungswissenschaftlerInnen, ApothekerInnen und ÄrztInnen gerade deswegen destruktiv. Nur weil in den Büchern etwas anderes, manchmal auch Falsches geschrieben steht und die neuzeitlichen Schreiberlinge nicht selber die Sachen ausprobieren, geschweige denn verkochen, verarbeiten und mit Kräutern heilen können, haben sie noch lange nicht das Recht, die seit alters her existenten Heilkundekenntnisse in Misskredit zu stellen, zu desavouieren und andere Berufsgruppen zu schikanieren und zu bekämpfen. Man sollte auch Erfahrungen mitbringen, welche die Einwände begründen, ehe man fiktive Diskussionsbeiträge einwirft und die Arbeit und Dokumentation vieler Generationen zerstört. Leute, die keine Ahnung von der Heilkräuterkunde haben, haben es leicht, andere Ansichten in den Debatten zu deponieren. Ihre rein theoretische Vorgangsweise ignoriert das Praxis- und ignoriert das Erfahrungswissen von Leuten, welche mit den Wildkräutern das Auslangen finden mussten. Heute wird das vielfach gepriesene Kräuterwissen oberflächlich vorgetragen und dazu benutzt, um das darin verborgene Heilwissen zu verleugnen.

Exotische Gourmetabstraktion bringt astronomische Geldabschöpfungen

Freilich ist es legitim, mit den alten Nutzgewohnheiten flexibel und schöpferisch umzugehen und für heutige Verhältnisse das Kräuterwissen zu modifizieren, anstatt ausschließlich überalterte Denk- und Handlungsmuster zu pflegen. Allerdings macht entsprechend den aktuellen Strömungen auch das Design auf dem Kräutersektor keinen Halt. Das abgeschriebene Wissen in neuer Aufmachung wettbewerbsorientiert dargestellt, emotionalisiert und lukriert Scheinwerte. Gourmetköche bieten Außergewöhnliches und Unverwechselbares an, als stammten diese verkochten Wildpflanzen aus der Karibik oder seien Importware vom Mond. Eine sentimentale Ansicht von Natur wird auf elitäre Weise benutzt, um den Wildkräutern einen „exotischen Geldwert" angedeihen zu lassen. Dabei ist die Funktionalität der Kräuterverwendung stets die gleiche. Nur dem Schein nach und unter dem Stigma des Designs und der Komplexität werden Unterschiede dargelegt und künstlich hervorgehoben, welche sich aber nicht im Grundlegenden unterscheiden. Die Extravaganz der Aufmachung wird dann zur Kunst erhoben und dafür Bares auf dem Rechnungstisch hinterlassen. Ein gutes Theater mit viel Trara und Etepetete. Das scheinbar Neue in den Produkten und Ergebnissen verspricht viel und hält wenig.

Neuerdings werden Hummerzangen mit Wald-Sauerklee, Taubenleber mit Gundelrebe, ausgelöste Austern mit speziellen teuren Flechten- und Rindenpulvern zu Raffinements verarbeitet oder Wildgemüse mit Maracuja und roher Tintenfisch-Soße akzentuiert. Selbst Gourmetkritiker dürften offenbar vom Leben und der Verwendung lokaler Grundprodukte keinen blassen Schimmer haben. Sie erheben zusammenhanglos alles auf eine Kunstebene des Elitären und der Eleganz empor, scheinbar makellos aller Footprint-Diskussionen. Wen interessieren wirklich die luxuriöse Extravaganz einer zubereiteten Seeteufel-Leber und ein Geschmacksbogen des Seeigel-Rogens, wenn man auch einfache Speisen mit höchsten Geschmacksqualitäten zubereiten kann? Und wem nützt diese Extravaganz, wenn es um Hunger- und Überlebensfragen geht?

Die „Wildbeuterei", gärtnerische, die bäuerlich-landwirtschaftliche Produktion und die kulinarische Verwertung können nicht reinen ökonomischen Gesetzen unterstellt werden. Das Leben mit Wildkräutern bezieht sich auf das gegenseitige Nehmen und Geben in der Natur und ist auf einer anderen Wahrnehmungsebene begründet. Einfache Leute erhielten durch den simplen Umgang mit Wildkräutern dieses im Grunde genommene alltägliche Gebrauchswissen, und ihre Kochereien gingen durchwegs in der Schmackhaftigkeit einfacher Speisen auf. Die Veredelung ist so simpel wie Grießbrei kochen, bedarf aber handwerklicher Grundkenntnisse. Trotz des aufwendigen Sammelns und der Verarbeitung ergeben unsere Erfahrungen, dass mit der Nutzung der Wildkräuter sehr wohl gute, gesunde und einfache Speisen zubereitet werden können, welche rentabel und sparsam erwirtschaftet werden und somit ein sorgsamer Umgang mit der Natur lebbar ist. Bei den Wildpflanzen als Nahrungsmittel weiß man wenigstens, was man an Wert hat.

Die ideale Wiese – Pratensis lesen lernen

In handwerklich richtig bewirtschafteten zwei- oder dreischürigen Wiesen findet sich eine nutzbare Kräutervielfalt. Dem artenarmen Silage-Grünland kann keine gesunde Milch und kein gesundes Vieh entstammen.

Wir sind auf gute Wiesen und gutes Heu angewiesen

Feinschmecker vermissen heute die Glatthaferwiesen, weil aus ihnen sehr viele Wildgemüsearten sammelbar waren. Wen wundert es, wenn heute die Kühe mit Silage wie Schweine gefüttert werden? Silage-Grünländer bestehen großteils aus wenigen Grasarten. Die Kühe fressen zwar gern rohfaserreiches Futter, aber bitte von der Wiese, in der sich auch blumenbunte Kräuter befinden. Mit einer Wiese verbinden wir eine blumenbunte Vegetation, welche zahlreiche Insekten, Falter und anderes Getier beherbergt. Und gute Wiesen zeichnen sich durch das Vorhandensein von Wiesen-Glockenblume, Margerite, Wiesen-Bocksbart, Wiesen-Pippau, Rot-Klee, Wiesen-Schwingel, Glatthafer oder Witwenblume u. v. a. aus. Nicht nur wegen der Bitterstoffe, sondern auch wegen der Wirkstoffe für Verdauung, Kreislauf und Fruchtbarkeit von Mensch und Tier sind diese Pflanzen wichtig. Man kann sie und viele andere in der Ernährung einsetzen. Die geschlossenen Blütensprosse von Margerite und Wiesen-Bocksbart in Backteig frittiert gelten als bekömmliche Leckerbissen.

Pratensis – auf der Wiese vorkommend

Mit dem „Begriff Wiese" subsumieren wir in romantischer Weise das gesamte Grünland. Genau betrachtet stellt sich heraus, dass die meisten Wiesen keine mehr sind, nichts mehr mit dem ursprünglichen „pratum" zu tun haben. Deshalb eingangs die Frage, was macht eine gute Wiese aus?

Artenreiche Glatthafer-Wiesen können bis über achtzig Kräuter und Gräser aufweisen und ...

... müssen nicht unbedingt blumenbunten Charakter haben (Lesachtal, Kärnten, Osttirol).

Während der Grundschulzeit Ende der 1960er-Jahre im Wolfgangsee-Gebiet waren von den Wegen die bunten Blüten vieler Blumen in den Wiesen ausnehmbar. Gemäht wurde damals regelmäßig in der zweiten Junihälfte. Ein Nachbar schnitt stets um den 5. bis 7. Juli seine letzten Wiesen der Südhänge. Heute mähen die Landwirte das Futter in der Regel zwischen 1. und 15. Mai, in manchen Fällen sogar schon Ende April, um das Mähgut für die Silage zu gewinnen. Das ist sieben bis neun Wochen früher als der auf altem Wissen basierende Heuschnitt, und darüber hinaus holen sie den zweiten Schnitt als eiweißreiches Heu etwa drei Wochen früher als vor gut 30 Jahren ein. Die Orientierung auf Menge des Erntegutes hat den Blick auf die Qualität verstellt. Auch bei vielen Biobauern ist nicht mehr die Qualität eine Frage des ökologischen Wirtschaftens, sondern der höhere Preis aus der Zugehörigkeit zu einem Bioverband.

	WIESE	GRÜNLAND-ÜBERGANGSTYPEN	VIELSCHNITT-GRASLAND
	Zeitraum 1950 – 1965	Zeitraum 1970 – 1985	Zeitraum 1990 – 2010
1. Schnitt	Heuschnitt	Heuschnitt / Silage	Silage
2. Schnitt	2. Schnitt = Grummet	Silage oder Heutrocknung	Silage
3. Schnitt	(selten ein 2. Grummet)	Grummet = Emd	Silage
4. Schnitt	–	Grummet = Emd	Silage / Grummet
5. Schnitt	–	–	Silage / Grummet
6. Schnitt	–	–	Silage
7. Schnitt	–	–	(Silage) extrem
Kraftfuttergaben	sehr geringe Menge	im Steigen begriffen	sehr stark angestiegen
Tiergesundheit	war in Ordnung	Beginn von Problemen	stark verschlechtert
Fruchtbarkeitsprobleme	keine gegeben	Beginn der Probleme	stark angestiegen
Biodiversität	hoher Artenreichtum	abnehmende Artenvielfalt	völlige Artenverarmung
Artengarnituren	viele Heilkräuter	Rückgang der Heilkräuter	keine Heilkräuter

Tab. 1: *Veränderung der Schnitthäufigkeit bei Abnahme der Heilkräuter auf den Wirtschaftsflächen und Zunahme der eiweiß-, kraftfutter- und mineralstoffbetonten Fütterung im Stall.*

Der Glatthafer, eines der besten Futtergräser: Ohne Gräser würde der Heuertrag gering bleiben, da bei der maschinellen Heuwerbung kräuterreicher Bestände große Bröckelverluste entstehen.

Wiesenheu und Rohfasermagen

Mit dieser völligen Veränderung der Bewirtschaftung von der Wiese zum Vielschnittgrünland haben sich die Vegetationsbestände gravierend geändert. Dies ist an den Blühphänomenen, an den Artengarnituren und an den Artenzahlen erkennbar: Heutige Grünländer haben nur mehr monotone Farbgebungen. Sie sind zumeist grün- oder einseitig gelbfarbig ausgeprägt. Der Großteil der Mähflächen ist heute als Grünland zu bezeichnen und sie haben mit der eigentlichen Wiesenwirtschaft nichts mehr zu tun. Und wenn heute ein Bauer vom „Heuen" spricht, so wird ein alter Begriff strapaziert oder missbraucht, der sich mit der Realität widerspricht, denn viele Bewirtschafter meinen dabei alleinig die Mahd zum Erhalt von Silage oder Grummet, aber nicht von Heu. Das Silofutter hat keineswegs etwas mit dem Heuen zu tun.

Oben: Der Wiesen-Bocksbart ist ein Zeichen für gute Wiesenbewirtschaftung.

Rechts: Der Wiesen-Salbei zeigt trockenere Glatthafer- und Magerwiesen an.

Heuen, das war etwas ganz anderes. Unsere Rinder oder Schafe bekommen heute sehr großen Mengen Silage und Grummet als Futterrationen neben dem Kraft- und Mineralstofffutter verabreicht. Kuh und Schaf werden wie die Schweine gefüttert, wiewohl wir wissen, dass sie keinen Schweinemagen, sondern einen Magen haben, der Rohfaser verdauen kann und soll (s. LÜHRS, H. 1993; 1994). Demzufolge handelt es sich heute schon beim zu frühen ersten Schnitt um eine „Grünmahd" – von daher rührt der Begriff „Grummet" –, deren Resultat ein sehr eiweißreiches und arten- bzw. kräuterarmes Futter ist. Hingegen ist Heu in der Fütterung eine Rarität geworden. Aus dem Mangel an qualitativ gutem und ausgereiftem Heu sind den Nutztieren eine geringere Lebensdauer, hohe Krankheitsanfälligkeit und höhere Totgeburtenrate beschieden und den Landwirten hohe Ausgaben für Fremdmitteleinsätze, Zusatzfutter- und Tierarztkosten.

Wiesenwirtschaft auf Samenvorrat im Boden

Im Lesachtal (Kärnten) lernte ich vor gut 25 Jahren die Unterschiede zwischen Wiesen und Grünland bei der praktischen Arbeit kennen. Jedes Jahr begannen dort die Landbewirtschafter andere Wiesenflächen als Erstes zu mähen: Von allen Wiesen mähte man einen Teil vor der Blüte, einen während der Blüte und einen nach der Blüte. Hinzu kommt, dass mit dem jedes Jahr wechselnden Beginn der Wiesenmahd verschiedene Voraussetzungen für Insekten, Käfer, Vögel und andere Tiergruppen existierten. Mit dieser wechselnden Handhabung bewirkten die Bauern gleichzeitig auf jeder Fläche die Vorsorge für den Samenvorrat im Boden. Die Wirtschaftsweise bedingte die kontinuierliche Reproduktion der ausfallenden Samen auf den Wiesenländern von selber und garantierte derart die Erhaltung bester Futterqualität. Zudem erhalten die Landnutzer mit dem hohen Kräuteranteil ihre Nutztiere gesund. Diese Art der „Planwirtschaft" beherbergt ausgeklügeltes Erfahrungswissen.

Hingegen werden jene Landschaften, wo auf Silage und Vielschnittternten gewirtschaftet wird, pflanzen- und tierartenarm, da weder Blüh- und Aussamungsmöglichkeiten noch Nahrungsmöglichkeiten und Lebensräume für die Tiere vorhanden sind. Alle paar Jahre wieder wird von dubiosen Fachleuten die dumme Frage gestellt: „Müssen Grünlandbestände aussamen?" Sie müssen dies laut versteckter Absicht dieser unkundigen Experten nicht. Deren Absicht lautet, die Grünländer sollen mittels Nach-, Über- und Neuansaat erneuert werden. Davon profitieren die Saatguthersteller, Agrarberater und Maschinenhersteller. Die Bauern haben langfristig das Nachsehen, da sie das hausverständige Wissen verlernen, wie man unter dem Einfluss des klugen Wirtschaftens die Wiesenbestände erneuern kann – eben über eine natürliche und standortgemäße Samenvorratsbewirtschaftung.

Artenarmes Grünland wird Grasland

Die industrielle Landwirtschaft hat die Landschaft erobert. So wie wir in Wirtschaftsprozessen denken, ist unsere Landschaft gestaltet, geprägt und ausgestattet. Wenn wir uns die überdüngten, grasbetonten

Der Rotklee und die Artenvielfalt verschwinden aus den Wiesen, wenn Kunstdünger oder zu viel Flüssigdünger auf die Flächen ausgebracht werden (Pachtbetrieb im Mölltal, Kärnten).

Intensiv-Grünländer genauer ansehen, dann entdecken wir im Schnitt etwa 12 bis 15 Arten. Das ist ein schlechter Ausweis für die Art der Bewirtschaftung und anders gesehen ein Abbild unserer Gesellschaft (s. Hülbusch, K. H. 1988). Und selbst in der biologischen Landwirtschaft ist der Breitblättrige und Krauser-Ampfer ein Indiz für den Düngerüberhang auf den Betrieben oder auf einzelnen Wirtschaftsflächen und verdeutlicht die Unzulänglichkeiten solcher Betriebe (s. Machatschek, M. 1996).

Auf guten Wiesen sind auf homogenen Aufnahmeflächen Artenzahlen von 45 bis über 60 Arten vorzufinden. Der vorbildliche bäuerlich-ökonomische Umgang mit der Landschaft ist mit dem Rückgang der Bauern im Aussterben begriffen. Der Mengenertrag bei gutem Kräuteranteil muss zur Bewältigung der bäuerlichen Existenz eine gute Verhältnismäßigkeit auch in Bezug zur Qualität der Artenzusammensetzung aufweisen. In grasreichen und blumenbunten Glatthafer-

Die Acker-Witwenblumen öffnen uns beim Landschaftlesen ein Fenster in die Vergangenheit, wenn sie auf frühere Acker-Wechselwiesen- oder Egartwirtschaft sommertrockener Wiesen hinweisen.

Wiesen finden sich 40 bis 50 Arten ein. Diese Wiesentypen stellen bezüglich Artenkombination an Gräsern, Kräutern und Schmetterlingsblütlern und im Mengenertrag ein ausgewogenes Verhältnis zwischen Qualität und Quantität dar. Dieses Heu ermöglicht aufgrund des hohen Heilkräuteranteils gesundes Vieh, normale Fruchtbarkeitsraten (s. Schiller, H. et al. 1962), beste Milch- und Fleischqualität, gesunde Böden und einen hohen Grad an Tier- und Pflanzenvielfalt.

Woher kommen unsere Wiesenpflanzen?

Unsere mitteleuropäischen Wiesen sind erst ca. 5.000 Jahre alt. Sie haben sich aus der sesshaften Landbewirtschaftung entwickelt. Die Herkunft der Wiesenpflanzen beruht auf verschiedenen Überlegungen. Ursprünglich waren grasreiche Erlenwälder und Riedstandorte in Mähweiden verwandelt worden. Aber auch extrem trockene Rasengesellschaften oder Heiden erfuhren durch Bewirtschaftungsmaßnahmen (Bewässerung, Mistung etc.) einen höheren Heuertrag. So finden sich in den Trockenrasen Waldsaumarten ein oder in die Zwergstrauch- und Bürstlingsrasen Arten der Eichen-Birken-, der sauren Buchen-Eichen- und Nadelwälder. Hinzu kommen absichtlich oder gesellen sich zufällig verschleppte Arten aus anderen Vegetationsgesellschaften sowie Störungszeiger, welche auf den Äckern dominant auftreten können. Der Glatthafer ist im Grunde genommen ein alt eingebürgerter mediterraner „Neophyt". Einige Wiesenarten zeigen ehemalige Ackerung auch Jahrzehnte danach noch an, wie z.B. der Giersch, Wiesen-Bocksbart, Acker-Glockenblume, Acker-Quecke, Acker-Witwenblume, Margerite oder Saatwucherblume oder verschiedene einjährige Arten, welche sich durch Standortstörungen halten können.

Wie sieht die nahrhafte Wiese konkret aus?

In guten Wiesen finden sich stets ausreichend viele Nahrungsarten des Menschen. Während der Rundgänge bei den Seminaren stellen die Teilnehmer die Frage, wie eine nahrhafte oder gute Wiese aussähe, die besammelbar wäre. Eine eindeutige Beschreibung einer guten Wiese ist nicht durchführbar. Denn je nach naturbürtigen Bedingungen sieht eine als gut zu bezeichnende Wiese im Tal anders aus als am Berg, und die „Heugärten" auf einer Alm sind wieder auf nordorientierten Standorten anders bestimmt als auf südexponierten Hängen. Auch die Bodenvegetation der Obstgärten zeichnet sich durch andere Artengarnituren aus, stehen sie doch unter dem zeitweiligen Schatteneinfluss.

Als idealtypisch gelten in unseren Breiten folgende Arten: Gute Wiesen enthalten von der Tal- bis in die wärmeren Berglagen vor allem den **Glatthafer** (*Arrhenatherum elatius*), Wiesen-Rispengras (*Poa pratensis*), **Wiesen-Schwingel** (*Festuca pratensis*), und in kälteren und höheren Lagen ersetzt der **Goldhafer** (*Trisetum flavescens*) den Glatthafer und erscheint im Herbst stärker. Meist sind **Margerite** (Saatwucherblume, *Leucanthemum vulgare*) und **Wiesen-Glockenblume** (*Campanula patula*), **Wiesen-Frauenmantel** (*Alchemilla vulgaris*), die gelbblühenden Arten **Wiesen-Bocksbart** (*Tragopogon pratensis*) und **Wiesen-Pippau** (*Crepis biennis*) und regelmäßig **Rot-Klee** (*Trifoli-*

Heilkräutertrocknung im „Kräuterhimmel" der Arbeitsküche: Die sorgsam bewirtschafteten Wiesen gelten als Apotheke für Mensch und Tier.

um pratense) in den Wiesen vertreten. Hinzu gesellen sich in geringen Anteilen Wiesen-Platterbse (*Lathyrus pratensis*), etwas Spitz-Wegerich (*Plantago lanceolata*), Wiesen-Kerbel (*Anthriscus sylvestris*), Wiesen-Kümmel (*Carum carvi*) und evtl. Vogel-Wicke (*Vicia cracca*) und Wiesen-Flockenblume (*Centaurea jacea*) sowie auf trockenen bis humusarmen Standorten **Wiesen-Salbei** (*Salvia pratensis*) und Wiesen- oder **Acker-Witwenblume** (*Knautia arvensis*). Geringe Mengen von Schafgarbe, im Herbst die Doldenblütler Wiesen-Bärenklau (*Heracleum sphondylium*) – das Herbstäquivalent zum Glatthafer – und Bibernellen (*Pimpinella* spec.) u.v.m., treten hinzu. Den meisten latein. Artbezeichnungen liegt *pratense* oder *pratensis* zugrunde, die auf die Voraussetzungen des Vorkommens hinweisen – der Wiesenwirtschaft. Durch die heute übliche Grünlandbewirtschaftung bei hohen Schnittabfolgen, frühem Schnitt und Gülle-Überhang auf den Flächen verschwinden die typischen Wiesenarten.

Wiesen – Eine Frage der „guten Gesellschaft"

Natürlich täuscht diese qualitative Aufzählung darüber hinweg, dass in den Wiesen auch die ertragreichen Arten mit gutem Futterwert in größeren Mengenanteilen vertreten sein sollen, wie z.B. Deutsches Weidelgras = Englisches Raygras, Welsches Weidelgras = Italienisches Raygras, Wiesen-Lieschgras, Knaulgras, Wiesen-Fuchsschwanz u.a. Diese gedeihen nicht auf jedem Standort gleich gut oder halten sich nicht nach Ansaat auf allen Standorten unbedingt länger. Und andererseits kann wegen des dominanten Vorkommens einer hier aufgelisteten Art nicht von einer guten Wiese gesprochen werden. Das Vorkommen einer Art ist eine Frage, in welcher „guten Gesellschaft" sie sich befindet, wie das K. H. HÜLBUSCH (2000; 2005) schön umschrieb.

Tritt eine Pflanze zu dominant auf oder verschwinden bestimmte Arten, so ist dies auf die Bewirtschaftungsart oder die standörtlichen Bedingungen zurückzuführen. Einfluss haben vor allem die Form und der Zeitpunkt der Düngung, Schnittzeitpunkt und die Schnitthäufigkeit. Mehrschürige Wiesen haben eine andere und individuenarme Artengarnitur zu verzeichnen als zweischürige. Darüber hinaus ist eine Beweidung im Frühjahr oder eine Herbstnachweide ausschlaggebend. Überdüngung, falscher Mahdzeitpunkt und Verdichtung durch die schweren Maschinen führen zu Problemen im Artenbestand und zur Förderung sogenannter Bodengesundungspflanzen, welche fälschlicherweise als Unkräuter bezeichnet werden.

Warum ist das Wissen über Dünger, Wiesen und Heu wichtig?

Die Auswirkungen der Dünger ist eine Frage ihrer Qualität und der Menge. Grundsätzlich gilt gut ausgereifter Stallmist humusaufbauend und Artenvielfalt erhaltend, scharfe Gülle oder Jauche humuszehrend und einseitige Pflanzenbestände induzierend. Aber auch gut aufbereitete Gülle und Jauche gezielt eingesetzt, lässt schöne Wiesen entstehen und schlecht gelagerter Mist artenarme oder einseitige Wiesenvegetation. Die solide Dünger- und Wiesenbewirtschaftung bestimmt die Tiergesundheit und die Qualität unserer aus der Viehhaltung resultierenden Nahrungsmittel. Über die verwerteten der im Futter vorhandenen Heilkräuter erlangen wir gesunde Milch- und Fleischprodukte. Die Art der Weide und des Futters macht gesundes Vieh, und die Weidetiere erhalten durch den täglichen Weidegang eine artenreiche Weidevegetation. Pollenanalysen bestätigen die Herkunft des Honigs. Jener von artenreichen Wiesen gilt als besonders qualitätsvoll. Der Begriff „Blütenhonig" hingegen sagt für sich wenig über die Artengarnitur der Trachtpflanzen aus.

Die Fernsehwerbung und das Emblem auf den Milch- und Joghurtpackungen täuschen darüber hinweg, wie in Wirklichkeit die Futterqualität und Viehhaltung aussieht. Die Werbung verallgemeinert und blufft mit einer schönen Situation, um den Kauf der beworbenen Produkte schmackhaft zu machen. Sie versucht stets etwas herbeizuwünschen, was das Produkt nicht zu halten vermag. Infolge der industriellen Lebensmittelverarbeitung und der Beigabe von Geschmacksstoffen ist es nicht mehr nachvollziehbar, um welche Qualitäten es sich bei den Erzeugnissen handelt. Dadurch entgleitet uns die Kontrollierbarkeit der Entstehungsgeschichte, welche im Produkt verborgen liegt.

Die Produkte haben ohnehin nur mehr wenig mit der Natur der Landschaften zu tun, woher sie stammen. Von der Boden- bis zur Grünlandbewirtschaftung, das schnelle Antreiben des Pflanzenwuchses durch das Übermaß an Düngung („Pflanzenmast"), Viehhaltung und -fütterung bis hin zur Verarbeitung des nicht mehr arttypischen Futters (besteht in der Hauptsache aus Silage und Getreidemehl) im Tiermagen sind heute alle Vorgänge von „unabgeschlossenen Entwicklungen" gekennzeichnet. Diese „Unreife" wirkt sich in den Produkten, welche wir konsumieren sollen, aus, und die Mastinformation – die Antreibung des Zellwachstums – läuft in unserem Körper weiter. Diese zu schnellen und unreifen Vorgänge einer eilfertigen und auf Geld orientierten Landwirtschaft dürften offenbar auch die Voraussetzungen für Krebsentwicklungen bedingen, denn die Produkte beherbergen die „Information zum Weiterwuchern".

Die Lebensmittelhygiene-Behörde sanktioniert unter Berufung auf das Gesetz die Devastierung der Nahrung, welche wir insofern akzeptieren, indem wir falsche Großstrukturen greifen lassen. Insofern erscheint unter dieser Betrachtung die Milch nur mehr als eine „dünne weiße, zerrührte und zerkochte Suppe". Die Folgeprodukte daraus sind u.a. mit Zusatzstoffen geschmacklich beeinflusst. Und davon

Früher bewirtschafteten die Bauern ihre Wiesen auf einen „Samenvorrat im Boden". Durch die zu frühe und zu häufige Mahd kommen die Arten der Grünländer nicht mehr zur Samenausreifung, weshalb die natürliche Reproduktion des Samenreservoirs fehlt. Samen wie z.B. der Ray- oder Weidelgräser werden zugekauft und in die Flächen untergesät.

verzehren wir viel zu viel, als unserem Körper guttut. Ein echter Heumilchkäse, bei dem die Milchkühe keiner eiweiß- und kraftfutterbetonten Fütterung (Silage, Grummet etc.) unterstellt werden, offeriert hingegen sehr gute Qualitäten und bildet die Basis für eine profunde Landbewirtschaftung mit der Erhaltung artenreicher Wiesen, ohne dem Naturschutz zu frönen.

Qualitätsvolle Heuernten

Die Nutzung der Vegetation als Wiese setzt voraus, die Standorte ihres Vorkommens durch Bewirtschaftungsmaßnahmen zu stabilisieren. Richtige Wiesenbewirtschaftung z.B. erfolgte auf Samenvorrat, damit der (Heil-)Kräuteranteil (vor allem Spitz-Wegerich, Schafgarbe,

Frauenmantel, alle Bibernellen, Kümmel, Gundelrebe, Ehrenpreise, Rot-Klee u.v.m.) hoch blieb. Ein jedes Kraut in den Wiesen hat seine medizinale Bedeutung. Deshalb begannen die Bauern jedes Jahr ein anderes Feld zu mähen, damit die Pflanzen absamen konnten. Das war die Gewähr für die Tier- und Menschengesundheit. Und regelmäßige Düngung und geeigneter Schnittzeitpunkt erhielten die kontinuierliche Ertragsfähigkeit der Wiesen. Derart hatte man die Garantie des Erhaltes weiterer qualitätsvoller Ernten in den Folgejahren. Dabei war natürlich der Anteil an Gräsern ebenso wichtig, da er eine ertragreiche und bröckelverlustarme Ernte garantierte.

Die Silage-Wirtschaft der Landwirte hingegen geht nicht mehr nach diesen Prinzipien des nachhaltigen Wirtschaftens vor, sondern mäht zum frühesten Zeittermin, um zwar große Mengen „gemästeten Futters" zu bekommen, welches aber mit geringen Inhalts- und natürlichen Mineralstoffen versehen ist. Grünlandwirtschaft ist aber nicht nach Gebrauchsanweisung zu betreiben, sondern jede Fläche für sich erfordert ein hohes Maß an richtigem Einschätzungsvermögen. Die Entscheidungen sind jedes Jahr anders zu treffen und richten sich nach der individuellen Situation.

„Mehrung der Naturressourcen"

Die Bewirtschaftungsmaßnahmen können sehr vielgestaltig orientiert sein und verursachen je nach Standort verschiedene Vegetationsausprägungen. In Form von Düngung (Kalkung, Mistung), Mahd, Schnittzeitpunkt (z.B. soll der Heuschnitt die intensiven Juni-Niederschläge berücksichtigen), maschineller Heu-Bearbeitung, Be- und Entwässerung, Beweidung etc. erfolgt eine Beeinflussung und Stabilisierung der Pflanzendecke und der Standortvoraussetzungen.

Ernst NEEF führt u.a. zusätzliche Zusammenhänge neuer Folgereaktionen und deren Rückkoppelungseffekte an. Er betont im Besonderen die Überlagerung und die Vernetzung der Folgeprozesse. Aus diesen Ausführungen kann die Behauptung aufgestellt werden, dass sich die Standortbedingungen, wie sie z.B. durch regelmäßige Ernten der Wiesenwirtschaft beeinflusst werden, über den „Naturvorgang der spontanen Nebenwirkungen" (NEEF, E. 1983: S. 184) in einem ge-

Der Mensch setzt durch die Art der Landnutzung Impulse, welche eine Lebensbasis für eine vielfältige Tier- und Pflanzenökologie schafft. Das Heu der Bergwiesen und Futter der Alpweiden enthalten viele Kräuter und somit einen heilwirksamen Gehalt (Blick von der Alpe Hinterjoch ins Laternsertal, Vorarlberg).

wissen Sinne reproduzieren. Die eingesetzten Maßnahmen als Arbeitsaufwand müssen allerdings – in der Entscheidung der Bewirtschafter liegend – in einem sinnvollen Verhältnis zum Ertrag stehen. Eine profunde Wiesenwirtschaft unter Berücksichtigung des Erstschnitt-Heus führt zu einer Mehrung der Naturressourcen wie Humuszuwachs, hohes Maß an Bodenfruchtbarkeit, gutes Wasserhaltevermögen und Umsetzung nachhaltig wirksamer Dünger bei geringer Verkrautungsgefahr.

Durch den Einfluss der Waldbeweidung kommt es in überschirmten Bereichen zu einer Steigerung der Artenvielfalt und erhöhen sich die Nutzungsmöglichkeiten für die Kräutersammler.

Der Wald als Garten

*Ein lichter Wald bietet Möglichkeiten des Erwerbs
von Futter-, Heilpflanzen und Nahrung.
Wird er beweidet oder wie ein Garten bewirtschaftet,
so erhöhen sich wieder Artenvielfalt und Pilzreichtum.*

Die vielschichtige Nutzbarmachung der Naturkräfte des Waldes

Der Wald war einmal etwas ganz anderes, als wir es uns heute vorstellen. Im Wald steckt stets die forstwirtschaftliche Hauptüberlegung zur Ernte von Holz. Dennoch nutzte man die Waldungen dereinst wie eine Art von Garten, welcher durch planvolle Ernten langfristig und für verschiedene Zweckbindungen stabilisiert war. Deshalb hielt man sie ausgelichteter, damit die Bodenvegetation besser nutzbar war. Die heute übliche und sehr einseitige Sicht auf den alleinigen Holznutzen des Hochwaldes entspringt der Geldwertorientierung. Bei rein ökonomischem Blickwinkel und geldimmanenten Zielsetzungen bleiben viele agrikulturelle und gärtnerische Nebennutzungen und handwerkliche Fragen der Nutzbarmachung der Waldproduktivkräfte unberücksichtigt und geraten in Vergessenheit. Denn bei der Beschäftigung mit klugen Baumbewirtschaftungsformen stößt man in verschiedenen Ländern auf Relikte von Wirtschaftsformen, welche verschiedene schwerpunktmäßige Zielsetzungen beinhalteten oder welche in einigen Fällen noch vorhanden sind. Die folgenden Ausführungen über Nutzungsweisen sind vereinfacht und unvollständig dargestellt. Sie sollen nicht der Romantisierung und der naturschützerischen Unterwerfung des Waldes dienen, sondern vielmehr einen gesamthaften Blick auf die wirtschaftshistorischen Nutzungszwecke und heute als ungewöhnlich geltende Routinen eröffnen.

Den idealtypischen Wald als Garten genutzt, findet man nicht, aber aus verschiedenen Beispielen der Nutzung kann man sich einem solchen Typ annähern und in Teilen verwirklichen. Die Waldbauern gingen von forstlich-gärtnerischen Überlegungen aus und nutzten je-

Werden in hochgelegenen Berggebieten die herabfallenden Äste auf den Lärchwiesenböden regelmäßig aufgeräumt, liefern sie höhere Heuerträge als Flächen, die ohne Lärchen bestanden sind, da die Bodenvegetation durch die Baumüberschirmung einen Verdunstungsschutz erfährt (Stubaital, Tirol).

des Zwischenprodukt, das anfiel, seien es Laub, Fein- und Grobäste, Rinde, Moose, Farne, Waldheu, Beeren, Nussfrüchte, Pilze, Heilkräuter, Wildgemüse und verschiedene Holzqualitäten (s. Machatschek, M. 1997). Nichts blieb ungenutzt. Der Wald war durchzogen von größeren und kleineren Lichtungen, frischen und alten Holzbrüchen und wechselte sich in unterschiedlichen Altersklassen und Gehölzarten in verschiedenen Bestandeshöhen ab. Der geschlossene Wald als forstliche Holzproduktionsstätte heutiger Prägung existiert erst seit der Vertreibung der gärtnerisch-agrarischen Nutzungen aus dem Wald. Die externen Zugriffe fanden in den verschiedenen Regionen ab dem Mittelalter statt und sind durch die Forstadministration bis heute noch nicht abgeschlossen (s. Radkau, J. 2000; 2007; Klauck, E.J. 2005). Dabei wurde bis heute die Enteignung bäuerlicher Forstnutzungsrechte verfolgt und agrarische Nutzungsweisen und bäuerlich-gewerbliche Forstbenutzungen desavouiert.

Paradies lost – *Ist das Paradies wirklich verloren?*

Unsere Art des Umgangs mit der Natur bestimmt über die idealtypischen Voraussetzungen zur Bewältigung des Lebens. Ein Idealtyp kann vielleicht nur asymptotisch erreicht werden. Das Paradies kann nicht verloren sein, sondern durch die derzeitigen ausbeuterischen und einseitigen Wertschöpfungen nur verdrängt und unterdrückt. Erhalten gebliebene Anleihen in Bezug auf die Waldnutzungen findet man punktuell in verschiedenen Regionen, wo durch Zufälle oder Absichten bis vor wenigen Jahrzehnten Wirtschaftsweisen erhalten geblieben sind, welche von anderen Wertvorstellungen getragen sind. Das idealtypische Paradies, wo „den Menschen die Nahrung in den Mund wächst", spielt auf die Nutzung der Wild-, kultivierten und gezüchteten Pflanzen ab. Allerdings war die Beschaffung von Nahrung stets mit Arbeit vor allem des Sammelns, der Kultivierung, Aufbereitung und Bevorratung verbunden. Zugeflogen ist nichts, außer in der Vorstellung der Romantik. In den Sammelnutzungen in der frei zugänglichen Landschaft verbargen sich die Vorbilder der natürlichen Nutzungspotenziale (s. DIAMOND, J.M. 2009). Daraus entwickelte sich ein gärtnerischer und gartenkulturbewusster Umgang. Legitimes Ziel war es, mit möglichst wenig Arbeitseinsatz das nutzvolle Auslangen zum bestmöglichen Leben zu finden. Bis heute kann man nachfolgend beschriebene Überlegungen in der Bauern- und in der Gartenwirtschaft finden.

Das wesentlichste Prinzip der bäuerlichen Waldnutzung liegt in der Umschichtung der Waldnährstoffe für die Düngung von Acker, Wiesen, Gärten und Ackergärten, ohne dabei die Naturressourcen über Gebühr zu beanspruchen. Alles was an organischen Produkten anfiel, wurde im Sinne einer offenen Kreislaufwirtschaft berücksichtigt (s. MACHATSCHEK, M. 2007b). Dort, wo brauchbare Biomasse vorgefunden wurde, holte man sie heim, ver- und bearbeitete sie, wenn dies notwendig erschien und Vorteile erbrachte. Diese herbeigeschafften und wieder eingesetzten Mittel schufen eine höhere Produktivität z.B. in der Bodenbewirtschaftung oder Viehhaltung und viele belebende Impulse. Die geschickt eingesetzte Arbeit rentierte sich in mehrfacher Form. Davon profitierte nebenher auch die heute vielfach gerühmte „Biodiversität", also das wilde Naturleben der Ökologie. Ausbeutung entstand aus der Unterdrückung und Abgabenverpflichtung der Land-

Früher hatten unsere Rinder annähernd jeden Tag ihren Weidegang und holten das Futter von den lichten Wäldern. Heutige Wälder sind finster und ohne Bodenvegetationsbedeckung, sodass auftretende Starkregenereignisse oberflächlich abfließen und kein Hochwasserschutz mehr gegeben ist.

nutzer durch die Obrigkeiten. Mit der Geldwirtschaft erhob sich der „ungleiche Tausch" zu einem legitimierten System mit einer hochgradigen Ausbeutung der Natur-, Arbeits- und Sozialressourcen. Die Nutznießungen der Unterstellung aller Forste einer rigiden Forstadministration und einer alleinigen Holzperspektive erfolgten auf anderen Ebenen, über die Preisgestaltungen der Holzverkäufe und durch Holzpreisverfall des Kaufes kleinerer Liegenschaften durch geldkräftige Großgrundbesitzer (s. ROSEGGER, P. 1888).

Vergewissern bedeutet, das Wissen überprüfen

Wenn man sich die Erzählungen alter Waldbewirtschafter und wiederum die weitergegebenen Geschichten ihrer Vorfahren genau anhört und sich dabei den Wald ansieht, so erkennt man die wohlfeilen Überlegungen, die heute noch an der Waldvegetation und in den Bäumen eingeschrieben sind. Ganze Gehölzgruppen und Baumarten weisen

Der Wald rund um die Gehöfte galt als die „Mutter der Äcker und Wiesen". Ohne die Nährstoffe, welche die Nutztiere durch die Waldweide oder auf der Allmende als Futter aufnahmen und in ihrer Wampe auf den Hof trugen, war eine überlebensfähige Bauernwirtschaft nicht möglich.

Beeinflussungen, wie z.b. Abänderungen in der typischen Wuchsform, vor. Die Kronen sind z.b. trichter-, besen- und schirmartig ausgeprägt oder Gehölze schlugen vom Wurzelstock mehrstämmig aus. Sie stellen die Zeugen intensiver und agrarisch-kombinierter Betriebsformen dar, wie sie einst üblich waren. An bestimmten Bäumen wurde z.B. jedes Jahr Frischlaub geerntet und über mehrere Jahre der kontinuierlichen Schnittbeeinflussung die Kronen klein gehalten und die Ernten die Erträge stabilisiert. Die „Ernte war die Pflege" an sich und wurde nicht nach ästhetischen, sehr wohl aber nach langfristigen Zielen formuliert. Der Begriff „Wald" entstammt der Laubnutzung. In manchen Gegenden gehen die Bauern heute noch immer „ins Laub" oder in den „Laubwald", wenn sie das Laub ernten, oder sie gehen „ins Holz", wenn sie den typischen Holznutzungswald aufsuchen. Sie unterscheiden also zwischen zwei grundsätzlichen Nutzungstypen an Wäldern.

Die ursprünglichen Baumnutzungen sind heute verdrängt und überformt. Die einstige Nutzung steht heute durch die Entkoppelung Bauern-/Landwirt- und Waldbau-/Forstwirtschaft in keinem gesellschaftlich-ökonomischen Zusammenhang mehr. Die Umwandlung der Artenkombinationen in Dominanzen mit Fichte, Kiefern oder Rotbuche verdeutlicht die Entwicklung unserer Wälder in monotone Forste. Mit diesen Veränderungen sind die alten Mehrfachnutzungen und das vielseitig anwendbare Wissen verlorengegangen. Auch der Bauernwald enthält forstliche Momente, wo es um die Optimierung der Holznutzung und ökonomische Zwecke geht (s. GEHLKEN, B. 2008). Aber darüber hinaus berücksichtigt der bäuerlich-gärtnerisch denkende Waldnutzer einzelne nichtforstliche Nutzungsweisen. Diese überdauerten verschiedene Zeitgeschehen und sind in seltenen Fällen, weil Teil des Nützlichen, bis heute erhalten geblieben oder reliktär ablesbar.

Beispiele der Waldnutzungsformen im Flach- und Hügelland

In verschiedenen Regionen konnte in den hofnahen Waldungen der Weidebetrieb aufrechterhalten bleiben. Die Wälder zeigten mit den bewehrten Sträuchern (Berberitze, Schlehdorn, Hagebutten, Weißdorn, …) und bei Aushagerung durch die Anwesenheit der Zwergsträucher (z.B. Heidelbeere, Heidekraut) die Weidenutzung an. Die

Bodenvegetation wurde von Astmaterial freigehalten und in manchen Fällen noch bis in die heutige Zeit alle paar Jahre einmal gemäht und gedüngt oder der Rohhumus zur Gewinnung von Einstreu abgezogen (Waldplaggen- oder Missenwirtschaft). Manche Gehölz- und Baumarten (Hasel, Esche, Buchen, Eichen, Traubenkirsche, …) setzte man auf Stock, um auf diese Weise schnell hiebreifes Holz, Gerberlohe oder für die Nutztiere Futterlaub vorliegen zu haben. Der flächig bedeckende „Stockausschlagwald" war sehr ertragreich, wurde aber grundsätzlich nicht beweidet. Der Abtrieb der strauchförmigen Wurzelstockaufwüchse wurde in größeren Zeitabständen regelmäßig durchgeführt, um Garten-, Weinbau- und Werkstangen- oder Brennholz zu erhalten. Mit dem Niederforstbetrieb deckte man vor allem für den Bergbau den hohen Holzbedarf (s. KLAUCK, E.J. 2005). Hingegen konnte man bei den flächigen „Kopfausschlagwäldern" auch die Bodenvegetation als Weidefutter nutzen, denn die aufschießenden Triebe waren von den Tieren nicht erreichbar. Die Kopfholzernte war aufwändiger. Baumarten wie Eiche, Edelkastanie, Rot- und Hainbuche nutzte man auf Stock und Kopf zur selbigen Absicht. Rankgewächse und Schlinger ließen sich mit den nach oben schiebenden Zwieseln und Astgabeln zum Licht emporheben. Sie nützten die Wuchskraft der aufstrebenden Kopfstock- und Wurzelstockaustriebe. So war z.B. wilder Wein der warmen Augebiete nach oben gehoben worden.

Betriebsmischformen in Etagen aufgebaut

Wurden verschiedene Nutzungsschwerpunkte in einem Wald gleichzeitig durchgeführt, so handelte es sich um relativ lichte Ausprägungen, bei denen die Beschattung reduziert war. Die Durchlichtung bestimmte über die Erfüllung der einzelnen Funktionen (HEIT, S. u. W. KONOLD 2011). Das Licht musste bis zum Boden vordringen können und alle Zwischenstufen im Kronenaufbau der Waldungen erreichen. Bei forstlichen und agrarischen Betriebsmischformen fanden sich über den punktuell angeordneten Stock- und Kopfausschlaggehölzen speziell aufgezogene Bäume, deren Kronen zur Futter- und Speiselaubgewinnung säulen- oder kopfartig ausladend geschnitten waren. Und darüber spannten sich heute bereits völlig überalterte oder zusammen-

Die Waldbäume schließen über die weitstreichenden Wurzeln die Nährstoffe auf und der Bauer bringt diese durch die Laubstreunutzung in den Kreislauf der agrarischen Landnutzungen ein.

gebrochene, hoch aufragende Mastbäume (je nach Gebietseignung Eichen, Rotbuche, Edelkastanie, Kirschen, …). Sie lieferten einst mit den Nussfrüchten und dem Obst das energiereiche und bevorratbare Futter für die Schweine, Pferde, Rinder, Ziegen und Schafe und Nahrung für die Menschen. Es bestehen Nachweise, dass in manchen Gegenden gezielt mehrfach nutzbare Gehölze eingeführt und ihr Aufkommen gefördert wurde, damit man z.B. auch Nussfrüchte ernten oder mit den Ulmenblättern Schweine mästen und den Menschen ernähren konnte. Der Spruch „Auf den Eichen wachsen die besten Schinken" umschreibt anschaulich die Bedeutung der Eichen für die Schweinemast, wie sie heute wieder vermehrt in Portugal und Spanien mit alten Landrassen forciert wird.

„Waldwiesen" und Weidewald

Ähnlich genutzte lichte Bewaldungsformen, die dem Grünland zugeordnet werden, finden sich heute auch noch in österreichischen Regionen in Hofnähe der Betriebe und werden wie Streuobst- oder Lärch-, Kiefern-, Berg-Ahorn- oder Auweiden genutzt. Sie dienen dem Viehauslauf und im Herbst und Winter der Lauberente für die Futtermittel- und Einstreugewinnung. Früher häufiger fand man und selten noch bis in die heutige Zeit sogenannte „Lärchwiesen", deren Flächen sauber aufgeräumt waren. Man nutzte die abgefallenen und Bruch-Starkäste als Brennholz und das Feinreisig als Zunderholz. Durch das Aufräumen („Roumen", „Roama") konnten diese Wiesen leichter gemäht werden. Die Bäume überschirmten an den sonnenexponierten Hängen die Bodenvegetation und schützten den Boden vor Austrocknung. Unter den Lärchen entwickelten sich gute Futterbestände für die ein- bis zweimalige Heu- und zwei- bis dreimalige Weideernte. Je mehr Licht eindringen konnte, umso grasreicher waren die Bestände. Durch das Mähen und die Entnahme der Lärchnadeln entstanden keine Streuauflagen und konnten sich dominante Weidepflanzen nicht einseitig vermehren. Auch Ahorn-, Eichenhudewälder oder Grau- und Schwarz-Erlenweiden waren in ähnlicher Weise genutzt worden. Als Standweide genutzt, konnten sich kleinflächig Zwergstrauchaufwüchse entwickeln und auf ihren versauernden Standorten u.a. Fichte oder Wacholder aufkommen.

Gezielt waren auch Berg- und Spitz-Ahorn, Birke und Pappeln zur Baumwasser- bzw. Süßstoffgewinnung gepflanzt worden. Gealterte Lärchen dienten auch der Lärchharzgewinnung. Stets fand man in solchen Wäldern Jungwaldbereiche, von denen die schönsten Exemplare als Zukunftsbäume aufgezogen wurden. Ein wesentlicher Nebenertrag der beweideten Lärchwiesen (z.B. im oberösterreichischen Alpenvorland, im Mölltal oder Stubaital) stellte die Pilzernte dar.

Pilze, Beeren und Kräuter

Die oberste Bodenschicht war über die Wurzeln der Kraut- und Pilzschichte oder die Gehölzflachwurzler erschlossen. Der Bodenbewuchs

Früher waren die Wälder licht gehalten und besaßen eine hohe Artenvielfalt, da sie auch Weidefutter zu liefern hatten. Von der Bodenvegetation, den Zwergsträuchern, Sträuchern und Bäumen konnte man einen hohen Reichtum an Wildobst ernten und die Pilzflora erfuhr durch die Beweidung eine Förderung.

diente der Beweidung und lieferte zu verschiedenen Jahreszeiten der menschlichen Ernährung eine Grundlage. Dazu war eine periodische Schonung, ein Wechsel der Sömmerung des Viehs auf andere Weiden, z.B. auf sogenannte Allmenden, wesentlich, damit verschiedene Kräuter, Wurzeln, Waldfrüchte und nutzbares Wildgemüse zur Ausbildung und Beerntung kommen konnten. Nicht zu vergessen ist der Sammelertrag an Pilzen und Beeren der Zwergsträucher. Die Früchte bevorratete man derart, dass man den ganzen Winter etwas davon zu essen hatte und sich so mit Vitaminen, Medizin, Most und Essig versorgte. Und gerade mit Essig konnten verschiedene Nahrungsmittel bestens haltbar gemacht werden. Wenn die Pilze getrocknet wurden, hatte man länger etwas davon, vor allem das durch Trocknung konzentrierte Pilzaroma wertete viele Speisen geschmacklich auf. Das

„Pilzfleisch" ersetzte im Winter eingeweicht so manchen Leuten den Braten (s. KAUER, W. 1987). Daneben diente Pilzpulver als scheinbarer Salzersatz und Mineralstofflieferant. Verschiedene Kräuter dienten als Wildgemüse, für die Teezubereitung oder als Heilmittel.

Die Nutzung der Strauchschicht

Die Sträucher waren von der Verbiss-Schur der Weidetiere geprägt. Je nach Eintriebszeit und Frische der Austriebe wurden diese von den Tieren als mineral- und energiereiches Weidefutter genutzt. Je später die Beweidung oder je häufiger eine Weideruhe erfolgte, umso stärker konnten sich die bewehrten Gehölze seitlich verbreitern und in der Höhe zuwachsen. In ihrem Schutze konnten andere aufschlagende Samen keimen und in der Mitte, wo sie vom Vieh nicht erreicht wurden, aufkommen. Die bedornten Sträucher sicherten die Verjüngung der Baumarten in der ersten und zweiten Bestandsschicht. Je nach Weitläufigkeit und Nutzungsintensität der beweideten Standorte und dem Lichteinlass bzw. Gehölzabstände zueinander war auch die Fruchtbildung der Sträucher im Ertrag wesentlich beeinflusst worden.

Auch die Sträucher unterlagen verschiedenen Nutzungen. Berberitzen-Reisig (*Berberis*) diente zur Herstellung von widerstandsfähigen Besen und ihre Wurzel für Heilmittel, die Beeren zum Zubereiten von Säften und Essig. Sehr knorriges Rotbuchen-Reisig (*Fagus*) war für Laubstreu-Besen, das feine regelmäßig geschnittene Birkenreisig (*Betula*) für Staubbesen und das harte Holz des „Beinstrauches" oder der Heckenkirschen (*Lonicera*) war für vielerlei Besenarten verwendet worden. Haselholz (*Corylus avellana*) trocknete relativ schnell, und es diente als Sommerholz für das schnelle Feuer zum Kochen, der Morgen- und Abendwärme. Das heilwirksame Holunderlaub (*Sambucus*) deckte den Bedarf des Viehs mit Spurenelementen ab. Für Flechtwaren dienten Hasel, Kopfweiden, Traubenkirsche, Wacholder, Brombeere.

Nahrhafte Landschaft – Diesen hier abgebildeten Wildobst-Reichtum findet man auf knappem Raum, wenn eine kleinstrukturierte Landschaft und Landnutzungsweisen vorherrschen, welche mit der natürlichen Fruchtbarkeit sorgsam umgehen.

Vorbemerkungen zum einstigen Gebrauchswissen

Süßstofflieferant – Nasch- und Dörrobst

Für eine Wildobsternte mussten die Viehherden von der Beweidung fruchttragender Waldteile ferngehalten werden oder Hunde vertrieben naschende Vögel und Nager von den Strauchhainen. Die Gehölze lieferten das Wildobst (s. z.B. SCHRAMAYR, G. u. K. WANNINGER 2007 u. 2011) aus dem alles gemacht wurde, was wir heute aus Apfel, Birne und Zwetschke erzeugen. Daraus wurden auch Obstmehle hergestellt, mit denen vor allem der Brotteig gestreckt und gesüßt wurde, woraus sich im weiteren Sinne das „Kletzenbrot" ableitet. Gut ausgereiftes Wildobst lieferte neben den eingedickten Baumsäften *den* Süßstoff guthin, wenn es – getrocknet und pulverisiert – den Speisen beigegeben oder ausgelaugt wurde (vgl. MACHATSCHEK, M. 2008). Das früher in reichlicher Menge in aufgehängten Säcken bevorratete Dörrobst wurde in Wasser eingeweicht und für sogenannte „Obstsuppen" und Kompotte verwendet. Dort, wo auf den größeren Kahlschlägen und um die Dickstöcke Brom- und Himbeeren aufkamen, konnte man neben Obst auch das Laub als Futter abweiden lassen. Für die Winterweide ist das Vorhandensein von Brombeeren (*Rubus fruticosus*) von wesentlicher Bedeutung, denn sie warfen erst im Frühjahr beim Knospenschieben das alte Laub ab. Sie stellen für Weide- und Wildtiere u.a. ein wichtiges Winterfutter dar.

Zudem erhält man mit dem vielfältigen Angebot an Futterpflanzen auch einen vielfältigen Wild- und Vogelbestand, welcher im weitläufigen Gelände überall dort zu beobachten ist, wo z.B. das Weidevieh gerade nicht dem Futter nachgeht. Diese beiden Gruppen ergänzen einander, stehen aber nicht in Konkurrenz. Das Stellen von Vögeln, Niederwild und Kleintieren und das Jagen von Großwild für die Ernährung waren ein verankertes Grundrecht, welches bis heute erweitert z.B. im Fang von Ziervögeln im Salzkammergut oder in der Gegend um Hallein weiterlebt.

Die Futter- und Speiselaubbäume

Jeder Baum für sich bekam Aufmerksamkeit zugedacht und trug seine Nutzungsgeschichte. Mehr oder weniger waren die meisten Bäume auf mögliche Erträge betrachtet worden. Sie wurden in der Absicht beeinflusst, um von ihnen Erträgnisse erzielen zu können. Die Laubheu- oder Schneitelbäume stellen die zweite oder niedrige Baumschicht dar. Dazu verwendete man je nach Gebiet und Eignung Esche (s. Rackham, O. 2014), Ulme, Linde, Berg-, Feld-Ahorn, Hainbuche, seltener Eiche, Birke, Weide, Pappel, … Fichte, Tanne, Lärche und Wacholder dienten ebenfalls der Futtergewinnung. Man bezeichnete die Ernte des Futterlaubs auf einer ersten, zweiten oder dritten Etage über der Bodenvegetation auch als „Luftwiesenwirtschaft".

Die Kronen setzten in einer Höhe ab 2 bis 2,5 m an. Sie wurden als Kopfbäume mit Schirm- oder Längskronen aufgebaut, damit die Weidetiere die austreibenden Äste im Sommer nicht erreichen konnten. Sie waren für das Winterfutter gedacht. Die Waldhude diente vordringlich der Nutzung des Bodenbewuchses. Das Futterlaub oder Laubheu wurde im Sommer (vor 21. Juni) oder erst ab dem Frühherbst als Frischfutter geschneitelt oder für die Trocknung in Bündeln geerntet. Die Bäume wurden regelmäßig an den keulenartig verdickten Seitenköpfen geschnitten bzw. so manche Birke auch auf Besenreisig genutzt. Mit der Kontinuität des jährlichen Schnittes bekam das Laub einen milderen Geschmack. Von solchen Bäumen wurden in bestimmten Fällen die Gerten als Flecht- und Bindematerial für Holzzäune, für Dächer, Fluss- und Hangverbau usw. gewonnen. Bis 1900 verwendete man selbst das anfallende Astgut als Reisig- und Holzfutter. Die Nutzung der Bäume auf Laubfutter erhält ihre Wuchskraft und erhöht die Lebensdauer, wenn sie je nach Produktivität des Bodens einmal jährlich oder nur alle zwei Jahre geschnitten werden (s. dazu Machatschek, M. 2002).

Neben der Futterlaubgewinnung nutzten die Menschen das Laub von Linde, Ulme, Hasel, Birke, Feld- oder Berg-Ahorn u.a. auch für ihre Ernährung. Aus frischen Blättern machte man Salate, Spinatspeisen und Topfengerichte. Mittels langsamer Trocknung fermentierte man die Blätter, um sie aromatischer und bekömmlicher zu machen. Daraus entstanden Streckmehle. Aus Berg- und Feld-Ahorn-, Rotbuchen-, Pappel- und Ulmen-Blättern bereitete man unter Beigabe von Würzkräutern Sauerkraut. Ahorne oder Birken dienten der Baumwassergewinnung für die Sirupherstellung.

Die Mastbäume und Falllaublieferanten

Bei den hochstämmigen Mastbäumen wurde z.B. durch radikale Entgipfelung eine breitausladende Krone erwirkt. Diese Bäume spannten ihre Schirme über die Baumarten der zweiten Schichte drüber. Sie wurden mittels Aufastung geradschaftig gezogen, d.h. die Krone nach oben geschoben. Somit konnte später das Ertragsziel „Wertholz" und Brauchholz für spezielle Werkstücke der Tischler oder Wagner erreicht werden. Die Ernte oblag der dritten oder vierten Generation. Mit der periodischen Auskahlung der Krone und Bewässerung sicherte man höhere Nussfruchterträge bei Rotbuche, Eiche und Edelkastanie.

Der Weidebetrieb bewirkte die kontinuierliche Umsetzung der anfallenden und liegen-bleibenden Streu aus dem Blattfall. Der Vertritt förderte die Turbation und Mineralisierung und somit die Verfügbarmachung der Nährstoffe für den Unterwuchs und die Baumwurzeln. Auch die Behirtung, eine Form der Unterkoppelung oder Teilbeweidung der Wälder, ermöglichte mit der Teilnutzung Ruhephasen für verschiedene krautige und Gehölzaufwüchse. Die Bodenfutternutzung erleichterte die Ernte des Falllaubs für Futter- und Streuzwecke.

Während der Heumähzeiten war der vielfältig agrarisch genutzte Wald für die Bienenwirtschaft interessant, da das hohe Artenangebot als Bienenfutter vielerlei Nahrungsquellen bot. Durch den vielschichtigen und kleinmosaikartigen Aufbau blühten von einer gleichen Art je nach Einfluss von Sonne, Schatten und Jahreszeit zeitverzögert verschiedene Exemplare. So ist das vielfältige Trachtangebot vor allem zeitlich weiter gestreckt gewesen als in Wäldern mit ein bis drei Baumarten ohne unterschiedliche Altersklassen und bei sehr einförmiger Bewirtschaftung. Unter diesem Verständnis betrachtet, gilt der heutige Wald von der einseitigen Baumartenzusammensetzung und den darin lebenden Tieren als monoton. Die Monotonie, auch das Vorherrschen eines Vogeltons, hat etwas mit der Dominanz einzelner Baumarten zu tun wie z.B. der heute üblichen Fichte.

Die entstandene Nährstofffreisetzung nach einer flächigen Holzschlägerung nutzte man, indem das Astgut in Fratten oder Reisighaufen angeordnet, abgebrannt und die Asche als Dünger verteilt wurde. Dann konnte man auf den ehemaligen Waldschlägen Getreide oder Kartoffeln anbauen.

Die Waldnutzungen im Berggebiet und in den Zentralalpen

Im Berggebiet, wo heute vielfach die Nadelgehölze überwiegen, weil die Bestände seit über 300 Jahren u.a. auch in der Artenkombination umgewandelt wurden, finden sich ähnliche Wirtschaftsweisen wie im Tal. Hier hielten sie sich teilweise bis heute. Insgesamt tritt unter den extremeren Bedingungen des Lokalklimas der Gebirgsgegenden die Vielfalt nutzbarer Gehölze und Pflanzen zurück. Lediglich die nusstragenden Mastbäume fehlen, und die Schneitelung ist an den Nadelbäumen anders erfolgt. In höheren Lagen wurden vor allem Esche, Erlen, Berg-Ahorn, Vogelbeere, Vogel- und Traubenkirsche oder Fichten, Tannen, Lärchen und Kiefern für Futterzwecke geschnitten. Die Nutzungsfragen drehten sich um das Wissen der Aufbereitungsweisen. Vor allem Nadelfutter, das sogenannte „Grassmehl" oder „Tannenkries", erfuhr eine Quetschung, Häckselung bzw. Trocknung und Zermahlung, ehe es abgesotten oder überbrüht wurde, damit es von den Tieren leichter aufgenommen werden konnte und besser verdaubar war. Damit wurden vornehmlich Rinder gemästet, aber auch das Brotmehl zu 5 bis 10 % gestreckt (s. MACHATSCHEK, M. 2013). Am leichtesten für die menschliche Nahrung wurden die Nadeln der jungen Fichten- und Tannentriebe („Maitriebe") und Wacholdernadelsprosse, solange diese noch eiweißreich, rohfaser- und harzarm waren, im Frühjahr geerntet, getrocknet und aufbereitet genutzt. Die Nadeln der Zirbe sind übers ganze Jahr verwertbar.

Je nach Vorkommen ersetzten die Zirbe, Vogelbeere, Trauben- und Vogelkirsche und Beerensträucher die Nussfrüchte und das Obst und dienten zum Eintauschen anderer notwendiger Handelsware. Wegen des unwegsamen Geländes konnten weniger die Offenflächen um die Höfe, dafür allerdings die Wälder und weiten Alp- oder Almflächen der Beweidung unterzogen werden.

Dem Bodenschichtaufbau durch die Waldgehölze entsprechend nutzen auch die beteiligten Pflanzen die Ressourcen im Boden verschieden aus. Die oberflächennahen Bodenschichten werden von den Pflanzen anders ausgenützt als die tieferen Schichten. Neben Herzwurzlern finden weitausstreichende, flache Wurzelwerke ebenso Platz wie darunter die Tiefwurzler. Die Wurzeltypen liegen ineinander verzahnt und nützen die Bodenteilbereiche gemeinsam aus. Wesentlich ist der Einfluss einzelner hoch aufwachsender Bäume. Sie prägen unter dem Einfluss eines hohen Lichteinfalls den Wald als knorrästige, weit überschirmende Protzertypen oder machen sich für ihr Gedeihen mit einem weitläufigen Wurzelwerk den Untergrund zunutze. Sie erschließen im Wesentlichen die Nährstoffe und den Wasservorrat aus dem tieferen Untergrund, von denen insgesamt die meisten beteiligten Pflanzen und tierischen Nutzer des Waldes über die Umwege der feinen Nutzungskaskaden profitieren. Durch den ausladenden Wuchs verdrängen oder unterdrücken sie andere Gehölze.

Bäume schließen Nährstoffe tiefer Bodenschichten für die Bauernwirtschaft auf

Der Wald gilt als die „Mutter des Ackers und Grünlands". Die Bäume schließen mit ihrem weit- und tiefreichenden Wurzelwerk aus tiefer liegenden Bodenschichten Nährstoffe auf, die über das Blattwerk an der

„Erdoberfläche" vorerst als Biomasse veräußert werden. Mit dem Laub- und Reisigabfall kamen die Nährstoffe auf die Bodenoberfläche und reicherten im Zuge der Zersetzung den Oberboden an. Das hatten sich die Leute abgeschaut, wenn sie merkten, wie bestimmte Standorte im Wuchs ertragreicher wurden. Das verfütterte Laub wird durch Verdauungsprozesse im Endeffekt in Kot und Harn verwandelt. Darin sind Mineralstoffe und zersetzte Laubfasern enthalten. Laub als Einstreu verwendet mehrt die Mistmenge und bringt im Verhältnis die kohlenstoff- und mineralstoffreichere Komponente als Ausgleich zum stickstoff- und kaliumreichen Mist ein. Zugleich steigt mit der Laubstreu (und dem verwendeten Laubfutter) der Kalzium- und Phosphorgehalt des Mistes. Dieser dient für die Fruchtbarhaltung der intensiv bewirtschafteten Agrarflächen.

Wird das Falllaub auf den Wiesen, Weiden und in den Wäldern belassen, so können sich Rohhumusdecken aufbauen oder wertvolle Futterflächen damit bedeckt werden. Der Wiesen- und Weidebewuchs „erstickt" darunter. Deshalb rechte man die Grünländer und Waldweiden regelmäßig ab und kehrte im Wald laubreiche Stellen von Zeit zu Zeit mit dem Besen aus und verwendete das anfallende Laub zum Einstreuen im Viehstall. Auf diese Weise unterhielt man lohnenswert die Weidefutterflächen im Wald. Der weitläufige Wienerwald war z.B. – bis auf die Bärlauchstandorte bis zum Hochsommer – in weiten Bereichen einer Beweidung unterzogen worden. Bereiche mit Bärlauch wurden von den Bewirtschaftern gemieden, da ansonsten das an Schwefelverbindungen reich ausgestattete Kraut die Milch und in der Folge den hergestellten Käse schlecht haltbar machte. Andererseits ließ man gezielt den „Wurmlauch" zur Entwurmung der Haustiere abweiden und nutzte die Milch zeitweilig anderweitig, u.a. für die Schweinemast. Die heutigen Waldböden und Wälder des Wienerwaldes sind in weiten Teilen vom Bracheeinfluss geprägt und relativ dick mit Laub bedeckt, sodass kaum ein vielfältiger Bodenaufwuchs aufkommen kann.

Die Förderung von Vielfalt

Mit den verschiedenen Waldnutzungen streuen sich die Möglichkeiten der wirtschaftlichen Standbeine. Der einwirkende Mensch, welcher durch unterschiedliche Einflussnahmen seiner vielfältigen Nutzungen

In Hofnähe zäunte man das mit Gehölzen bestandene, unwegsame Gelände als „Tratten" ab, welche der Beweidung durch Schafe, Ziegen, Kälber oder Schweine unterzogen wurden.

bestimmte Vegetationseinheiten fördert, tut dies mit einem produktiven Hintergrund, um kurz- und langfristige Erträge zu erwirtschaften. Die in den Wald eingebrachten Arbeiten stellen Investitionen dar, welche der Verbrachung entgegenwirken. Ökologen und Naturschützer fordern den Rückzug des Menschen aus weiten Teilen unserer Wälder, ohne zwischen Bauernwald und monotonen Forsten zu unterscheiden. Das ist schlicht ein Unsinn. Gerade durch die vielen unterschiedlichen Nutzungsentscheidungen zu verschiedenen Jahreszeiten entsteht durch das kleinteilige und kontinuierlich wiederkehrende Tun des Menschen die Erhaltung einer Vielfalt. Zur Stabilisierung einer hohen Biodiversität tragen gerade agrarische Waldnutzungen bei.

Teile werden als Saum- oder Ring-Femelschläge, andere über größere Kahlschläge und andere kleinweise im Plenterbetrieb bewirtschaftet. Welche Wirtschaftsformen für welche Teile des Waldes in Anspruch genommen werden, das obliegt dem fachkundigen Wissen, der ökonomischen Absicht, der Ausstattung mit Maschinen und Geräten und der Verfügung über die Arbeitszeit und Arbeitskapazität und ist zu guter Letzt vom Wert des Holzes abhängig. Solange die Eingriffe sorgsam getätigt werden, ist auch ein Kahlschlag eine wichtige Landnutzungsweise, welche ökologisch positive Folgen nach sich zieht.

Mit der Waldverbrachung erfolgt über 50 Jahre eine vermehrte Aufdüngung des Oberbodens durch den „Bestandsabfall", und dadurch ist ein leichteres Zusammenbrechen durch Sturm- und Nassschneeeinflüsse usf. bedingt. Damit einher geht langfristig die stärkere Auswaschung der Nähr- und Huminstoffe infolge Versauerungstendenzen in das Grundwasser und somit eine Beeinträchtigung der Wasserqualität und des Humusaufbaus.

Verjüngung und Erhaltung der Produktivkräfte durch „Ernten"

Die Wechselseitig- und Vielfältigkeit der Nutzung bedingt die kleinweise Erhaltung und Verjüngung solcher Waldungen. Die „gärtnerische Ernte" auf kleinen Parzellen bedingt die Förderung eines vielschichtigen Waldaufbaus zwischen älteren und jüngeren Gehölzen. Die permanente und zeitlich-wechselseitige Nutzung bringt erst die Ruheperioden und das Fortkommen nächster Baumgenerationen. Ständiges Ernten und Nehmen muss aber im Verhältnis der erschlossenen Produkte stehen. Solange die Gratisnaturproduktivkräfte nicht überstrapaziert werden, kann das stimmig sein. Die Entnahme von Laubstreu aus den Mulden, wo sie angelagert wurde, oder von Standorten, wo sie Fichte oder Lärche akkumuliert, wirkt laut einer Untersuchung aus Göttingen gegen die Versauerung, Waldüberdüngung und gegen die Nitratbelastung des Grundwassers. Gleichzeitig wächst dort wieder artenreiches Weidefutter, und in den oberen Bodenschichten werden keine Nährstoffe ausgewaschen oder in tieferen Lagen festgelegt. Die Bodenbegrünung wirkt gegen die Degeneration der oberen Bodenschichten und vermindert den Oberflächenabfluss aus dem Wald beträchtlich.

Selbst die übrig gebliebenen Stöcke umgeschnittener Kiefern nutzte man nach mehreren Jahrzehnten der andauernden Abbauprozesse für die Herstellung der „Kienspäne", wenn sich das Harz während der langsamen Vermoderung gegen die Mitte des verbleibenden Stockholzes konzentrierte. Man hebelte die „Kienstöcke" aus dem Erdreich, entfernte Erde und den äußeren Holzmoder und spaltete daraus die harzreichen Späne fein für Beleuchtungs- und Anfeuerungszwecke. Solcherart hergestellte Kienspäne lieferten die beste Leuchtqualität.

Von der Waldbedeutung und den agrarischen Nutzungen

Den Wald gibt es nicht, und ein solcher hat auch nicht existiert. Manche verstehen unter einem Wald den Rotbuchenwald, andere darunter einen Fichten- oder Eichenwald etc. Es bestehen also Waldungen oder Waldtypen. Ein starres Bild von Wald entspringt der Verallgemeinerung, denn aufgrund der Waldnutzungen und Standorteinflüsse findet man schon auf kurze Distanzen in der Landschaft verschiedene Entwicklungs- und Typenphasen. Nur wenn wir uns einen konkreten Wald genauer ansehen, dann können wir uns die Detailkenntnisse erarbeiten und von diesen ausgehend für die jeweilige Situation und Gegend Unterschiede verstehen lernen (vgl. KLAUCK, E.J. 2005).

Im Gegensatz zu den Sammelnutzungen und der Waldbeweidung sind die eigentlichen kulturgärtnerischen Nutzungsmöglichkeiten der Wälder nicht außer Acht und der Vergessenheit anheimfallen zu lassen (vgl. REEG, T. et al. 2009). Bis 1970 nutzte man in der Steiermark die natürlichen Produktivkräfte des Waldes, indem unter lichten Baumformationen oder abgebrannten Holzfratten nach dem Holzabtrieb Roggensorten wie z.B. das „Wald- oder Brandkorn", Hafer, Gerste, Futtergetreide oder Buchweizen eingesät wurden (s. SCHNEITER, F. 1970). Eine Getreidekultur wurde nicht, wie immer behauptet wird, ausschließlich auf Brandrodungen nach Kahlschlägen getätigt, sondern vielfach auch in bestehende aufgelichtete Wälder oder in größere Lichtungen, wobei ein Teil der Waldstreu abgezogen und der Boden bearbeitet werden musste. Für das Aufreißen, die Beackerung oder Eggung des Bodens zwischen den Holzstöcken waren Pferde und Ziehochsen sehr gut einsetzbar. Aber auch unmittelbarer Gemüsebau (Kraut, Rüben, Kartoffeln) wurde zur Bewältigung der Existenz durchgeführt, wenn dieser auch selten war. Himbeer-, Farn-, auch Wildspargelgärten usw. sind letzte Kulturreste, die wir heute nachweisen können.

Die Vorbilder für den Streu- und Feldobstbau, Obstfeldackerbau, in der Agroforestry oder baumbestandenen Weidewirtschaft entstammen den einstigen gärtnerisch-agrarischen Vielfachnutzungen der Wälder bzw. dem Waldfeld-Getreidebau oder dem „Waldgartenbau in mehreren Etagen" (Nordburgenland).

Das „gärtnerische Prinzip" im Wald und das „Waldprinzip" im Garten

Die Plenterwirtschaft mit der teilweisen Entnahme von Holz aller Altersklassen entspricht weitgehend dem gärtnerischen Prinzip und ist von verschiedenen jahreszeitlichen und kleinsträumigen Nutzungen getragen. Im mehrstufig aufgebauten Wald wird an mancher Stelle etwas gefördert und woanders etwas geerntet und reduziert (vgl. GEHLKEN, B. 2008). Das Ernten ermöglicht den Sonnenzutritt und somit die Bildung von Wärme und fördert das Gedeihen anderer benachbarter Baum- und Pflanzenarten, das Aufkeimen, schnelleren Wuchs oder den gärtnerischen Anbau. Kleinräumige Abholzungen in Form der Femelwirtschaft, aber auch großflächige Schläge bedingen im Vergleich zur Plenterung andere und unterschiedliche Qualitäten an

Folgevegetation. Nach der Freistellung eines Standortes konnten sich z.B. auf den aufgeräumten Standorten die Him- und Erdbeeren stark vermehren. Verteilt oder in Fratten liegen bleibende Reisighaufen hingegen fördern die Vermehrung der Brombeere. Großflächige einheitliche Gehölzaufwüchse mussten nach einer bestimmten Beweidungsphase wiederum vor Wild- und Weidetieren geschützt werden. Dafür gab es viele Hilfsmittel und strukturelle Überlegungen.

Diese Gedanken zur Waldnutzung finden sich im Prinzip auch auf die Gartennutzungen übertragen: Unter den ausgeschnittenen Obstbäumen oder auf Spalier gezogene Obstkulturen waren z.B. Getreide, Gemüse oder Beerenobst angebaut worden, unter den Weinstöcken fanden sich Hackfrüchte, das Gras und Laub war für die Kleintierhaltung (Kaninchen, Ziegen, Schafe, Hühner) oder für das Mulchen genutzt worden. Deck- und Unterkultur beeinflussten sich positiv z.B. in Fragen der Schädlingsreduktion oder in der Auswirkung auf die Bodenfruchtbarkeit und Nährstoffverfügbarkeit. Das Laub der Gehölze wurde verkompostiert oder eingestreut, und der wiederum eingebrachte Tiermist diente der Ertragsvermehrung. Der Garten war in allen Bereichen wie ein Wald ausgenützt, klug organisiert und sparsam angelegt worden. Im Wechsel zwischen Beschattung und Verlichtung oder offenen Bereichen konnten Pflanzen mit unterschiedlichen Standortsansprüchen gezielt gezogen werden. Mit einzelnen Steinen oder Steinmauern war nicht nur das Gelände abgefangen und strukturiert worden, sondern konnte vielmehr das Kleinklima beeinflusst werden. Zudem legte man Teiche oder Wasserbecken an oder lenkte Fließgewässer durch die Gärten, welche klimatisch und ökologisch, wegen der Beherbergung von Nutztieren, von Vorteil waren. Die Natur bot dafür viele Vorbilder.

Zum Nehmen gehört auch das Geben

Die Menschen nutzen die Naturveränderungen und Zuwächse des Waldes unter Investition ihrer Arbeitskraft zu ihrem Vorteil aus. Die Ernte stellt im Prinzip einen Beitrag des Gebens dar. Durch die Entnahme von Gehölzen und anderen Produkten setzt der natürliche Drang der „Lückenschließung" durch die Vegetationssukzession ein.

Diese Ernte ist der Ertrag und pfleglicher Beitrag zugleich. Alle abfallenden Produkte nutzt man, welche bei der Arbeit anfallen. Es entsteht Abfall, der als Zwischenprodukt wieder in einem anderen Nutzungszusammenhang verwendet wird. Heute würde man dies als „Vollkreislaufsysteme" und unter dem Aspekt einer größtmöglichen Ausschöpfung „regenerativer Ressourcen" benennen. Einmal eingesetzte Arbeit soll sich mehrmals lohnen und sich in verschiedenen Erzeugnissen äußern. Wie angedeutet, flog das Paradies den Leuten nicht zu, sondern es mussten zum Überleben kluge Arbeitseinträge und Entscheidungen gesetzt werden, um das Paradies ständig aktiv neu zu schaffen. Die investierte Arbeit zur Absicherung der Erträge war die Basis für das einfache und erfüllte Leben, solange nicht damit jenes Geld erwirtschaftet werden musste, welches im eigentlichen Sinn diese Arbeit entwertete.

Marillenhain (Wachau, Niederösterreich).

FRÜHLING

Über die Bedeutung des Birkensafts (*Betula* spec.), des Birkenblätter-Sirups und andere Baumnutzungsgeschichten

Gerade in den nördlichen Regionen Europas, Nordamerikas und Asiens wie auch in mitteleuropäischen Berg- und Moor-Regionen stellte die Birke jahrtausendelang einen grundlegenden Teil der alltäglichen Lebenskultur dar. Die Menschen verwendeten alle Teile der Birke in der Medizin sowie zur Herstellung nützlicher Dinge und Hilfsmitteln für das tägliche Leben. Einige agrikulturelle Zusammenhänge zur Birkenbewirtschaftung sollen ergänzend zum bekannten Wissen geschildert werden. Über die Gewinnung des aufsteigenden Frühjahrssafts wird im nachfolgenden Kapitel „Über das Baumwasser …" (S. 95) Grundsätzliches ausgeführt. Hier wird nun hauptsächlich auf die Verwendung in der Volksheilkunde, auf die Reisig- und Teernutzung, auf die Bearbeitung von Rindenteilen für „Holzbrot", die Anfertigung von Gefäßen und Schuhen sowie auf die Herstellung von Sirup aus den Blättern näher eingegangen. In den Bänden „Nahrhafte Landschaft 1 und 2" und in den Büchern „Hecken" und „Laubgeschichten" wurden die Zusammenhänge aufgezeigt, wie das Birkenbaumwasser bei inneren und äußeren Anwendungen wirkt, und wie der heilkräftige Tee, der aus den saponin- und flavonoidreichen Birkenblättern gewonnen wird – ohne die Nieren zu reizen –, genossen werden kann und welche Birkenknospen-Tinkturen hergestellt werden können.

Über die Gewinnung des Birkenwassers

Der Wasservorrat der Birken (*Betula pendula* und *B. pubescens* u.a.) wird im Frühjahr vor und während des Blattaustreibens zur Gewin-

Die Birkenwiese: Im Frühling enthalten die Birken den energiereichen Baumsaft. Früher diente dieser zur Herstellung von Süßstoffen und zur Konservierung von Lebensmitteln.

nung des Birkenwassers für nährende, heilende und kosmetische Zwecke genutzt. Bäume ab einem Durchmesser von etwa 20 cm (in Brusthöhe) werden in einer Stammhöhe von ca. 30 bis 45 cm angebohrt, sodass ein Gefäß zum Auffangen des Saftes am Boden sicher aufstellbar war. Diese Tätigkeit erfolgt, wenn der Schnee zu schmelzen beginnt und frostige Nächte bestehen bzw. der Boden noch gefroren ist, die Bäume in einer zunehmenden und aufsteigenden Mondphase in den Monaten von Februar bis Mai voll im Saft stehen. Je nach Zeit des Winterabschieds sprach man in den Regionen von verschiedenen Baumwassermonaten, in denen die Ernte erfolgte. Manche nutzen den Baumsaft ausschließlich im Februar oder März, andere nur im April oder in der ersten Maihälfte. Von kühleren und höheren Schattenge-

Über die Bedeutung des Birkensafts

Die Birken ziehen mit der Schneeschmelze das Bodenwasser auf, um damit die Nährstoffe in die Äste zu verlagern. Werden die Bäume zu dieser Zeit gefällt, so tritt das Wasser aus den Leitgefäßen. Um das süße Baumwasser zu nutzen, wurden die Gehölze angebohrt und der Saft mithilfe von Holz- oder Glas-Röhrchen oder Schläuchen in Gefäßen zur Weiterverwertung aufgefangen.

birgslagen bestehen Hinweise der Baumsafternte bis in den Juli hinein. So findet man auch auf den Almen bzw. Alpen ganz markante, knorrige Berg-Ahorne, welche mit hoher Wahrscheinlichkeit der Saftgewinnung unterzogen wurden.

Zum Abfangen des klaren Saftes wird in das südseitige, bis 10 cm tiefe Bohrloch ein Holzröhrchen oder ein Plastikschlauch eingesteckt. Am Boden befindet sich der befestigte und verschließbare Eimer, der mehrmals entleert werden muss. Nach dem Abzapfen wird mit einem Holzstoppel das Bohrloch wieder verschlossen, damit austretender Baumwasserfluss unterbunden wird. Je nach Wuchsbedingungen kann eine Ernte alle zwei Jahre wiederholt werden, ohne dass dem Baum Schaden zugefügt wird.

Weiterverarbeitung und kulinarische Verwendung

In frischem Zustand wird das Baumwasser kühl aufbewahrt. Neben dem frischen Verzehr binnen einer Woche ließ man den 2 % Zucker enthaltenden Saft zu einem berauschenden Getränk, dem „Birkenwein" oder „Birkenbier", vergären. Durch Eindickung und durch Alkoholbeigabe kann man ihn für ein Jahr haltbar machen. In Russland wurde der Saft bzw. eingedickte Saft zur Alkoholgewinnung vergoren. Das Birkenwasser setzte man früher wegen des natürlichen Zuckergehaltes auch in der Bierbrauerei ein, um Malz einzusparen. Auch ersetzte man laut Hinweisen aus den Alpen manchmal bei der Brotbereitung das Wasser mit Baumsaft.

Ein betagter Schweizer Alpsenn berichtete in den 1980er-Jahren von seinen Kindheitserlebnissen. Als wissbegieriger Hütebub beobachtete er den damaligen Käser bei der Arbeit am Vorsäss, wie er täglich vor der Milchaufbereitung Birkenwasser dazugab, offenbar, um die Käsequalität zu beeinflussen. An die Menge konnte er sich nicht mehr erinnern. Dieser Käse der ersten Alpwochen war offenbar länger lagerbar und galt als süßer und geschmackiger in der Ausreifung, erzählte er. Darauf hatte er den Alten angesprochen. Dieser meinte, es helfe zum besseren Gerinnen des Milcheiweißes und würde die Käselaiber wurm- bzw. madenfrei halten und das Geheimnis solle er für sich behalten. Auch zur Käsepflege gab man im Frühjahr in das Schmierwasser Birkensaft dazu, was dem Käse ein noch besseres Aroma verlieh.

Die heilwirksame Bedeutung des Birkenbaumwassers

Von jüngeren und älteren Birken lassen sich innerhalb von vier Wochen zwischen 50 und 200 Liter Baumwasser gewinnen. Die Ernte beschränkt sich je nach Höhenlage auf eine Zeit von vier Wochen von Anfang April und Ende Mai. Alle Birkenarten sind für den höheren Kalk- und Invertzuckergehalt bekannt und enthalten zudem Mineralsalze, z.B. Kalzium, Kalium, Magnesium, Mangan und Phosphor, wie auch Weinstein, Traubenzucker, Eiweißstoffe und wertvolle organische Säuren. Das frische Baumwasser eignet sich bestens für Trinkkuren. Schon im Altertum verwendete man den verdünnten Saft als

▌ Über die Bedeutung des Birkensafts

Die sich mit Baumwasser füllenden Behälter sollen am Baum befestigt und die Gefäßöffnung mit einem Tuch abgedeckt werden, damit sie nicht vom neugierigen Wild umgestoßen werden und keine Insekten eindringen können, um am Saft zu naschen. Glasbehälter sind wegen der Frostgefahr nur tagsüber zu verwenden.

Entschlackungs- und Schönheitsgetränk, jedoch durfte die Birke nur alle zwei Jahre angezapft werden. Der sehr erfrischende, süß-säuerliche Baumfrischsaft der Birke diente ab März der Blutreinigung, da die Ausscheidung der angesammelten Harnsäure und Salze angeregt und Herz- und Blutkreislauf entlastet werden. Der vitalisierende Birkensaft fördert die Ausscheidung des Harns auf das Dreifache und wirkt entzündungshemmend auf die Harnorgane und bei Harnwegsinfektionen. Er wird deshalb auch bei Wassersucht angewandt. Bekannt ist auch die Verwendung des Baumsaftes oder -sirups bei Husten. Selbige Anwendungsbereiche sind auch mit dem Teeauszug aus den Blättern bewerkstelligbar.

Die belebenden und entwässernden Inhaltsstoffe des Baumwassers dienen der Gesundung von Niere und Blase, weshalb die Birke den Beinamen „Nierenbaum" trägt. Mehrwöchige Kuren mit Birkensaft oder Birkenblättertee werden zur Entsalzung und Stärkung der Nieren, bei chronischen Nierenleiden und bei Frühjahrsmüdigkeit durchgeführt. Eine schweißtreibende Wirkung erzielt man erst nach einigen Tagen einer Trinkkur. Der frische Saft hat verstopfungslösende, harntreibende, abführende, kräftigende und blutbildende Wirkung. Er fand Einsatz bei Unfruchtbarkeit, bei Blutarmut, verschiedenen Allergien, Entzündungen der Nebenstirnhöhlen, Gelbsucht, bei Vitamin-C-Mangel, Arthritis, Gicht, Rheuma und Magenkolik, Arteriosklerose, Nieren- und Blasensteine. Doch sollte man wegen den Wirkungen Vorsicht walten lassen, denn „die Birke enthält im Wasser das versteckte Feuer" (mdl. Krautgartner, A.).

Der eingedickte Saft esslöffelweise wird mehrmals am Tag verteilt oder dem Weißwein beigemengt leicht angewärmt eingenommen. Auch zur Vorbeugung gegen Arterienverkalkung oder zur Entwurmung wurde das frische Baumwasser in Form von Kuren morgens verdünnt (!) getrunken. Trinkt man mehrere Tage bis Wochen solches Birkenwasser, dann mindert sich die Esslust und das Hungergefühl, und es kommt durch eine geringere Nahrungsaufnahme zur Körperreinigung und zu Gewichtsabnahme. Verdünntes Birkenwasser in großen Mengen getrunken ist also optimal zur Entgiftung und Entschlackung des Körpers. Zur Behandlung von Altersdiabetes müsste man dem Birkensaft wieder Augenmerk schenken und dahingehend klinische Untersuchungen anstrengen.

Äußerliche Anwendung des Birkenwassers für die Haut- und Haarpflege

Weitere Anwendungen erfolgen für Bäder bei Hautkrankheiten oder bei schlechter Haut. Durch den Birkensaft wird die Ausscheidung auch über die Haut angeregt. Mit Baumwasser erfolgten Waschungen bei Brandwunden, bei eiternden Wunden, Geschwüren, Anschwellungen infolge von Wassersucht, Ausschlägen, Krätze und Flechten der Haut, … Zu diesen Zwecken stellte man Haut- und Haarwasser oder shampooartige Haarwaschmittel her.

Als „Haarwasser" wird es frisch zum Einmassieren der Kopfhaut gebraucht, da naturbelassener Birkensaft oder Blätterabsud den Haarwuchs fördert. Haarboden und Haarwurzel erfahren eine kräftigende Wirkung, weshalb der Birkensaft bei Haarausfallproblemen und übermäßiger Schuppenbildung verwendet wird. Heute wird das Mittel zur Haarwuchsförderung aus den weingeistigen Blätter- und Knospenauszügen hergestellt. Äußerlich kommt der Saft auch in der Gesichts- und Hautpflege zur Anwendung. Wird der gewonnene Saft zu einem Balsam verarbeitet, so hilft dieser, auf die Haut gestrichen, bei mehrmaliger Anwendung der Entschuppung, der Straffung, der Sanftmachung, der nachträglichen Gewebsbildung und Auflösung von Wund- und Pockennarben, Leberflecken und Sommersprossen. Um 1880 fanden sich verschiedene solcher Birkenbalsame und -tinkturen auf dem Markt, wobei man einer Mischung mit verdünnter Arnikatinktur beste Wirkungen auf die Kopfhautpflege und Haarwuchsförderung nachsagte. Ein ungenießbarer, bitterer Aufguss entsteht aus heiß überbrühten Blättern oder zerkleinerter Rinde. Dieser dient der äußerlichen Anwendung auch bei geschwollenen, schmerzenden Gelenken.

Birkensaft wurde für Umschläge unzulänglich abheilender Wunden bei Tieren ebenso angewandt. Auch verabreichte man den ausgezehrten Nutztieren nach futterarmen und langen Wintern den Birkensaft zur Kräftigung und Reinigung in beträchtlichen Mengen.

Die Birkenknospen fördern den Nachgeburtsabgang

„Knospen öffnen – und die Birkenknospen im Speziellen –, führen auch ab und entgiften gleichzeitig den Körper." 1985 erzählte mir die 90-jährige Floretta, eine aus einem kleinen Tal in den Cottischen Alpen stammende ehemalige Hebamme, eine Gebrauchsgeschichte zu den Birkenknospen im Winter. Wenn die Frau das Kind zur Welt brachte und die Nachgeburt nicht abging, dann griff man sofort auf die Knospen der Birke zurück. Bei der Geburt soll es im Raum gut warm sein und die Frau auch eine innere Wärme haben. Kühle Füße sind von Vorteil. Ist es allerdings im Raum nicht ausreichend warm, dann verharrt die Nachgeburt und schwillt die Gebärmutter an. Deshalb hatten die Hebammen verschiedene heilwirksame Ingredienzien zum Einnehmen ständig mit und konnten mit diesen immer schnell reagieren, denn bei Verhaltung der Nachgeburt ist die Frau binnen kurzer Zeit dem Tod näher als dem Leben. Gerade bei Festlegung der Nachgeburtsschleime und -häute stellt das Pulver aus Birkenknospen ein wirksames Heilmittel dar.

Vorsorglich haben die Hebammen über den Winter immer wieder Birkenknospen und -blätter zu den Niederkünften mitgenommen. Florettas Mann brachte ihr regelmäßig solche von den Waldgängen mit und auch allerlei andere Kräuter, Flechten und Wurzeln, denn er war durch ihre klugen Anweisungen so weit Botaniker geworden, dass er sich auskannte und jeweils die schönsten Sammelwaren in bester Qualität nach Hause brachte. Die Birkenknospen entnahm er den oberen Ästen frisch geschlagener Birken oder den oberen Wipfelbereichen kleiner Aufwüchse. Wenn die Hebamme keine Knospen zur Hand hatte, dann verwendete sie Blätter oder Rinde des Birken-Feinreisigs. Die Knospenzubereitung soll nicht älter als ein halbes Jahr sein, ansonsten verliert sie ihre abführende und entgiftende Wirkung.

Floretta zerstampfte die Knospen und zerrieb sie in einer Hartholz- oder Steinschale zu einem Pulver. Nebenbei simmerte das Wasser am Herd, in welches sie vor der Einnahme einen Schuss Essig und das Pulver der fein zerkleinerten Knospen oder Blätter gab. Das wurde von der Wöchnerin eingenommen, und die Nachgeburt löste sich binnen eines Tages. Ganz früher verwendete man zu den Birkenknospen auch verdünnte Milch mit Sauerampfer-Arten (*Rumex acetosa*, *Rumex arifolius* oder *Rumex scutatus*) oder Sauerklee (*Oxalis acetosella*). In die

Ebenso wirken die Inhaltstoffe der Birkenblätter kräftigend, belebend und entwässernd. Teekuren mit den Blättern und „Kätzchen" zur Entsalzung und Stärkung der Nieren, zur Stein- und Harntreibung, Verstopfungslösung oder bei rheumatischen Beschwerden waren früher üblich.

Mischung aus Wasser und Milch oder Sauermilch gab man das Pulver frisch zerriebener Sauerampfer-Blätter und der Birkenknospen bei, wenn man gerade nicht frische Blätter oder Pflanzen zur Verfügung hatte. Gleichzeitig legte man einen Wollstrumpf oder wollenen Umschlag mit warm gemachter Erde, Sand oder Asche darin unter die Brust, da, wo sich die Nachgeburt festgesetzt hatte.

Doch die Hebamme verwies auf eine noch frühere Rezeptur des Alpenraums, welche heute abgekommen ist und in Vorzeiten im Frühjahr oder Frühsommer zubereitet wurde: Dabei kochte man Birkenknospen, Sauerampfer oder Sauerklee und andere Kräuter und mischte das Aufgekochte mit der Milch einer Ziege oder eines Schafes, manchmal auch einer Kuh oder Stute. Diese Mixtur gab man in den gut ge-

▮ FRÜHLING

reinigten Magen entweder einer Ziege oder Hirschkuh, verschloss ihn, und hängte den Sack an einer sicheren Stelle auf. Der Inhalt trocknete ein, wurde nach dem Herausnehmen zerstampft und wurde als Pulver von Hebammen ständig mitgeführt. Soweit ich mich erinnern kann, wird in ähnlicher Weise solch ein Milchpulver von den Samen oder Lappen in Skandinavien zubereitet, indem sie die Milch der Rentiere ebenfalls mit Sauerampfer in Rentiermägen gaben und die Mägen während des Sommers in den Baumkronen zum Trocknen aufhängten. Im Herbst und im Winter verwendeten sie dieses Sauermilchpulver für stärkende Kochgetränke und Heilzwecke, wenn sie bei ihren Herdenbewegungen an diesen „Stellen der weisen Voraussicht" vorbeikamen.

Über die Herstellung eines Birkenblätter-Sirups

Bei Ulrike Remer-Berlitz aus Amelinghausen (D) lernte ich in dankenswerter Weise die Herstellung eines gut bevorratbaren Dicksaftes aus den Birkenblättern kennen. Wenn jemand im Garten eine Birke stehen hat oder welche in der Landschaft vorfindet, so kann man die frisch geschobenen Blätter im Frühjahr zur Herstellung eines Sommergetränks verwenden. Als Sammelzeitpunkt eignet sich jene Phase, in der die Blätter voll ausgetrieben haben und bevor sie fest im Griff werden und verdunkeln – also vom Mai bis zur Sommersonnenwende. Bis zu dieser Zeit wird wohl auch der Zuckergehalt der Blätter das Niveau mit 8 bis 9 % halten (lt. Kroeber, L. 1940) und danach wieder langsam abfallen. Je nach Region und Witterungsentwicklung im Jahreslauf lagert die Birke schon ab Juni in den Blättern kleinweise herbe Inhaltsstoffe ein, wodurch ein erzeugter Saft einen zu stark bitteren Beigeschmack bekommen würde.

Wunderbares Birkenblätter-Elixier

Wer Sirup aus den Birkenblättern herstellen möchte, kann den Laubbehang immer noch in Gegenden, wie z.B. in Gebirgsräumen und höheren Lagen auf nordexponierten Hängen, die später schiebenden Blätter ernten. Fallen Birkenäste bei der Waldarbeit oder Gartenpflege an, weil sie

▌ Über die Bedeutung des Birkensafts

Aus Birkenblättern kann ein heilwirksamer Sirup hergestellt werden: Man gibt die Blätter in einen mit Wasser gefüllten Topf, rührt um und kocht sie behutsam ca. fünf Stunden lang, ehe man absiebt, Süßstoff und Zitronensaft beigibt und den braunen Saft eine weitere Stunde lang reduzieren lässt.

ohnehin im Weg stehen oder ein Rückschnitt erforderlich ist, so können davon die Blätter vollständig abgestreift werden. Aber grundsätzlich soll man von den einzelnen, belassenen Ästen nur bis zu einem Drittel der Blätter abernten, damit die Äste nicht abzusterben beginnen.

Benötigte Zutaten:
2,5 bis 3 kg Birkenblätter, 8 bis 10 l Wasser, 3 bis 4 kg Zucker oder Süßstoff (Apfeldicksaft, Baumsirupe, …) und 12 bis15 Stück Zitronen.

Zubereitung:
Die Dicksaftzubereitung ist ganz einfach durchzuführen. Etwa 2,5 bis 3 kg Blätter werden von den Ästen abgeerntet und in 8 bis 10 Liter Wasser einige Stunden lang kalt angesetzt. Häufig unterschätzt man das gesammelte Gewicht der Blattmenge, weshalb ein Abwägen angeraten ist. Dann kocht man die Blätter langsam etwa fünf Stunden lang ohne Abdeckung, ehe man die bräunlich-grün verfärbten Blätter entfernt. Je nach Dafürhalten und Süßkraft gibt man ca. 3 bis 4 kg Zucker, Apfeldicksaft, Ahornsirup oder andere Süßstoffe und den gefilterten Saft von 15 Stück Zitronen hinzu. Alsdann kocht man behutsam noch einmal gut eine Stunde lang oder länger, um die Flüssigkeit einzudicken und durch die Konzentration der Süßstoffe den Saft besser haltbar zu machen. Soweit es möglich ist, soll der braune Dicksaft in Glasflaschen heiß eingegossen werden.

Dieser Dicksaft dient im Sommer stark verdünnt zum Durstlöschen. Gleichzeitig wirkt er entschlackend, blutreinigend und regt schonend die Nierentätigkeit und Wasserausscheidung an. Regelmäßig wie bei einer Kur getrunken, heilt dieser Saft auch Ödeme, Durchblutungsprobleme an den Beinen durch Stauungen, gichtartige und rheumatische Beschwerden. Der Salicylsäureestergehalt reduziert sich bei der Dicksaft- und Sirup-Herstellung durch das lange Kochen. Die Teezubereitung aus Blättern der Weiden, Weidenrinde, Mädesüß (*Filipendula ulmaria*) oder der Birken ist wirksam, je kürzer er zieht – ca. drei Minuten.

Über die Bedeutung des Birkensafts

Sowohl der eingedickte Birken-Baumsaft als auch der Birkenblätter-Sirup lassen sich wie Honig als Brotaufstrich oder anstelle von Zucker für Backwaren verwenden.

Eingedickter Birkenblättersaft als Brotaufstrich

Wird der Dicksaft noch stärker eingedickt, erhält man eine zähflüssige dunkelbraune Konsistenz ähnlich wie beim Waldhonig. Die dicke Masse kann in Gläser gefüllt werden. Sie dient als Brotaufstrich oder zum Anrühren in heißem Wasser oder Kräutertee bei Krankheiten. Sie kann auch im Teig eines Kuchens als Süßungsmittel verwendet oder

FRÜHLING

Das jährlich geschnittene Reisig der Birken diente der Besenherstellung. Erfolgte nicht jedes Jahr eine Verwendung für Besen, so wurden die „Besenbäume" zur Erhaltung

zur Bestreichung auf einen einfachen Kuchen gegeben werden, damit aufgestreute klein gehackte Nussfrüchte oder Sesamkörner kleben bleiben. Und wer der Kreativität freien Lauf lassen will, kann auch zu den Blättern je nach Verfügbarkeit Fichtensprosse – die sogenannten Maiwipferl –, Rosenblütenblätter oder Thymiankraut zur besseren Aromatisierung während der letzten Kochphase beigeben, muss diese allerdings wiederum absieben.

Über das Birkenreisig und Laubfutter

Noch heute findet man in europäischen Ländern bei alten Gehöften, auf Weiden und entlang der Wege und Straßen Birken als Besenbäume vor. Das Reisig wurde zumeist im Dezember geerntet und im Jänner und Februar zu Besen verarbeitet. Vor der Besenbindung weichte man das Schnittgut ein, wodurch es besser bearbeitbar war. Der neue Besen wurde nach dem Binden mit Gewichten eingeschwert und dadurch das Reisig eng aneinander gepresst. So bekam er eine kompakte Form

ihrer Funktion – einem besentauglichen Reisig – trotzdem jährlich geschnitten und das Reisig zum Anfeuern oder zur Fütterung verwendet.

und kehrte sorgfältiger. Wurde kein Reisig für Besen benötigt, so erfolgte der Rückschnitt der „Besen-Birken" jedes Jahr im Herbst. Das anfallende Schnittgut diente dann als nierenförderndes Futtermittel für Rinder, Pferde, Schafe und Ziegen, die das belaubte Reisig mitsamt der Rinde gerne fraßen. Unbelaubtes Reisig im Herbst geerntet, eignet sich hervorragend zum Anfeuern des Ofens. Führte man diese Pflegeschnittmaßnahmen nicht durch, so war das mehrjährige Reisig, welches vom Baum in späterer Folge geerntet wurde, nicht mehr für die Besenerzeugung geeignet, da es zu lang auswuchs. Besenbirken müssen regelmäßig geschnitten werden, damit sie qualitativ gutes Besenreisig abgeben. Ehemals diente das Birkenreisig in Skandinavien und Russland für Flechtwände, welche mit Lehm verschmiert waren, oder zum Korbflechten.

Das geschnittene „Laubschab" in der Nährstoffökonomie

Nicht nur die Gewinnung nährenden Futters oder eine Futterknappheit, sondern auch die Inhaltsstoffe der Schneitelruten waren in der Bauernwirtschaft für eine zusätzliche „Reisigheunutzung" wesentlich. Man ließ die aufgemachten Bündel in der Futterraufe drinnen, sodass die Ziegen und Schafe neben den Birkenblättern – dem „Laubheu" – die Rinde und geringfügig auch feine Astteile kauen und abnagen konnten. In Osttirol wurde das abermals zusammengebundene Reisig nach dem Laubabfressen für die Fütterung verwendet. Sie wurden in den Brunnentrog eingeschwert, damit die mineralstoffreiche Rinde weich wurde, sich leichter vom Holz ablösen ließ und beim Fressen leichter „abschabbar" war. Deshalb sprechen die Leute vom „Labschab", wo neben der Laub- auch die Schab-Nutzung mitgedacht ist. Die ein- bis dreijährigen Astschneitel waren mineral- und wirkstoffreich, wodurch das Vieh gesund und lebhaft blieb. Je jünger eine Gerte, umso zarter war die Rinde (vgl. MACHATSCHEK, M. 2002). Die Knospen, gehaltreichen Feinast- und Holzteile boten in Vorzeiten auch für die Menschen in Skandinavien Nahrung.

Die Rindenteile ins Brotmehl eingemischt

Ähnlich wie von den Kiefern bereiteten die Ureinwohner Skandinaviens, Nordamerikas und die Vorfahren in Russland aus den Teilen zwischen Borke und Holz – der Birkeninnenrinde – ein Brotmehl. Zu diesem Zwecke schabten sie im Spätwinter und Frühjahr das dünne Kambium von der abgezogenen Rinde heraus, schnitten es fein und rösteten es, ehe es zu Mehl gemahlen wurde. Diese Kambiumteile sind vergleichsweise reich an Kohlehydraten, Vitaminen und Öl. Mit der Schnellröstung wurde der Gehalt an Gerbstoffen umgewandelt und gemindert. In späterer Kulturfolge war durch Beimischung von Getreidemehl bekömmlicheres „Holzbrot" gebacken worden. Birkenrindenmehl diente als Streckmittel und wurde z.B. auf der russischen Halbinsel Kamtschatka mit Fischeiern und Fischfleisch für Speisen verwendet.

Über die Bedeutung des Birkensafts

Aus der Rinde können einfache Behälter hergestellt werden. Die Skandinavier verwendeten Birkenrindeplatten ähnlich wie Tapeten, um die Räume vor Windzug zu schützen und zu isolieren.

Rinde für alltägliche Gebrauchsgegenstände

Die Ernte der Rinde erfolgt mit dem Beginn des Blattschiebens, wobei geübte Rindennutzer darauf bedacht sind, beim Abziehen der Rindenbänder oder -platten nicht die Bastschicht zu verletzen, damit sich in den nächsten drei Jahren eine neue Rinde bilden kann. Dazu benutzt man junge Birken mit einem Durchmesser von 15 bis 20 cm und zieht nach dem Anritzen die Rinde um den Stamm in einem langen Streifen spiralartig von oben nach unten ab, damit man lange Rindenbänder erhält. Für die Herstellung verschiedener Utensilien aus großen Rindenteilen erfolgt die Rindenernte, indem durch einen Vertikalschnitt ein Rindenzylinder übrig bleibt oder breitere Streifen abgeschält werden. Je nach späterer Gebrauchsabsicht werden diese auf Stapel gelegt, einige Tage lang beschwert oder mehrere miteinander rohrartig zusam-

FRÜHLING

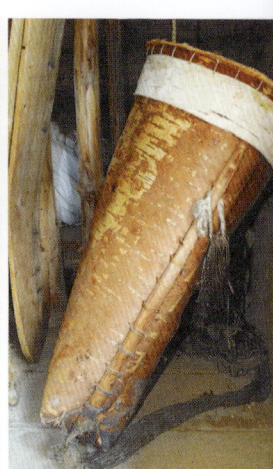

Aus Birkenrinde schuf man Trag- und Hängetaschen, Rückentragen, Behälter für die Küche, runde Trinkgefäße, Teller, schön verzierte Nahrungsbüchsen, Etuis, Dosen, Schatullen, Schachteln und Schuhwerk.

Über die Bedeutung des Birkensafts

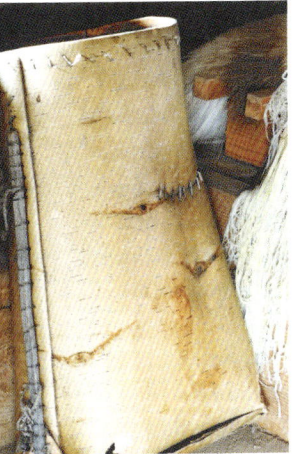

mengebunden. Für die weitere Verwendung muss die Rinde gereinigt und dunkel und trocken gelagert werden, damit sich kein Schimmel entwickelt. Oder sie wird im Zuge der Brennholzgewinnung im Frühjahr abgezogen, da sie zu dieser Zeit vom Stamm leicht lösbar war. Vor allem junge Rinde wurde gegerbt und geschmeidig gemacht.

Früher stellten die Hirten und Bauern Nordeuropas und die Urvölker Nordamerikas aus der Rinde Behälter aller Art, runde Trinkgefäße, Teller, schön verzierte Nahrungsbüchsen, Schatullen, Dosen, Etuis

FRÜHLING

Im Frühjahr geerntet können aus schmalen Birkenrindenstreifen einfache Körbe gemacht werden.

sche, aromatische und gesundheitsschädigende Kohlenwasserstoffverbindungen und vor allem Schwefel freigesetzt. Unter Luftabschluss fällt auch das wässrige Kondensat an. Nach Abbau der mit Lehm dicht gemachten Verrichtungen wird Teer behutsam erhitzt, bis er nach über sechs Stunden durch den Abgang von Wasser eine hohe Zähheit bekommt. Dieser Teer oder das „Birkenpech" diente von der Steinzeit bis in das späte Mittelalter als stark wirksamer Universalklebstoff. Je nach Nutzung streckte man den Birkenteer mit der Birkenasche, welche bei der trockenen Destillation anfällt und fein zerrieben wurde. Mit eingefetteten Händen wurde nach der ersten Runterkühlung die schwarze Paste aus den Behältern herausgenommen. Bei Kälte erstarrt das Birkenpech, durch Erwärmen (z.B. mit der Hand) wird es weich.

Aus dem Birkenteer stellt man durch nochmalige Destillation das dunkel gefärbte und stark riechende Birken- oder Juchtenöl her, welches Brandharze und den Birkenkampfer enthält. Das Öl wird für die Zubereitung, Geschmeidigmachung und Stärkung dünner Rinds- oder Rossleder (Juften oder Juchten) eingesetzt und diente als Wagenschmiere. Den Birkenteer und seine Dekokte gebrauchte man bei Magen-, Lungen- und Kehlkopfleiden, Wassersucht und chronischen Hautkrankheiten, Fußschweiß oder in Salben bei Hautflechten (z.B. Psoriasis), Rheuma und Läusen. Die reizende Wirkung des Teers regt Entzündungsprozesse an und wird deshalb verdünnt und in kleinen Mengen z.B. für die Abheilung von Ekzemen oder Abszessen angewandt. Behandlungen mit Birkenteer sollten unter fachlicher Aufsicht erfolgen.

Aus dem Kondensat verwendete man geringe Mengen für heilwirksame Reinigungen oder zur Desinfektion der Haut oder des Haarfells von Nutztieren. Daraus wurde auch ein gelbes Destillat hergestellt, ebenfalls mit hoher Reinigungswirkung. Die Birkenasche ist reich an Mineralstoffen und enthält Kalium, Kalzium, Magnesium, Phosphor, Schwefel, Aluminium, Eisen, Mangan, Kupfer, Molybdän, Natrium, Kieselsäure, Zink, Selen, Chrom, Bor und Jod. Eingenommen puffert sie die Magensäure ab. Zur Entgiftung des Darms und bei Durchfall verwendete man die Birkenkohle und Birkenasche. Dieser Asche wird auch eine krebshemmende Wirkung nachgesagt, wenn die Birken auf erzhältigem Untergrund gedeihen.

Birkenreisig für Stahlproduktion und die Druckerschwärze

Ein Mühlviertler Bauernsohn erzählte: „Der Vater hatte von Bauern im Winter Birkenreisig mit einer durchschnittlichen Stärke von 0,5 cm in Bündeln zusammengesammelt. Ein Bund wog bis zu 50 kg. Damit fuhr er in die Stahlindustrie nach Linz, wo es für eine spezielle Härtung von gewalztem Blech oder Stahl verwendet wurde. Birkenreisig eignet sich im Besonderen gut für schnelles Härtungsfeuer, wenn das fertige Blech an der Maschine herauskam." Da die Äste in der Rinde Birkenteer eingelagert haben, verbrennen sie auch in frischem Zustand. Deshalb wurden das Reisig und die Rinde in Skandinavien als Zunder für schnelles Feuer, die Rinde auch für Fackeln genutzt. Wegen des Birkenteers im Holz gilt es als ein hervorragendes Brennholz. Das frische Birkenholz brennt sehr gut an, und andererseits besitzt die gewonnene Birkenkohle beste Qualitäten. Und aus dem Kleingewerbe der Buchdruckerei ist bekannt, dass der bei der Verbrennung der Birken entstehende Ruß für die Druckerschwärze Verwendung fand.

Als Blitzbaum und zur Entwässerung der Standorte

Auf einigen Bauernhöfen des Alpenraums steht in der Mitte der Hoffläche oder am Rand des Gehöfts die Birke als Blitzbaum. Man ließ sie hoch aufwachsen. Sie soll die Dächer in der Höhe überragen, damit sie als höchste Stelle bei heftigen Gewittern den einschlagenden Blitz aufnehmen und ableiten konnte. Aufmerksamen Beobachtern wird es nicht entgangen sein, dass an exponierten Stellen (Bergrücken, Geländekuppen, dem Gewitter entgegenstehende Hangrücken) gerade an den Birken häufig Blitzeinschläge zu verzeichnen sind. Insofern ist es ratsam, sich bei Gewitter nicht im Einzugsbereich von exponierten Birken (Pappeln, Weiden, Eichen u.a. Bäumen) zu begeben und diese Baumart in einer Entfernung von etwa einer Baumlänge vom Haus entfernt zu pflanzen.

Hänge- und Moorbirken (*Betula pubescens*) wurden auf nassen Standorten zum Entwässern gepflanzt. Deshalb findet man sie auf Moorflächen gezielt an die Gräben gesetzt und als Alleebäume entlang der Wege, wo sie der Wegtrasse das Wasser entziehen und die Grundierung stabilisierten.

Als lichtliebendes Pioniergehölz besiedelt die Birke offene Böden oder brachgefallenes Land. Die Landnutzer setzten die Birken zur Stabilisierung und Entwässerung der Wegböschungen und Hänge oder als „Blitzauffangbaum" neben den Hofgebäuden gezielt ein.

Über das Baumwasser und die Gewinnung von Süßstoffen aus den Baumsäften der Ahorne (*Acer spec.*), Birken (*Betula spec.*) und anderer Gehölze

Immer wieder stellte sich bei meinen Erkundungsgängen die Frage, womit vor etlichen Generationen die Menschen verschiedene Speisen gesüßt hatten. Sicherlich verwendeten sie nicht die Mengen und Arten an Süßstoffen wie wir heute. Auch war Honig von den Wildbienen da, wie auch Wildobst eingedickt und somit Fruchtzucker ermöglicht, oder später aus Rüben Zucker gewonnen worden. Auch Dörrobstmehle, wie z.B. Birnenmehl, wurden in großen Mengen erzeugt. Vermutlich griffen in Vorzeiten die Leute verstärkt auf die kohlenhydratreichen Baumwässer zurück. So konnte ich seit gut 30 Jahren zur Baumsaftgewinnung an verschiedenen Orten kleine Erfahrungen machen, eigenes Baumwasser in Behälter ablassen und Gebräuche und kleinste Hinweise dazu von Leuten verschiedener mitteleuropäischer Regionen dokumentieren. Schon als Kinder saugten wir an den abgeschnittenen Zweigen des Berg-Ahorns den süßen Saft. Auch unser Sohn ritt im Frühling auf diesen Gehölzen und schleckte den Saft an den Schnittstellen, wenn dieser Tropfen für Tropfen auslief, ehe wir ihn in Flaschen fassten.

Auf den bewirtschafteten Höfen hatte ich als Besucher oder Mitarbeiter freie Möglichkeiten, der Baumsafternte nachzugehen. Als Pächter konnte ich im Einverständnis der Besitzer frei über die Bäume verfügen. Anstandshalber ist folgende Grundregel zu beachten: Werden Bäume in der freien Landschaft, an Bächen oder Waldrändern angezapft, so sind auf alle Fälle die Besitzer um Erlaubnis zu bitten.

„Die Kuh der armen Leute"

Der Saft bestimmter Bäume – das Baumwasser – besitzt einen beträchtlichen Teil an Zucker, der nach dem Anbohren aufgefangen und durch Eindampfen konzentriert wird. Ohne dass Birke oder Berg-Ahorn durch das Abzapfen Schaden leiden, können in der Regel Stämme ab 35 Jahre dazu herangezogen werden. Weit verbreitet war früher diese einstige Baumnutzungsform zum Erhalt energiereicher Nahrung und Süßstoffe. Der Ahorn- und Birkensaft fand auch als „Most-Ersatz" Verwendung, wenn die Obsternten im Herbst gering ausfielen. Wegen der vielseitigen Nutzung des Baumsaftes in der Ernährung sprachen die Einheimischen früher auch bei der Birke und beim Ahorn von der „Kuh der Armen", und es ist heute unvorstellbar, welche Bedeutung sie für die Ernährung der Menschen einst hatten. Dieses Wissen konnte durch viele Hinweise über die Jahre rekonstruiert werden.

„Um Fabian und Sebastian fängt der Baum zum Saften an" (20. 1.), oder:

„St. Mattheus (24.2.) hab' ich lieb, denn er gibt dem Baum den Trieb",

lauten z.B. zwei alte Sprüche und zeigen an, ab welchen Phasen das Wasser im Baum vom Boden aufgezogen wird und zur Verfügung steht. Wer der Naturbeobachtung mächtig ist, kann das Ohr ab dieser Zeit an die Stammrinde andrücken und je nach Gegend bei Birken das Saftströmen im März, April und Mai deutlich hören oder manchmal auch schon ab Februar wahrnehmen. Dann beginnt die Zeit der Baumsafternte.

Einige alte Regeln für die Baumwassergewinnung lauten:

- Wenn am Baumstamm noch Schnee anhaftet, dann ist es für den Saftfluss noch zu früh.
- Mit dem kreisförmigen Abschmelzen des Schnees am Stammfuß beginnt der Baum den Saft aufzuziehen.
- Wenn der Winter schneereich und sehr kalt ist (starke Nachtfröste), je langsamer das Frühjahr heraufdämmert und je länger der Schnee liegen bleibt, desto höher ist der Gehalt an süßem Baumsaft.
- Die Baumwasserausbeute ist am ergiebigsten, wenn der Frost noch im Boden ist, die Nächte kalt und die Tage warm sind.
- Große Temperaturunterschiede zwischen warmen Sonnentagen und Nachtfrösten sind geeignete Erntephasen für das Baumwasser.
- An der Südseite des Gehölzes ist der Ablauf des Saftes beim Anzapfen wesentlich höher.

- In der Phase des Zunehmenden Mondes (= Neuer Schein, Neumond) und bei aufsteigender Mondlaufbahn (wenn der Mond über sich geht) ist der Saftfluss nach oben erhöht und die Ausbeute größer, vorausgesetzt, es handelt sich um kalte Nächte mit Frösten und warme Sonnentage.
- Mit dem eindeutigen Knospenschieben und der Blattentfaltung ist das Baumwasser von keinem rühmlichen Geschmack beseelt.

Das Baumwasser – ein mit Zucker versehener Saft

Häufig wird das glasklare Baumwasser auch als „Baumblut" bezeichnet. Im Frühling ziehen die Bäume das Wasser aus dem Boden, um mit diesem die in den Wurzelstöcken gespeicherten Nährstoffe bis in die austreibenden Kronenteile zu hieven. Der mit Energiestoffen angereicherte Saft wird für das Knospenschieben, die Blatt-, die spätere Blüten- und Fruchtbildung benötigt. In röhrenartigen „Gefäßen", den Leitbahnen, erfolgt der Wassertransport im Baumstamm bis zu den Feinästen. Dort kommt es zur Verdunstung eines Wasseranteils, und ein Teil gelangt wieder zurück zur Wurzel, wo die Flüssigkeit neuerlich mit Energiestoffen angereichert wird. Unter anderem sind viele Kohlehydrate wie verschiedene Zuckerarten und Eiweißstoffe in diesem klaren Baumwasser enthalten. Die Wurzel erfüllt zusätzlich die Aufgabe der Aufnahme und Beförderung von Nährsalzen aus dem Boden, welche mit dem Wasser in die oberirdischen Teile mittransportiert werden.

Kann ein Baum „verbluten" oder „ausbluten"?

Negative Auswirkungen bezüglich abgezapfter Baumwassermenge auf den Baum stehen im Zusammenhang mit dem Baumalter, der Baumstärke und in Abhängigkeit zu den Boden- und Standortverhältnissen. Auch der Witterungsverlauf des Nachwinters und Frühlings ist für diese Frage ausschlaggebend. Auf extrem trockenen und mageren Böden sollte eine Wassergewinnung alle zwei Jahre erfolgen, zumal grundsätzlich auf steinigem Untergrund der Zuckergehalt höher liegt. Ein Übermaß an Saftentnahme schadet dem Baum nur geringfügig, und

Angebohrte Berg-Ahorne höherer Lagen bekommen unter extremen Witterungseinflüssen über viele Jahrzehnte eine knorrige Stammrinde und einen gedrungenen Wuchs (Cottische Alpen, Italien bzw. Frankreich).

es bestehen keine Berichte des Baumabganges durch das Wasserzapfen. Denn grundsätzlich reagiert der Baum durch Verlagerung des Wassertransports im Stamm und versucht, durch Korkeinlagerungen die Bereiche des Wasseraustritts abzuschotten.

Deshalb ist die Behauptung richtigzustellen, dass ein Baum weder „ausgemolken" noch „ausbluten" wird. Auf relativ gut mit Wasser versorgten Standorten nimmt er ausreichend Wasser aus dem Boden und nicht, wie irrtümlich behauptet wird, aus dem Baum oder der Wurzel auf. Insofern kann er nicht „verbluten", da das Wasserreservoir des Bodens im Frühjahr nicht unmittelbar erschöpft werden kann. Wasser dient dem Transport von Nährstoffen aus den Vorratsdepots der Wurzel und des Stammfußes bis zu den einzelnen Knospen und Feinästen, wo sie bis zum Austreiben zwischengelagert werden. Insofern kann definiert werden: „Das Baumwasser ist das aus dem Boden gezogene Wasser, welches dem Transport von Zucker und Nährstoffen dient." Vom „Ausbluten der Bäume" zu sprechen ist unangemessen, wiewohl durch den Entzug des Baumwassers der Baum durch die entzogenen

Zuckergehalte Abstriche machen muss. Jeder Baum besitzt Regulationsmöglichkeiten, welche nach längeren Baumwasserverlusten aktiviert werden, damit er nicht zu viel an energiereichen Inhaltsstoffen abgibt. Der Baum verschließt auch bei natürlichen Einwirkungen seine Wunden, z.B. bei Stammverletzungen und Astbrüchen durch Schnee und Sturm. Vielmehr ist der unsachgerechte Rückschnitt der Kronen durch Baumpfleger zu kritisieren.

Es sei angeraten, je nach Erhaltungswürdigkeit und Ertragsabsichten bei kleinen Gehölzen nicht länger als einige Tage, bei älteren, dickstämmigen Bäumen bis max. drei Wochen den Erntevorgang durchzuführen. Im Regelfall werden bei 2 % Zuckergehalt im Baumwasser von einem mittelstarken bis starken Baum ca. 5 bis 7 % der Zuckervorräte entnommen. Sachkundig gezapfte Bäume gedeihen ohne Schwierigkeiten auch bei regelmäßiger Baumsaftgewinnung weiter, wie die traditionelle Handhabung in Nordeuropa und -amerika verdeutlicht. Die Bäume vermögen diesen Verlust zu kompensieren. Zumeist verwendet man Bäume, welche nicht als Wertholz oder wichtige Landschaftselemente vorgesehen sind, sondern krumme oder in absehbarer Zeit ohnehin abgehende Gehölze, z.B. bei Durchforstungs-, Freistellungs- oder Schwendmaßnahmen[1]. Die Behauptung des Baumfrevels diente lediglich der Vertreibung der Menschen aus dem Wald, damit urrechtliche Nutzungen und Gebrauchszusammenhänge verlorengehen.

Verwendungsmöglichkeiten in der Ernährung

Bei der Eindickung des gewonnenen Wassers konzentriert sich zunehmend der Zucker, der als Süßungsmittel verwendet werden kann. In Form reinigender Frühjahrskuren tranken die Indianer Nordamerikas schon lange vor der Kolonialisierung in reichlichen Mengen den frischen Baumsaft der Zucker-Ahornarten und wegen der belebenden Wirkung den Birkensaft. Man weiß heute, dass von den Birken zwi-

---

1 Unter Schwenden sind Tätigkeiten zu verstehen, Gehölze knapp über dem Boden abzuschneiden, damit sie nicht mehr austreiben und abgehen und somit Flächen urbar gemacht werden. Man verfolgt dabei das Ziel, durch das Schwenden in Form des Stockhiebs vor allem die Sträucher „zum Verschwinden zu bringen" und über mehrere Jahre die Freihaltung von Weiden sicherzustellen.

schen 50 und 250 Liter abgezweigt wurden, in Russland und Finnland vereinzelt sogar bis 350 Liter. Auch die Hirten in Europa tranken den süßlichen Saft von Ahorn und Birke zu Frühlingsbeginn, um sich mit der „süßen Energie" zu stärken, um das Hungergefühl zu verzögern und die heilwirksamen Stoffe aufzunehmen. Das wussten auch die Bauern und verabreichten das reichlich anfallende „Gemelk der Bäume" ihrem während der langen Winter abgemagerten Nutzvieh täglich, damit es wieder zu Kräften kam.

Die Saftbeerntung diente der Gewinnung von einem energiereichen Nahrungsmittel. Man verwendete das Baumwasser anstelle von Wasser oder Milch oder man streckte beim Kochen z. B. die Milch, wenn beim Milchverbrauch zu sparen war. So kam es beim Brotbacken, zum Getreideaufkochen, bei der Zubereitung von Getreidebrei, Haferschleim, Suppen, Backwaren, Süßigkeiten und Konfekten, zum Einsatz. Der Birkensaft fand auch in der Hartkäserei Verwendung. Eine Hauptnutzung war die Herstellung von Most und von Essig, vor allem in Berggebieten, wo kein Obst mehr auszureifen vermochte. Eine weitere Bevorratungsform des Baumsafts war die Zubereitung von Bier und Wein. Durch die Herstellung von Sirup gewann man ein Mittel zum Süßen von Speisen, Kaffee und Tee. Wenn größere Kühlmöglichkeiten bestehen, so wird heute in Skandinavien in einer größeren Menge das Baumwasser tiefgekühlt. Der 1854 geborene Johan Turi berichtet aus dem hohen Norden Europas: „Die Lappen in der alten Zeit gebrauchten als Kaffee *Duovlle* und Korn und Birkensaft. *Duovlle* ist ein Auswuchs der Birke, der im Sommer eingesammelt, ein wenig im Rauch in der Kote getrocknet und wie Kaffee gemahlen wird. Er hat einen süßen Geschmack ‚wie Birkensaft'. Er wird auch gebrannt, um das Zelttuch zu lohen, und gibt eine rötliche Farbe."

Gehölze, welche angezapft werden können

In den mitteleuropäischen Breiten wurden seit alters her vornehmlich Birke und Berg-Ahorn zur Baumsaftgewinnung herangezogen. Das „Birkenmelken" war früher auch in Skandinavien, den Baltischen Ländern und in den ehemaligen Sowjetstaaten weit verbreitet. Be-

Ab ca. 20 cm Stammdurchmesser kann man Anteile des Baumsaftes abzapfen. Ende März, April, manchmal sogar bis Mitte Mai (in Kalt- und Höhenlagen), bevor die Bäume ausschlagen und das Laub ansetzen, kann während sonnenreicher Tage bereits gegen Vormittag der Saft an der Südseite des Baumes abgezogen werden. Zu dieser Zeit ist am meisten Saft in Bewegung und somit die Ausbeute hoch. So wird in einer Höhe von zwischen 30 cm bis ca. einem Meter über dem Boden ein Loch in den Birkenstamm gebohrt. Man kann dafür Handbohrer oder Akkubohrer benützen. In das Loch wird ein genau passendes, kurzes Holzröhrchen oder ein längerer Kunststoffschlauch ca. ½ cm tief eingesteckt, mit dem der Saft aufgefangen wird, damit es nicht an der Baumrinde abfließt. Über den eingesteckten Schlauch kann ein am Stamm befestigtes bzw. untergesetztes Gefäß, handliches Plastik-, Blech- oder Holzfass beschickt werden, welches am Fuß des Baumes steht. Die trichterförmig offenen Auffanggefäße (Eimer, Holzbottiche) können über Nacht mit der Flüssigkeit auch im Gelände bleiben. Gefäße mit einem engen Hals (Flaschen) versehen, müssen wegen der Gefahr der Ausdehnung des gefrorenen Baumwassers entleert werden. Die Öffnung, wo der Schlauch einmündet, soll mit einem Stofftuch

Eschenröhrchen   *Holunderröhrchen*

sorgfältig abgedeckt sein, damit sich keine Insekten oder Ameisen in den Behältern zum Saftsaugen oder -lecken einfinden können. Verwendet man Holzröhrchen – aus einem ausgehöhlten, ein- bis zweijährigen Starktrieb des Schwarzen Hollers oder der Esche hergestellt –, so muss ein Gefäß unmittelbar an der Austrittsöffnung am Stamm befestigt werden. Wegen der Frostgefahr und des Springens sollen Glasbehältnisse über Nacht abgenommen werden, Plastikflaschen haben sich bewährt und können nächtens am Stamm belassen werden.

Früher ritzte man die Bäume einfach mit scharfen Gegenständen an, damit sie „bluteten". Beim Verfahren des Anritzens der Stämme kann der Saftfluss nicht gestoppt werden, und Auffangrinnen haben sich wegen des Insekteneinfalls nicht bewährt. Wer den Stamm nicht anbohren will, kann als kompliziertere Handhabungsalternative einen Ast abschneiden und den Zapfsaft über einen Plastikschlauch von der Schnittstelle in einer Plastikflasche oder von mehreren Bäumen in Sammelgefäßen auffangen. Von den Ästen der Birke erhält man ein schmackhafteres Baumwasser, da es einen konzentrierteren Zuckergehalt hat. Nach Beenden der Saftgewinnung wird die kleine Schnittwunde mit Harz verschmiert.

Zum Verschließen des Bohrlochs ist auch Fremdholz geeignet. Im Bild Schwarz-Erle mit eingeschlagenem Haselpfropfen.

FRÜHLING

Ist ein Baum angebohrt, so kann im optimalen Fall rund um die Uhr einige Wochen lang Baumsaft austreten. Tagsüber können Glasflaschen und des Nachts sollten wegen den Frösten Plastikflaschen verwendet werden.

Zum Bohrloch und Anbohren

Bei der Anlage des Bohrlochs am Stamm wird verschieden vorgegangen: Manche bohren leicht schräg von unten nach oben, was sich, meiner Meinung nach, gut bewährt hat, andere von oben schräg nach unten und manche waagrecht. Auch in der Tiefe gibt es unterschiedliche Handhabungen zwischen 3 und maximal 15 cm. Die Bohrstärke beträgt zwischen 0,5 und 1 cm. In Skandinavien und Nordamerika werden bis 2 cm breite Zapflöcher gebohrt.

Die Öffnung der jeweiligen Sammelbehälter soll um das eingesteckte Rohr oder den Schlauch locker verschlossen sein. Sorgfältige Abdeckungen mit Stoffläppchen haben sich bewährt. Vor allem werden schon im Winter aktive Fliegenarten und im Frühling Ameisen vom Geruch angelockt. Beim Trinken fallen die genannten Tiere in die offenen Gefäße ein und sammeln sich in großen Mengen bzw. ertrinken in der Flüssigkeit. Dabei geben sie unangenehm riechende oder bittere Stoffe ab, welche das glasklare Baumwasser auch in der Farbe völlig entwerten.

Nach der Safternte wird die Öffnung wieder gut zugestoppelt. Man schlägt ein arteigenes oder -fremdes Holzstück ein. Im Verlauf des Jahres setzt vom Lochrand her die Wundverheilung ein. Nach zwei bis drei Jahren ist zumeist das Loch überwallt. Jedes Jahr muss ein neues Loch angelegt werden, da das Holz des Bohrkanals vertrocknet.

Zur Ausbeute

Der eher neutral schmeckende Birkensaft enthält im Schnitt 2 % Zucker und wirkt weniger süß als Ahornsaft, da er mehr Fruchtzucker enthält. Sowohl die Erntemenge als auch der Zuckergehalt können stark schwanken. An steinigen Standorten scheint die Ausbeute offenbar höher zu liegen. Über die Ausbeute bestehen verschiedene Erfahrungen, denn je nach Temperaturunterschied zwischen Tag und Nacht kann der Saftfluss beträchtlich schwanken: Eine mittelstarke bis ausgewachsene Birke kann etwa 3 bis 4, manchmal 7 Liter pro Tag an Baumwasser liefern. In den besten Phasen gibt ein starker Baum bis über 10 Liter des Saftes her. Bis zu zwei Wochen lang kann man den Saft abziehen. Aber auch Versuche mit einer Zapfdauer von vier bis über fünf Wochen konnten wir in Österreich und Italien anstellen. Rechnet man schwache Tagesernten ein, so ist im Durchschnitt von einer Gesamternte von 30 bis 50 Litern Baumwasser auszugehen, welche je nach Eindickungsgrad 2 bis zu 4 Liter Ahorn- oder Birkensirup hervorbringen. Gerhard Madaus schreibt: „50 Stämme von etwa 47 bis 52 cm Durchmesser liefern in vier Tagen 175 kg Saft." Das wäre bei diesem Versuch 0,875 Liter pro Baum und Tag und als eine schwache Ausbeute zu bezeichnen. Bei guten Witterungsverhältnissen können in zwei Wochen 50, 70 bis 150 und in vier Wochen bis zu 280 Liter Baumsaft pro Baum geerntet werden. Dies ist abhängig vom Alter der Bäume, den Standortverhältnissen, dem Verhältnis zwischen kalten Nächten und direkter Sonneneinstrahlung tagsüber. Mit dem Ausschlagen der Knospen reduziert sich und versiegt der Saftfluss. Der Geschmack solchen Baumwassers wird dann zunehmend unangenehm.

birgsgegenden wurde er auch nach „Mittsommer" an Johannis (24. 6.) zum Nutzen in der „Süßkäserei" angezapft. Aus dem Saft stellte man ebenfalls Zucker, Sirup und auch Essig her. Aus 50 Liter Ahornsaft bekam man gut ein halbes Kilo Zuckerpaste. Im späten Frühjahr ist der Saft allerdings zuckerreicher, und man erhält etwa ein Kilo davon. Schon im Jänner verbeißt das Rotwild bevorzugt Berg-Ahornzweige an Sonnenhängen, wo dann der süße Baumsaft austritt und in der Nacht gefriert. Die kleinen, süß schmeckenden Eiszäpfchen zeugen davon. Bei den Rundgängen hatte diese Begebenheiten der damals dreijährige Sohn sofort verstanden und umgesetzt und sich durch Abknicken erreichbarer Äste diese süßen „Eislutscher" in den folgenden Tagen gesichert. Birke, Pappel und Vogelkirsche hingegen werden zumeist im späteren Jahresverlauf von den Hirschen geäst.

Das Anbohren des Berg-Ahorns fand bereits punktuell im Herbst nach den ersten Frosttagen statt, wenn danach wieder Schönwettertage mit höheren Tagestemperaturen folgten. Mit den andauernden Tagesfrösten war der Saftschub unterbunden. Wegen der geringen Ergiebigkeit war die Herbsternte unüblich geworden. Hinweise deuten auch auf das Anbohren in den warmen Jännertagen hin. Die Haupternte ist allerdings im Frühjahr, wenn die Schneeschmelze zu Ende geht. Für die Ernte soll der Baum mindestens 50 Jahre alt sein, dann erhält man binnen zwei Wochen gut 30 Liter Baumsaft. Je kühler die Nächte sind, umso mehr zuckerreiches Baumwasser kann in kurzer Zeit gewonnen werden, sofern die Tage gute Sonneneinstrahlung verzeichnen.

Sinkt beim Abzapfen für einige Stunden die Temperatur unter 0° C, so bekommt man süßere Saftqualitäten, ehe der Saftstrom aus Selbstschutzgründen versiegt. Steigen tagsüber wieder die Temperaturen, so schiebt der Baum wieder Saft in die Krone. Wichtig ist ausreichende Vormittags- bis Mittagssonne. Lediglich Spätnachmittagssonne ist wegen ihrer zu geringen Intensität für den Safttrieb zu wenig ausreichend. Mit dem Verschwinden der Sonne am Horizont ist relativ abrupt auch der Safttransport versiegt. Je nach Gegend erfolgte deshalb die Baumsafternte bereits im Februar oder März. Vor allem von über 100-jährigen Bäumen erntete man ergiebigere Saftmengen. Von einem bis zu 200-jährigen Baum kann man ca. 5 kg Zuckerpaste erhalten, wenn man zwischen 100 und 130 Liter Baumsaft erhält. Die Ausbeute an „Ahornzucker" ist in qualitativer Hinsicht beim kanadi-

Reduziert man jeweils die Baumsaft-Ernten in eigenen Gefäßen am Herd, so ergeben sich unterschiedliche Qualitäten, welche sich in Süß- und trübenden Eiweißstoffgehalten unterscheiden.

schen Zucker-Ahorn wesentlich höher, welcher schon mit 35 bis 40 Lebensjahre beerntet wird.

Ahornsirup-Klassifikationen

Der Zucker besteht vorwiegend aus Rohrzucker, Traubenzucker und anderen Zuckerarten sowie Eiweißverbindungen. Mit zunehmenden Wochen gegen das Blattschieben vermehrt sich der Anteil des Fruchtzuckers und der Eiweißstoffe. Im Handel zahlte man für den kanadischen Ahornzucker mit der „besseren Blume" höhere Preise. Die Preiskategorien richten sich bei den Ahornsirup-Arten nach dem Zuckergehalt der jeweiligen Erntechargen. In Europa bestehen verschiedene Güteklassen, welche den Grad der Helligkeit bzw. der Lichtdurchlässigkeit (hell bis dunkel) und des Geschmacks (von mild, kräftig bis intensiv) beschreiben und sich von der amerikanischen Klassifizierung unterscheiden. Die dunkleren gelten als die teureren Sirupe.

Im Vergleich zum Berg-Ahorn unserer Breiten enthält der Zucker-Ahorn Kanadas etwa 5 bis 6 % Zucker. Die anderen dortigen Ahornarten enthalten lediglich 2 bis 3 %. Der Geschmack hat leichte Anklänge nach Kumarin, den wir vom Heu her kennen. Europäische Ahornarten werfen hingegen 1 bis 2 % Zucker ab. Deshalb gelten die einheimischen Ahorne eher als Saftbäume und weniger als Zuckerlieferanten. In Litauen, Schweden und Norwegen wurde der Zucker auch aus dem Spitz-Ahorn (*Acer platanoides*) gewonnen. In den Alpenländern wurde der Spitz-Ahorn auch zur Herstellung von Gärgetränken angezapft.

Ahorn-Baumwasser als energiereiches Nahrungsmittel

In frischem Zustand kann das Baumwasser des Ahorns ohne Bedenken genossen werden. Birkensaft kann etwas mit Honig versetzt und soll verdünnt in Form einer Kur getrunken werden, außer er ist vergoren. Mit dem Eindicken zu einem Brei verfolgt man die Herstellung eines mineralstoffreichen Süßstoffkonzentrats. Langsam lässt man die großen Kochgefäße am Herdrand oder bei niedriger Hitze wallen, aber nicht kochen. Das „Eindampfen" bewirkt die Konzentration der süßstoffreichen Flüssigkeit, die sich nach einigen Tagen zu einem trüben Sirup und bei noch längerem Wallen zu einem braunen Brei wandelt, welche sich gut in Gläsern bevorraten lassen. Beide wurden zum Süßen und als Hustenmittel verwendet. Durch ein starkes Kochen des Ahorn-Baumwassers karamellisiert allerdings der Zucker, wodurch ein intensiver, aromatisch riechender Sirup entsteht.

So kamen die Menschen zu einem unraffinierten Süßungsmittel, welches man wiederum für Konservierungszwecke verwendete. Andererseits kann man aus der süßen Flüssigkeit eine Frühstücksdelikatesse, einen Aufstrich auf warme Waffeln oder Brot, zubereiten oder verwendet sie als Zugabe zu Puddings, Reisdesserts, Dessert-Eis, Pasten für Torten und Kuchen und allgemein als Süßungsmittel. Aus dem Baumwasser wurde in Vorzeiten zumeist Essig, Bier, Wein und Branntwein hergestellt. Auf meine Anregung hin versucht ein Lungauer Bauer neuerdings, das Birkenwasser zu destillieren. Die Brennversuche sind noch unausgegoren.

■ Über das Baumwasser und die Gewinnung von Süßstoffen

Die echte Hustensirup-Herstellung auf der Basis des Baumwassers:

n einem großen Topf lässt man das Baumwasser am olzherd simmern.

2. Das Wasser beginnt sich zu reduzieren und es bilden sich helle Flocken.

Mit der Zeit konzentrieren sich braune Zucker-Eiweiß-rbindungen.

4. Der Mengenertrag aus ca. 13 bis 15 Litern Baumwasser (Bild von Fritz Wolf).

und 6. Hustenwurzkräuter und Hustenkräuter werden parallel in Wasser ausgezogen und in der Endphase des duzierens dem Baumwasser beigemischt.

Über nordamerikanische Ahornarten

In Nordamerika verwendeten die Indianer folgende Ahornarten zur Nutzung der Baumsäfte: Der Eigentliche oder Echte Zucker-Ahorn (*Acer saccharum*), der Schwarze Zucker-Ahorn (*A. nigrum*), der Rot-Ahorn (*A. rubrum*), der Silber-Ahorn (*A. saccharinum*), der Eschen-Ahorn (*A. negundo*) und Amerikanischer Streifen-Ahorn (*Acer pensylvanicum*), wobei Letzterer nur mehr halb so viel wie *A. saccharum* und *A. negundo* einen noch geringeren Zuckergehalt aufweisen. Der Zucker-Ahorn (*A. saccharum*) enthält ca. 5 bis 6 % reinen Zucker, wobei pro Baum etwa 3 bis 4 kg Ahornzucker gewonnen werden.

Der Frühlingssaft wird an warmen Tagen nach einer kalten Nacht abgezapft. Man hatte dazu ab Februar – also lange Zeit vor dem Laubaustrieb – die Gehölze angebohrt, um den ausfließenden Saft in Behältern aufzufangen. In einer Zeit von drei bis vier Wochen fließt das Baumwasser aus. Nach mehreren aufeinanderfolgenden Tagen stockt allerdings der Saftfluss. Diese Flüssigkeit wurde zu größeren Waldhütten transportiert und dann so lange unter kräftiger Dampfentwicklung erhitzt, bis ein Sirup oder bei längerem Kochen eine bräunliche Paste übrig blieb. Ganz bekam man durch Verdampfen das Wasser nicht heraus, die süße Substanz bleibt immer eine dicke Flüssigkeit oder wird ein Brei. Heute wird dies in Kanada fabrikmäßig betrieben, indem die Baumwasserernte über weitere Strecken angeliefert wird. In Kanada wurde lange Zeit aus dem Schwarzen Zucker-Ahorn der bekannte Sirup und Zucker gewonnen, obwohl er nicht zu den süßstoffreichsten Arten zählt.

In Europa lieferte der angepflanzte Zucker-Ahorn bei Versuchen immerhin im Schnitt bis zu 40 Liter Wasser in 10 bis 20 Tagen. Die Mengen wie auch der eigentliche Zuckergehalt schwankten allerdings je nach Standortsvoraussetzungen beträchtlich. Im Übrigen wurde bis 1850 auch der weißgrau berindete Silber-Ahorn (*Acer saccharinum*) nach Europa eingeführt, der in Frankreich, England, Deutschland und in den Gebirgsräumen der Alpenregionen gut gedieh. Er wurde zumeist Februar bis März bei uns angebohrt und bis Anfang oder Mitte Mai beerntet. Von den einstigen agrikulturellen Zusammenhängen der gepflanzten Zuckerlieferbäume existieren heute kaum mehr Hinweise. Offenbar war in unseren Breiten die Ernte nicht ergiebig genug bzw.

stand der intensive Arbeitsaufwand in keinem Verhältnis zur Zuckerherstellung aus der Rübe.

Rezept eines „Ahornblutweins"

Auch die Weinbereitung, indem man Gärhefe in die Flüssigkeit einmischt und dann in einen Gärballon abfüllt, war früher vor allem in Irland und Schottland und nach Hinweisen auch im Alpenraum durchgeführt worden. Aus dem Ahornbaumsaft (oder jener der Birke) lässt sich unter Beigabe von Zucker, Rosinen oder Korinthen, Zitronen- oder Orangensaft und Weinhefe eine Art von Wein herstellen. 5 bis 6 Liter Baumsaft werden unmittelbar nach der Ernte gekocht. In die heiße Flüssigkeit rührt man ca. 1 kg Zucker oder Honig ein und lässt sie etwa 15 Minuten ziehen. Danach wird die heiße Lösung über 300 g zerhackte Rosinen oder Korinthen gegossen und der Presssaft von zwei Zitronen beigemischt. Nach der Abkühlung gibt man die Weinhefe dazu und rührt die Flüssigkeit gut um. Zuletzt deckt man den Behälter gut ab und überlässt die Lösung einer Gärung, die 5 Tage bei ca. 16 °C Raumtemperatur andauern soll. Dann wird sie abgefiltert und in einen luftdicht verschlossenen Gärballon gefüllt. Nach Ende der Gärung können die abgesetzten Stoffe gefiltert und der Wein in Flaschen umgefüllt werden. Erst nach mehreren Monaten der Nachreifung erhält der schaumartige „Baumblutwein" ein unvergleichliches Aroma, welches allerdings mit unseren Weinen aus den Weinreben nicht vergleichbar ist, wiewohl er einen champagnerartigen Geschmack haben kann.

Verschiedene „alkoholische Zubereitungen" des Ahornwassers werden auch mit Rum oder Obstbrand durchgeführt. Verschiedentlich werden Kräuter wie Thymian, Wermut, Mädesüß etc. oder Gewürznelken, süße Früchte, Honig oder Apfelsaft beigegeben und zuletzt die abgezogene Maische mit Weinhefe versetzt. Gelang ein Wein nicht, so verwendete man das Ergebnis als Essig, indem zur Aufwertung z.B. Fruchtsäfte beigemischt wurden und z.B. in Tirol belaubte Zweige der Heidelbeere und je nach Menge Kren-Scheiben (*Armoracia rusticana*) beigegeben wurden.

FRÜHLING

Vermutungen zum „Fichten- und Tannenwipfelhonig"

Die Beschäftigung mit der Baumwasser- und Süßstoffgewinnung regte mich an, noch einmal die Zusammenhänge der Herstellung des Tannen- oder Fichtenwipfelhonigs zu überdenken. Zur Zubereitung dieser Honigersatzarten wird seit vielen Jahrzehnten Zucker verwendet. Wir können allerdings davon ausgehen, dass der heute angebotene Zucker in der früheren Hauswirtschaft fehlte. In der Landschaft findet man sehr häufig Berg-Ahorne, welche als Haus- und Grenzbaum oder häufig auf Weiden als markanter Schattenbaum und entlang der Saumwege gezielt angepflanzt oder zumindest ihr Gedeihen gefördert wurde. Diese Kulturbäume dienten nicht nur der Streu- und Futterlaubwirtschaft, sondern auch der Baumwassergewinnung. Unsere Vorfahren mussten also im Frühjahr einige Wochen damit beschäftigt gewesen sein, die Bäume anzuzapfen, um auch aus den Baumwässern einen Zuckervorrat anlegen zu können. Der gewonnene Baumsaft wurde eingedickt, damit sich die Süßstoffe konzentrierten und der Saft besser haltbar wurde. Er diente, geschickt aufbereitet, als energiereiche Nahrung für Zeiten, wo übliche Nahrungsmittel spärlich gewesen waren.

Zur Verbesserung des Aromas und der Haltbarkeit gaben wir dem Baumwasser Kräuter bei und kochten diese, solange der Saft wässrig war, mit. Oder wir bereiteten drei Tage lang langsam ausgezogen einen Tee mit verschiedenen Pflanzenteilen, welche wir in der Endeindickungsphase zum braunen Birkenwasser untermischten. Diese Beigaben sollten eine gesundheitsfördernde Wirkung haben, wie dies z.B. die Tannen-, Fichten- und Wacholdertriebe bei Erkältungskrankheiten, Lungenverschleimung, Hautausschlägen oder -flechten und Rheumatismus gewährleisten. Die benadelten Triebe, mitunter auch Thymian, Schafgarbe und Spitzwegerich, zog man in dem zuvor stark eingedickten Baumsaft bei kleiner Flamme aus, ehe man sie absiebte. Auf diese Weise erhielt man eine honigartige Substanz. Auch die verbreitet gewesenen Beigaben von Wacholder (*Juniperus communis*) oder Kräuter wie z.B. Thymian, Salbei, Schafgarbe, Geißfuß, Samen von Bärenklau, Brustwurz, Fenchel, Anis und Kümmel bestätigen diese Überlegungen. Man spricht heute vom beliebten „Tannen- oder Fichtenwipfelhonig" und meint dabei einen Honigersatz. Bei dieser Herstellungsweise mit

Zucker handelt es sich um eine neuzeitliche Rezeptur, welche geschichtlich auf der einstigen Baumwassernutzung aufbaut.

Hustensirup auf Basis von Birkenwasser

In den letzten Wochen der abnehmenden Birkenwasserqualität bereiteten wir einen Absud aus Heilkräutern zu, welche eine Anhebung des Aromas und zudem die Haltbarkeit sicherstellen.

Zutaten und Zubereitung:
Birken- oder Ahorn-Baumwasser und Kräuter.
Separat nur im Wasser ausgekocht, wurden im April folgende Kräuter verwendet: Salbei, Huflattich, Thymian, Eibisch-, Löwenzahn-, Rosenwurz- und Alantwurzel, Isländisches Moos, Echte Schlüsselblume, Zahnwurz, Gänseblümchen, Stiefmütterchen, Lungenkraut u.a. Nach drei Tagen des behutsamen Ausziehens der Wirkstoffe gaben wir diesen Absud dem schon stärker eingedickten, aber noch flüssigen Birkenwasser bei und dickten es zu einem Sirup ein. Der sich bei der Eindickung konzentrierende Birkenzucker machte diesen haltbar. In Gläser abgefüllt, diente er vom Herbst bis in das Frühjahr als Hustensirup, welcher löffelweise drei- bis viermal täglich eingenommen wurde. Für die praktische Umsetzung und Bereitschaft, zusätzliche Versuche dahingehend durchzuführen, sei Elisabeth Mauthner herzlich gedankt. Durch ihre solide Arbeit konnten unsere bisherigen Erfahrungen eine Bestätigung erfahren.

Die Säfte der Waldrebe und des Sebenstrauchs

Die Gewöhnliche Waldrebe (*Clematis vitalba*) gilt ebenfalls als ein „Jungbrunnen der Natur". Dieses Hahnenfußgewächs (*Ranunculaceae*) ist sehr wärmeliebend und gedeiht an den Sonnseiten der Laubwälder, Auen, Waldschläge, Gebüsche, Hecken und Waldränder, wo es sich an Gehölzbeständen bis über 10 m emporranken kann. Die Waldrebe wird auch als „Liane" bezeichnet, und die jungen Ästchen wurden während der Kindheit von uns geraucht.

Im Frühjahr treiben die abgebrochenen Jungtriebe stark Saft, welcher äußerlich bei Durchblutungsstörungen verwendet wurde. In der Pflanze befindet sich u.a. der giftige Wirkstoff Protoanemonin, der innerlich bei Lähmungen, Magenkrämpfen, Reizungen der Niere und des Nervensystems oder zur Stärkung der Lymphreinigung und Fruchtbarkeit Einsatz fand. Auf die Haut aufgetragen hat dieser eine blasenziehende Wirkung. Innerliche Anwendungen in kontrollierter Menge und in Mischungen sind bei Heilpraktikern bekannt.

Der gering dosierte Saft vom Gift-Wacholder oder Sefenstrauch (*Juniperus sabina*, Sevi, Sefi, Sadebaum, Segenbaum) wurde als „Sefinenöl" äußerlich bei Hautproblemen und wegen der Bedenklichkeit aufbereitet innerlich als Abortivum in der Tier- und Humanmedizin angewendet.

Dankbarkeit an die Gaben der Natur

Die über den Saft transportierten Mineralstoffe, wie Eisen, Kalium, Magnesium, Kalzium, Schwefel, Natrium, Phosphor, Silizium, sowie essenzielle Elemente in Spuren, Vitamine und ätherische Öle dienen dem Menschen zum gesundheitlichen Wohle. Die Verwendung des Baumzuckers in Form von Sirup ist heilwirksam, wenn man bedenkt, dass darin alle Inhaltsstoffe verabreicht sind, die einem Baum die Gesundheit geben. Demzufolge ist der raffinierte Zucker genau ins Gegenteil zu interpretieren, denn da fehlen gerade die genannten Mineralstoffe und Vitamine. Nur die ‚raffinierten' Menschen kommen zu einem unraffinierten Süßungsmittel mit außergewöhnlichem Wohlgeschmack. Für die Möglichkeit der Baumwassergewinnung waren die Menschen dankbar und verehrten solch erhaltenswerte Gehölze als Kultbäume.

Über das Baumwasser und die Gewinnung von Süßstoffen

Tab. 1: Versuche der Baumwassergewinnung in Abhängigkeit des Tagestemperaturverlaufs 1981–2012

Baumarten an denen Baumsaft geerntet wurde	geerntete Menge in Liter/Tag	durchschn. Zapfdauer in Tagen	durchschnittl. Gesamt-Ernte in Liter	Versuche durchgeführt in den Ländern	durchschnittliche Nacht- und Tages-Temperaturen	Witterungsverlauf, Besonnung, Tag- und Nacht-temperaturverlauf
Betula pendula	2	10	20	Österreich	-1°C sowie 17°C	durchschnittlich, warme Tage
Betula pendula	2	14	28	Schweiz	-8°C sowie 15°C	mittelmäßige Witterung
Betula pendula	2 – 3	20	38 – 57	Österreich	-2°C sowie 10 – 12 °C	mittelmäßige Witterung
Betula pendula	2 – 3	~15	30 – 50	Italien	-1°C sowie 18°C	mittelmäßige Witterung
Betula pendula	~3	3	10	Österreich	-5°C sowie 17°C	mittelmäßige Witterung
Betula pendula	~3	16	46	Frankreich	bis zu -9°C sowie 19°C	zu früher Versuch, Sonnentage
Betula pendula	~4	7	30	Deutschland	-12°C sowie 16°C	mittelmäßige Witterung
Betula pendula	5	17	85	Österreich	-12°C sowie 20 – 22°C	Schneeschmelze, Frostnächte
Betula pendula	7	18	126	Rumänien	-15°C sowie 20°C	gute Besonnung
Betula pendula	7	20	140	Österreich	-12 bis -9°C sowie ~19°C	Frostnächte, starke Tagessonne
Betula pendula	9	30	280	Italien	bis zu -16°C sowie >20°C	alter Baum, Frostnächte
Betula pendula	10	14 – 16	142 – ~160	Slowenien	bis zu -18°C sowie ~20°C	alter Baum, sehr starke Tagesbesonnung, kalte Nächte
Betula pendula	11,5	10	120	Österreich	-6°C bis 23°C	bei aufnehmendem Mond
Acer pseudoplatanus	~1	21	23	Schweiz	-10°C sowie 7 – 11°C	fehlende Tageswärme
Acer pseudoplatanus	2	3	6	Deutschland	-6°C sowie 13 – 17°C	mittendurch, aber warme Tage
Acer pseudoplatanus	3 – 5	14	42 – 70	Österreich	-13°C sowie bis zu 20°C	sehr hohe Tagestemperaturen
Acer platanoides	~0,6	30	19	Österreich	-4°C sowie 10 – 13°C	zu niedrige Tagestemperatur
Acer platanoides	~1	38	36	Italien	-1° – +3°C sowie 10 – 17°C	keine Nachtfröste, zu spät
Populus tremula	1,5	7	10	Ungarn	-4°C sowie 18°C	teils bedeckter Himmel
Quercus robur	2	6	~13	Ungarn	-4°C sowie 21°C	Südhang, keine intensive Sonne
Alnus incana	2	7	14	Österreich	-7°C sowie 14°C	teils zu wenig intensive Sonne
Prunus avium	2	4	8	Österreich	-5° bis -3°C sowie 17 – 19°C	zu geringe Nachtfröste

@ Michael Machatschek, Forschungsstelle für Landschafts- und Vegetationskunde, Jadersdorf 22, A-9620 Hermagor

Tausendsassa Vogelmiere deckt den Bedarf wichtiger Vitamine und Mineralstoffe ab

Im Frühling sind die wildwachsenden Kräuter besonders heilkräftig, mineralstoffreich und enthalten wichtige Vitamine. Aus diesem Grund war zu dieser Jahreszeit die Vogelmiere einst ein begehrtes Wildgemüse, welches obendrein auch eine vielseitige Heilwirkung bot. Bis heute wurden die Gebrauchsgeschichten in die nächsten Generationen weitergereicht. Von alten Wiener Kräuterfrauen wurde die kälteverträgliche Vogelmiere auf den Marktständen von Jänner bis März verkauft, wenn sie auf den aper werdenden Äckern bereits zu gedeihen begann.

Bald nachdem der Schnee geschmolzen ist und wenn die Sonne gegen Mittag bereits die Gartenbeete erwärmt, beginnt die Vogelmiere (*Stellaria media*) zu keimen und unermüdlich zu wachsen. Sie benötigt gehackte bis lockere, nährstoffreiche, humose Böden, welche im Frühling offen sind bzw. frisch umgegraben wurden, damit sie sich in optimalen Fällen in Form größerer Büschel als Erstes ausbreiten kann. Im auslaufenden Winter, wenn es noch kein Kulturgemüse oder Spinat im Garten gibt, können die kleinen Pflänzchen für Spinat gesammelt und als Salat verwertet werden.

Die zierliche Pflanze bevorzugt sonnige bis halbschattige Standorte mit stickstoffreichen, nackten Erdböden mit zumeist frischer Wasserversorgung. Sie besiedelt Ruderalstandorte und Schuttplätze, Äcker und gestörte Wegränder, Weingärten, selten auch Pflasterritzenstandorte, wenn ein Stickstoffeintrag gegeben ist. Am häufigsten findet man sie in Frühbeeten, Gewächshäusern und auf intensiv bewirtschafteten Flächen des Garten- und Gemüsebaus. Mitunter auftretende Frosteinbrüche schaden der Pflanze nicht. Sie treibt bei geringen Minusgraden auch unter der Schneedecke an. In den warmen Gewächshäusern findet man auch im Winter das bekömmliche Kraut. Es wurde noch vor 50 Jahren auf den Märkten feilgeboten. Und für den Winter können die Samen gesammelt werden. Sät man diese in Blumentöpfen oder -kästen an, welche auf dem Fensterbrett warmer Räume aufgestellt werden, so ist bald frische Vogelmiere zu ernten.

Wegen den eingeschnittenen weißen Blütenblättern heißt dieses Nelkengewächs Sternmiere.

Die Vogelmiere oder der Hühnerdarm

Die auch als „Hühnerdarm" bezeichnete Pflanze ähnelt den Schlingen der Gedärme von Hühnern, wenn sich die dünnen Stängel der Pflanze auf dem Boden dahinziehen. Schnell bilden sie Blüten aus, und schon nach wenigen Wochen, wenn auch zwischendurch Frost einkehrt, sind kleine Kapseln entwickelt, in denen sich frostharte Samen ausbilden.

Seit der jüngeren Steinzeit ist dieses Nelkengewächs ein Kulturbegleiter. Es trägt in der Pflanzensystematik den Namen „Vogel-Sternmiere" oder wird im Volksmund kurz Vogelmiere genannt. Die Anordnung der Blütenblätter bestimmt den Namen „Stern". Und der Begriff „Miere" steht wegen des fleißigen Wachsens im weiteren Sinn mit der arbeitsamen „Ameise" und „Meier" in Verbindung. Er lässt sich vermutlich auch aus der Breinutzung herleiten.

Die ein- bis zweijährige, sippenreiche Art ist weltweit verbreitet und es werden folgende Bezeichnungen in unseren Breiten verwendet: Gänsekraut, Hühnerabbiss, Hühner- oder Jätfutter, Hönerswarm, Hühnasarb oder -serb, Kanarienvögelkraut, Maus- oder Mäusedarm, Stern- oder Sternenkraut, Vogelmeier, Vogelkraut, Vögelichrut, Voglscharn, Vogelzunge, Hühnermyrte, Mairisch, Meier, Meieran u.a. Die Vogelmiere dient auch als „Wetterprophet": Bei Schönwetter entfaltet sie sich gegen den Himmel und breitet die Blütenblätter aus. Bei aufziehenden Regenwolken, bedecktem Himmel und nahendem Regen schließt sie im Vorhinein ihre kleinen weißen Blüten und richtet die Pflanze niederwärts.

Zum Aussehen

Die annähernd gläsrig-durchscheinenden Stängel sind zumeist nach allen Seiten ästig verzweigt und die kleinen paarweise gegenständigen, grasgrünen Blätter eiförmig zugespitzt. Die unteren Blätter sind zumeist klein gestielt, die oberen sitzend. Ältere, bodennahe Blätter vergilben und werden papierartig braun. Das wuchernde Kraut entwickelt niederliegende Stängel, die sich in bis zu 40 cm große Rasen flächendeckend ausbilden können. Die runden Sprosse sind mit einer Haarleiste in Längsrichtung „einreihig" behaart. Dort, wo die Stängel den Boden berühren, bilden sich an den Stängelknoten kleine Zusatzwurzeln.

Tausendsassa Vogelmiere

Den Hühnerdarm oder die Vogel-Sternmiere (Stellaria media) findet man in jedem Garten, in dem die Gemüsebeete regelmäßig gedüngt und bearbeitet werden.

Die Vogelmiere schiebt vom Frühjahr bis Ende Oktober ständig zarte, weiße Blüten mit fünf tief zweigeteilten, 3 bis 5 mm langen, breit-lanzettlichen Kronblättern, die wie kleine Sterne aussehen. Die Staubbeutel sind violett gefärbt. Schon bald entstehen kapselartige Früchte mit zahlreichen feinen Samen, die sich weit und stark verbreiten können. Die unverwüstliche Pflanze deckt den offenen Boden gut ab und dient deshalb als Verdunstungsschutz oder Mulchersatz.

Wenn das Jäten wieder Spaß macht

In Tirol und Bayern gehört die Vogelmiere neben Gundelrebe, Schafgarbe, Scharbockskraut, Beifuß, Knoblauchsrauke, Giersch zu den sogenannten „Sieben Kräutern", die im Frühjahr genossen, zur Bedarfsabdeckung wichtiger mineralischer Haupt- und Spurenelemente dienen. Vor allem im Frühling, wenn wir unsere Depots mit diesen Stoffen wieder auffüllen sollten, bietet die Vogelmiere schon in geringen Mengen ausreichend davon. Vogelmiere enthält Emulgatoren mit verschiedenen Saponinen und neben anderen Vitaminen vor allem Vitamine B, C, Provitamin-A, Flavonoide, Pektine, Cumarine, Mineralstoffe (wie Kalium, Phosphor, Magnesium, Natrium, Eisen, Kupfer, Zink, Mangan, Chlor, Bor …), Oxalsäure, Kieselsäure, etwas Tannin, Schleim sowie ätherische Öle. Das geschmackvolle Kraut sollte deshalb nicht auf den Komposthaufen geworfen werden, sondern kann, sauber geerntet, zu herrlichen Speisen verarbeitet werden.

Als Rohkost

Wenn das Unbeständigste unter den Vitaminen, das Vitamin C, im Winter zum Mangel wird, kann man auf die frisch austreibenden Wildgemüsearten des Frühlings zurückgreifen. Unsere Großeltern schworen auf dieses Kraut, weil es einen ausgezeichneten Geschmack besitzt, sich gut verkochen lässt und es eine wichtige Heilpflanze darstellt. Das über das ganze Jahr erntbare Wildgemüse ist mild im Geschmack, der an junge Maiskolben erinnert und etwas erdig ist. Wenn die Pflanze schon zu fruchten beginnt, werden die Stängel zäh, weshalb man sie klein schneiden sollte.

Roh lässt es sich in Kräuter- oder Sauerrahmsoßen gut verwerten. Darüber hinaus kann bei ausreichender Ernte ein köstlicher, vitaminreicher Salat zubereitet werden. Das klein gehackte Kraut der Vogelmiere eignet sich u.a. zum Untermischen im Erdäpfelsalat. In Mischung mit geriebenen Gemüsearten, wie z.B. Sellerie, Karotten, Mairüben, Rettiche etc., und Rahmsoßen kann man gute Vogelmierebrötchen für ein kaltes Buffet herrichten. Fein gehackt ist die Vogelmiere z.B. gut mit den gekochten Schwarzen oder Französischen

Linsen für Salate mischbar. Gehackt oder roh püriert, lässt sich die Vogelmiere dem Gemüsereis unterrühren.

Für Spinat, Suppe, Pesto und Spätzle

Ein wunderbarer Spinat lässt sich schnell zubereiten: In einem Kochgeschirr schmilzt man Butter und gibt einen halben Zentimeter Wasser und das grob geschnittene Kraut hinzu. Dies etwas salzen und mit dem Deckel abschließen und ca. 2 bis 3 Minuten lang ziehen lassen. Dabei wird die Vogelmiere lasch und fällt zusammen. So lässt sie sich als Gemüsebeilage servieren. Oder man gibt etwas Rahm hinzu und andere spinattaugliche Kräuter (wie Blätter von Gänseblümchen, heimische Schlüsselblumen, Brennnessel, Schafgarbe, Hirtentäschelkraut, Mauerpfeffer, Wegeriche, Beinwell, Bibernell = Kleiner Wiesenknopf, Sauerampfer, Scharbockskraut, die kleinen Pflanzen des Kletten-Labkrauts u.v.a.), die man in verschiedenen Mengen findet. Diese Mischung ergibt einen ausgezeichneten Spinat.

Auf der Basis eines Wurzelgemüse-Fonds und oder Kartoffeln lässt sich das Kraut auch in Suppen verwenden. Man hackt oder schneidet es in ca. Einzentimeter-Stücke und gibt es zwei Minuten vor dem Servieren in die Suppe hinzu, damit das Kraut eine Dämpfung erfährt und das gute Aroma nicht verloren geht. Auch lässt sich die Vogelmiere gut einfrieren und für Tees trocknen.

Die Vogelmiere eignet sich auch für die Zubereitung der Spätzle, von Sugo für Spaghetti oder Quiche oder als Deckschicht einer Quiche. Pürierte Vogelmiere kann man in Soßen oder für Pesto mit Salz, Öl, Sonnenblumenkernen oder gerösteten Walnüssen oder Mandeln verwenden. Solche bevorratbare Zubereitungen sind bald aufzubrauchen, damit das Öl nicht ranzig wird.

Ein Tausendsassa in der Wirkung

Die angenehm schmeckende Vogelmiere gilt unter den Heilkräutern als ein Tausendsassa mit folgenden Wirkungen: adstringierend, allgemein reinigend, kühlend, besonders blutreinigend, blutstillend, bluterneuernd, harntreibend, schleimauflösend, resorbierend und somit entgiftend, entzündungshemmend, lungenreinigend, milchsekretionsreduzierend, menstruations- und verdauungsfördernd, die aufgeweichten Samen auf Wunden mit einem Umschlag aufgelegt, gelten als kühlend.

Als Tee wird die Vogelmiere frisch oder getrocknet bei Atemwegserkrankungen genossen, besser schmeckt sie aber als Suppe oder Spinat. Bei Husten, Bluthusten und Erkältungen, Bronchitis, Lungenleiden, Herzklopfen, Frühjahrsmüdigkeit, Hämorrhoiden, Gelenkentzündungen, Gicht, Nieren- und Blasenschwäche, Schnittwunden, bei Blähungen und Verstopfungen oder gereizter Leber sowie bei Blutarmut, Blutkrankheiten und Hepatitis wurde sie gezielt eingesetzt. Im Frühling hilft das Kraut gegen vielerlei Mangelerscheinungen. Zur Spülung entzündeter Augen, bei Hornhauttrübung oder gemischt in einer Getreidebreiauflage existieren Hinweise. U. a. wurden sogenannte „Gerstenkörner" durch Umschläge mit Vogelmierentee oder frischem -brei behandelt.

Weitere Nutzungen der vielseitigen Heilpflanze

Der frische Saft oder das rohe Kraut sind in der Heilkraft am wirksamsten. Frisch genossen oder in einer leicht gezogenen Suppe wie auch ein teeartiger Auszug dienten zur Linderung rheumatischer Gelenks- und Gichtbeschwerden. Ebenso fand das appetitanregende Kraut als (Herz-)Stärkungsmittel nach Krankheiten, nach der Geburt bei Mensch und Tier und zur Anregung von Verdauung und Stoffwechsel Verwendung.

In der bäuerlichen Welt ist auch eine kühlende Salbe mit Schweineschmalz und Bienenwachs zur Hautbehandlung bekannt. Im Mittelmeerraum setzt man Vogelmiere in Olivenöl an und stellt das verschlossene Glas einige Wochen an das Fenster. Abgesiebt dient das Öl für schmerzstillende, entzündungshemmende Einreibungen oder als Salbenbasis. Bei unreiner Haut, trockenen Hautausschlägen, Wunden, Ekzemen und Schuppenflechte (Psoriasis) zur Juckreizlinderung und zur Stillung bei Nasenbluten wird die Pflanze äußerlich zur Waschung, als Umschlag oder ein Vogelmiere-Absud als Badbeigabe eingesetzt

Wenn der Schnee auf den Gartenbeeten, Weingärten, Äckern und Ruderalfluren geschmolzen ist, nützt die Vogelmiere sofort die erdoffenen Bereiche, um sich auszubreiten. Die Vogelmiere hält Frostbedingungen im Frühling aus.

als auch innerlich angewendet. Furunkel, Pickel, Geschwüre, Unterschenkelgeschwüre, Hämorrhoiden, langsam heilende Wunden, Abszesse und Quetschungen konnten mit dem Kraut eine Heilung erfahren. Mit dicken Packungen machte man aus gestampfter Vogelmiere Bauch- und Rückenauflagen zur Heilung kranker Organe. Bei Ohrenschmerzen träufelte man den Saft des Krauts ins Ohr ein.

Entschlackend und Vertrauen stärkend

Vogelmiere gilt für Schlankheits- und Entschlackungskuren als geeignet. Sie reinigt den ganzen Organismus und nimmt (Umwelt-)Gifte auf. Dadurch erfolgt auch eine Ausscheidung von Giften im Blut. Deshalb wird das Kraut auch bei Tiervergiftungen für einige Tage lang angewandt. Weiters kann man damit den Darm entschlacken, von Parasiten und Pilzen säubern und die unserem Darm angepasste Bakterienflora fördern. Die Produkte der Vogelmiere stärken das Selbstvertrauen und Durchhaltevermögen, sie geben Mut. In verzagten, selbstzweifelnden Situationen helfen sie, neues Vertrauen für wichtige Entscheidungen zu finden. Heute ist die lungenstärkende Fleisch- bzw. Hühnersuppe mit Vogelmiere in den Kantonen St. Gallen und Graubünden und in Vorarlberg bekannt.

Als Kräftigungsmittel in Rotwein ausgezogen

Ein altes Rezept aus Italien kann zur Kräftigung nach Krankheit angewandt werden, welches ich bei einem Gespräch mit einem Gärtner über dem Gartenzaun erfuhr: Man erhitzt Rotwein und lässt dann das Kraut einige Minuten ziehen, ehe man es absiebt. Dann gibt man dem Auszug Honig dazu und rührt ihn auf. Derlei zubereitet ist die Wirksamkeit viel höher als bei alleinigem Verzehr der Rohkost. Auf diese Weise wird sie bei Magenschwäche und zur Unterstützung der Rekonvaleszenz verwendet. Anderen Hinweisen nach ist auch eine zusätzliche Beigabe von Spitzwegerichköpfchen, Schlüsselblume, Thymian und Zinnkraut wirkungssteigernd, vor allem wenn man Lungenbeschwerden hat.

▌Tausendsassa Vogelmiere

Diente einst als Vogelfutter

Das Kraut der Vogelmiere diente früher im Salzkammergut, dem Tennengau und in Bayern als Futter der Kanarienvögel und heimischen Stubenvögel. Wellensittiche und Kanarienvögel bevorzugen halbreife Samenkapseln, wenn die Samenkörner noch milchig sind. Separat gesammelt, diente das Kraut als Heilpflanze und Aufzuchtfutter für Stubenvögel. Wer Hühner besitzt, kann das Kraut auch an die Tiere verfüttern, welche es liebend gerne aufnehmen. Vor allem junge Hühner wurden mit dem Jätgut Miere gefüttert, damit sie zu Kräften kamen. Die Samen werden von vielen Vogelarten als Nahrung gern angenommen, aber ebenso wird auch das frische, zarte Grün genossen. Auch die Rinder, Pferde, Ziegen und vor allem die Schafe fressen das schmackhafte Kraut sehr gern.

Im Laufe des Jahres tauchen im Gemüsebau viele Begleitpflanzen – so genannte Unkräuter – auf, welche durch die Gartenkultivierung induziert sind (Gitschtal, Kärnten).

Das heilkräftige Wiesen-Schaumkraut kann weiße oder blass-rosa Blüten haben. Manche Individuen dieses Kreuzblütlers weisen gefüllte Blüten auf.

Süße Nachspeise mit Wiesen-Schaumkraut (*Cardamine pratensis*) und andere Aspekte der selten beschriebenen Heilpflanze

Relativ bald im April tritt in unseren Gärten und Wiesen das Wiesen-Schaumkraut (*Cardamine pratensis*) auf. Das zarte Pflänzlein ist den anderen Pflanzen im Wuchs voraus und besticht mit seinen weißen, blassrosa bis -violetten Blüten. Unsere Großeltern verwendeten das Kraut wegen des Reichtums an Mineralsalzen und Vitaminen sehr häufig in den Frühjahrswochen in verschiedene Gerichte eingemischt. Es ist für schmackhafte und heilwirksame Gebräuche wie Nachspeisen, Würzmittel, Sirup und in Honig eingelegt verwendbar. Das Wiesen-Schaumkraut dient auf kulinarischem Wege verschiedenen Heileffekten und kam regelmäßig genossen in der frischgemüsearmen Zeit gegen grassierende Epidemien sowie zur Blutreinigung und -verbesserung, Fiebersenkung, Nervenstärkung und als wichtiges Anti-Skorbutmittel zum Einsatz.

Vielfach lag es in der Tradition der Großmutter, die Kinder in den Obstgarten um ein Sträußchen dieser zarten Blume zu schicken. Wenn der Kuckuck mit seinen Rufen den Frühlingsbeginn ankündigt, erscheint annähernd gleichzeitig auch dieses als „Kuckucksblume" benannte Pflänzlein. Im Winter griffen die Leute auf die Brunnenkresse zurück, welche an fließenden Gewässern vorkommt und ähnlich verwendbar ist, aber geringer dosiert wurde.

Auch als die „Wilde Kresse" benannt

Die ausdauernde Pflanze kann 20 bis 30 cm hoch werden. Das Kraut ist durch einen aufrechten, meist unverzweigten Stängel charakterisiert, an dem feine, unpaarig gefiederte Blätter getragen werden, die eine spärliche Behaarung aufweisen. Die unbehaarten Stängel sind samtartig mit bläulichem Reif überzogen, leicht gerillt, hohl und rund. Diese beginnen bereits mit dem Blütenschieben zu verholzen. An der Basis befinden sich meist lang gestielte, gefiederte Rosettenblätter, die einen eiförmigen bis rundlichen Habitus haben. Die etwas größeren Endblättchen können dreilappig geformt sein. Beim Zerreiben verströmen die Blätter einen intensiv scharfen, kresseartigen Geruch. Der kurze, kriechende Wurzelstock ist seitlich fein bewurzelt.

An der Terminale kommen relativ große, weiße, rosa bis blassviolette Kreuzblüten zur Ausbildung. Die „Wilde Kresse" oder „Wiesenkresse", wie sie auch im Volksmund benannt wird, kann neben der typischen Vierzahl der Blüten auch mit vielen Kronblättern gefüllte Varietäten aufweisen. Offenbar haben sich bei natürlichen Selektionen die einzelnen Blumenkron-Blätter geteilt, weshalb ein rosen- bis köpfchenartig schmucker Blütencharakter zum Ausdruck kommen kann. Die Kronblätter können eine deutliche dunkle Aderung aufweisen.

Die Wiesen-Schaumzikade

Wer sich nicht ganz schlüssig ist, ob er bei seinen Funden ein Wiesen-Schaumkraut vor sich hat, dem sei ein weiterer Hinweis zugetragen. An manche Blattachsen des Krautes tritt die sogenannte Wiesen-Schaumzikade (*Philaenus spumarius*), äußerlich an einer speichelschaumartigen Ansammlung erkennbar, auf. Es handelt sich hierbei um Drüsenausscheidungen der blassgelb- bis grünlichen Larve, die im eigenen ausgeschiedenen Schaum lebt, aber an Rissen der Blattstängel und an den Fiederblättern saugt. Der weiße, bitter schmeckende Schaum wird auch „Kuckucksspeichel" genannt und dient dem Schutz vor Austrocknung und gegen Feinde. Wir kennen die ausgewachsenen braunen Tiere an ihrem dreieckigen Habitus als die „Heuhüpfer". Wenn man die 5 bis 7 mm große Schaumzikade hinten berührt, so springt der „Hüpferling" in einem Bogen eilig davon.

Zu den Standortbedingungen des Schaumkrauts

Typisch ist das Vorkommen des Wiesen-Schaumkrauts auf frischen, feuchten bis nassen Wiesenstandorten, wo sie meist wasserführenden Lehm und Versauerung anzeigt. Schon bald nach der Schneeschmelze nützt die Pflanze die eintretende Wärme auf den lehmigen und gut

Die scharfen Senföl-Glykoside in allen Teilen der Schaumkräuter regen den Kreislauf an und machen munter. Im Bild ein Wiesen-Schaumkraut mit gefüllten Blüten.

mit Nährstoffen versehenen Hängen aus, an denen sich über kleinere oder größere Quellaustritte länger andauernde Vernässungen befinden. Weitere Vorkommen können Bachufer, Flachmoore mit Sumpfdotterblume, Au- und Laubmischwälder sein. Das Wiesen-Schaumkraut ist von der Ebene bis auf über 2.500 m Seehöhe anzutreffen.

In den Gärten kann das Kraut verdichtete Lehm- und Tonböden anzeigen, die längere Zeit von der Sonne nicht direkt bestrahlt oder im Sommer und Herbst beschattet werden. Deshalb ist das Wiesen-Schaumkraut auch im Frühjahr in den schwach bis ungedüngten Scherrasen der Gärten anzutreffen, wo Lehm- und Tonböden lange Zeit unbeeinflusst blieben, d. h. gealtert sind.

Über die Heilwirkung

Das Wiesen-Schaumkraut enthält Senföl-Glykoside, reichlich Vitamin C, A, D sowie E und B, Mineralsalze (Eisen, Jod, Kupfer, Mangan) und mit zunehmender Ausreifung der Blüte auftretende Bitterstoffe. Der vergleichsweise hohe Jod-Gehalt beugt der Kropfvergrößerung vor. Die Senföl-Glykoside regen die Herztätigkeit und Hautatmung an. Die Pflanze kann regelmäßig zwei bis drei Wochen lang für belebende Kuren und zur Magenstärkung in Mischung mit anderen Kräutern wie z.B. Brennnessel roh verwendet werden. Es gab auch Kuren, wo nur jeden zweiten Tag Schaumkraut eingesetzt wurde.

Lässt man z.B. Kräutertopfen länger ziehen, so kommt der kresseartige, scharfe Geschmack vermehrt zum Vorschein. Das stark reizende Raphanol, aus dem Abbau der Senföl-Glykoside entstehend, wirkt auf Gallenblase, Milz, Niere, Leber und die Bildung der Magensäfte anregend. Auch bei Nieren- und Harnsteinen fand der Tee oder die Rohkost Verwendung.

Tritt eine übermäßig verstärkte Schweißbildung und Hautatmung ein, so hat man die Menge überdosiert. Dies ist ein Ausdruck für die Überreizung von Niere, Leber, Harnblase und Harnröhre (Brennen) und der Magenschleimhaut. Deshalb ist eine geringe Dosierung bei der frischen Einmischung in Speisen und bei der Teebereitung angeraten. Ebenso gut ist morgens eine Handvoll des verwandten Kreuzblütlers Brunnenkresse (*Nasturtium officinale*) geeignet, welche in Salaten eingemischt Blutreinigungskuren dienlich ist. Auch bei Wassersucht war der Brunnenkresse-Tee angewandt worden.

„Pissekraut" oder „Bettsächer"

In Vorarlberg machten mich die Leute auf die Bezeichnung „Pisse-Kraut" aufmerksam, welche von der fördernden Wirkung auf das Harnen herrührt. Nach der Einnahme von Wiesen-Schaumkraut-Speisen oder Rohkost verzeichnen Kinder wie Erwachsene einen erhöhten Harndrang. Aus diesem Grund dürfte die Pflanze auch im Frühling für Entschlackungs- und Abmagerungskuren verwendet worden sein, da sie mit dem Harnabgang ein stärkeres Trinkbedürfnis fördert und somit die Entgiftung und „Entgrießung" nach sich zieht.

Ähnliche Benennungen gelten auch in diesem Zusammenhang wie „Bettbrunzer", „Seichbleami" (Bayern), „Harnsame" und „Grießblume" (Böhmen), „Sachere", „Bettsächer" und „Sekretärli" (Thurgau), weshalb man das Kraut nicht im Abendmahl berücksichtige. In anderen Gebieten der Schweiz bezeichnet man das Wiesen-Schaumkraut als „Gelte" oder „Schißgelte", da man durch den Verzehr häufiger als sonst auf den Nachttopf gehen musste. In Frankreich steht die Bedeutung der Pflanze „cardamine des prés" heute noch im Volksmund mit „pisse-aulit" in Verbindung. „Pissenlit dent de lion" nennt man dort den Wiesen-Löwenzahn (*Taraxacum officinale*), dem eine ähnliche Wirkung zugesprochen wird.

Rezept für eine Frühjahrskur

Der um 2001 verstorbene Apotheker Mannfried PAHLOW aus Bogen an der Donau hat erkannt, dass in der Natur alle wichtigen Heilkräuter vertreten sind. Er berücksichtigte in seinem „Großen Buch der Heilpflanzen" auch verschiedene Anwendungen des Volkes. Das macht sein Buch sehr wertvoll und stellt für Kräuterversierte eine grundlegende Literatur dar. Folgendes Rezept entstammt aus diesem Buch:

„Man gibt in einen Mixer ein Achtelliter Milch und einen geteilten Apfel mit Schale, den Saft von einer Zitrone und drei Orangen sowie jeweils 20 g Löwenzahnblätter, Blätter des Wiesen-Schaumkrauts und der Brunnenkresse und mixt das Ganze. Dieses Getränk schmeckt leicht bitter, regt an und erfrischt. Wer einen Esslöffel Honig hinzufügt, der kann damit sogar eine ganze Mahlzeit ersetzen."

Die Verwendung als Tee

Seltener vermitteln Leute Hinweise der Verwendung getrockneter Pflanzenteile. Auch getrocknet ist das Kraut verwendbar, verliert an Schärfe, Würzwirkung, und die Bitterstoffe können stärker hervortreten. In Bayern gebrauchen Frauen in den Wechseljahren das Trockengut im Winter bei Krämpfen und vorbeugend gegen Arterienverkalkung. Auch bei Rheuma-Beschwerden baute man das Kraut in die Speisen ein oder genoss es als Tee. In Bezug auf diese Wirkung berichteten auch alte Bauern vom längeren Kauen der frischen Pflanzen, wenn sie den Tätigkeiten in der Landschaft nachgingen.

Der Tee des Schaumkrauts gilt als blutreinigend, fiebersenkend und harntreibend, geringfügig antibakteriell und hilft bei Bronchitis, Schnupfen und Asthma. Neben der Appetitanregung kam das Kraut in größeren Mengen als Entwurmungsmittel zum Einsatz. Der Aufguss stärkt das Haar und die Haut durch Stimulation in Form einer Spülung. Bei Akne, Hautkrankheiten, Hautunreinheiten und bei Sommersprossen fand das zerstoßene und aufgelegte Kraut eine äußerliche Verwendung. Umschläge mit dem Kraut- und Samenaufguss lindern rheumatische Schmerzen.

Für anregende Speisen

Die vor der Blüte gesammelten Blätter können zur Würzung von Topfencreme, Weichkäse, Spinat, Suppen, Kartoffel- und Semmelknödeln, Kräuterbutterarten und der Salate genutzt werden. In späteren Reifephasen werden meist die Blätter mitsamt den Blüten abgestreift, frisch und fein gehackt gebraucht. Dabei sollte man eine geringere Menge verwenden. Roh und klein geschnitten ist das Kraut als aufgestreute Auflage gut für das Butterbrot, für den Eiersalat oder als süße Variante für die Eiscreme geeignet.

Eigens angerichtete Salate mit Frühjahrswildgemüse und dem Schaumkraut dienen schonend eingesetzt Entschlackungs- und Blutreinigungskuren. Hinzu kommt die allgemeine gesundheitsförderliche und Stoffwechsel aktivierende Bedeutung. Bei Magen- und Darmgeschwüren, Nierenerkrankungen und bei Schwangerschaft ist von einer größeren Menge oder einer dauerhaften Einnahme abzuraten. Kleinkinder unter vier Jahren sollen ebenso nur geringe Mengen davon zu sich nehmen.

Süße Nachspeise mit Wiesen-Schaumkraut

Folgendes von mir etwas abgewandelte Grundrezept stammt von Eva Vesovnik aus Wien. Das Sammeln der Pflanzen in Form eines Straußes hat sich bewährt. In der Küche werden Blätter abgestreift und die Blüte abgepflückt. Die verholzten Stängel und Stiele verwendet man nicht. Die geernteten Teile werden fein gehackt.

Zutaten:
Topfen, Honig, Süß- oder Sauerrahm, Wiesen-Schaumkraut

Süße Nachspeise mit Wiesen-Schaumkraut

Anregende Topfencremen mit gehacktem Wiesen-Schaumkraut lassen sich in pikanten und in süßen Variationen auch von Kindern zubereiten.

Zubereitung:

In den Topfen werden das zerkleinerte Kraut und Honig eingerührt. Ist der Topfen zu wenig cremig, so soll Süß- oder Sauerrahm dazugemischt werden. In einem kühlen Raum etwa zwei bis drei Stunden ziehen lassen und mehrmals umrühren. Ist der Geschmack zu wenig intensiv, dann kann vor dem Servieren noch etwas Kraut beigegeben werden. Wichtig ist, bei der Zubereitung nicht zu viel des Krauts zu verwenden, denn der intensive Geschmack kommt erst mit der Zeit zum Tragen. Garnieren kann man mit bekannten Blütenkräutern. Mit einigen Schaumkrautblüten lässt sich das sättigende und leicht würzig schmeckende Dessert ebenso schön wie lehrreich verzieren. Wegen der Verwendung für die Aufwertung der Topfenspeisen benannte man das Kraut in Schlesien auch als die „Quarkblume".

Zur Herstellung eines Wiesen-Schaumkraut-Sirups

Im Sommer und Herbst ist das Kraut mehr oder weniger nicht mehr vorzufinden, weil es seinen Lebensschwerpunkt im Frühjahr hat und sich danach zurückzieht und nach der Mahd praktisch verschwunden ist. Als ein für das restliche Jahr gut bevorratbares Mittel dient die Herstellung eines Sirups aus dem Kraut, kurz bevor es blüht. Für einen heilwirksamen Vorrat zur Blutreinigung, Anregung des Appetits, des Magens, der Leber, Nieren und der Galle, aber auch zur Schleimabsonderung kann der Sirup wertvolle Dienste leisten, und man braucht nicht auf das Frühjahr zu warten. Folgendermaßen wird er hergestellt:

Zubereitung:
In heißem Wasser wird Honig, Zucker oder Zuckerersatz aufgelöst und die Temperatur auf ca. 60 bis 70° gesenkt. Danach gibt man im Verhältnis 2:1 den frischen Press-Saft des Krauts bei und rührt das Ganze gut um. Dann füllt man in Gläsern oder Flaschen ab und lagert diese im Keller lichtgeschützt bei konstant kühler Temperatur. Bis zu Beginn des kommenden Frühjahrs soll der Sirup aufgebraucht sein. Er kann verdünnt oder auch pur genossen werden. Hinweisen der Anwender zufolge wurden einst auch einige Schöpfer erhitzten Essigs beigegeben oder man mischte mit heißem Weißwein. Offenbar konnte so die Haltbarkeit erhöht werden.

Ein Pesto mit Wiesen-Schaumkraut und Honig

Sehr wirksam ist die Herstellung eines Pestos in Honig zur winterlichen Gesunderhaltung. Diese köstliche Verrichtung stammt aus den Regionen Salzburg, Oberösterreich und Bayern. Das Kraut wird vor der Blüte gesammelt oder nur die Blätter während der Blüte. Diese werden im rohen Zustand püriert und mit Honig vermischt. Bewährt haben sich das Entleeren der vollen Honiggläser auf die Hälfte und das Unterrühren des leicht ausgepressten Pürees. Drei Tage lang sollte zweimal täglich umgerührt werden. Ehe man die Gläser wieder verschließt, soll einen Zentimeter dicke Schichte mit purem Honig zur

Konservierung aufgetragen werden. Dieses Heilmittel, welches bei Erkältungen und Husten, zur Aktivierung des Kreislaufes und der Schleimbildung löffelweise eingenommen wurde, soll bis Februar oder März des kommenden Jahres aufgebraucht werden. Ähnlich fanden auch die Wurzel der Neunblättrigen Zahnwurz (*Dentaria enneaphyllos*), die Blätter der Brunnenkresse sowie andere Kreuzblütler Verwendung für heilende Honigrezepte.

Das Pulver als Pfefferersatz …

Bevorratete Wiesen-Schaumkraut-Erzeugnisse durften im Haushalt nicht fehlen, da sie vor allem bei mehrmals auftretenden Krämpfen und bei Scharlachfieber über das ganze Jahr hindurch gebraucht wurden. Getrocknete Pflanzenteile wie auch die Samen dienen wegen der Würze und Schärfe als Pfefferersatz bei Suppen und Fleischgerichten. Nach der Trocknung wurde das Kraut mit den Händen zerrieben, gemahlen oder lediglich die Samen ausgeklopft. Etwas feines Pulver nur aus den Samen hergestellt regt das Niesen und die Schleimabsonderung bei verstopften Nasen- und Stirnhöhlen an.

… und die Paste als Fleischwürze

Eine weitere Bevorratungsweise ist das Einlegen in Essig oder das Einsalzen in Gläsern. Auch das Pürieren der jungen Blätter und das Mischen mit Salz und (Most- oder Wein-)Essig dienten der Haltbarmachung. Laut mündlicher Hinweise verwendete man offenbar auch Zitronensaft zur Konservierung. Solche Pasten waren als verdauungsfördernde Mittel, ähnlich wie Senf den fetten Fleischspeisen, Kartoffelgerichten oder zum Marinieren beigegeben worden. Auch für Speisen mit Topfen, Joghurt und Sauerrahm, aber auch in Mischung mit Butter war das Püree als ein beliebtes und gesundes Würzmittel vor allem als Belag für das Brot geeignet. Zu fein aufgeschnittenem Schinken, Schälkartoffeln oder Räucherfisch kann eine lockere Topfen- oder Sauerrahmcreme mit Schaumkraut empfohlen werden.

Verwendbare Blätter und Sprossteile anderer nah verwandter Kreuzblütler und anderer Arten:

In ähnlicher Weise wie die angeführten Zubereitungsvorschläge können junge Blätter, Sprossteile und Blüten verwandter Arten in der Ernährung Berücksichtigung finden. Die wichtigsten seien hier angeführt:

Barbarakraut (*Barbarea vulgaris*): Kommt erst später zum Blühen, bevorzugt nährstoffreiche Böden, Äcker, Gärten und Ruderalstellen. Mit der Blüte wird das Kraut herb.

Brunnenkresse (*Nasturtium officinale*): Gedeiht das ganze Jahr über in und an langsam fließenden, nährstoffreichen Gewässern, welche nicht zufrieren.

Kleeblatt-Schaumkraut (*Cardamine trifolia*): Im Buchen-Fichten-Mischwald vorkommend.

Behaartes Schaumkraut (*Cardamine hirsuta*): Ist häufig in Mischwäldern und Waldlichtungen anzutreffen.

Bitteres Schaumkraut (*Cardamine amara*): Früher ist dieses häufig mit der Brunnenkresse verwechselte Kraut auch gegen Skorbut, zur Blutreinigung und bei Kinderkrämpfen verwendet worden. Es gedeiht an nährstoffreichen Quellen und in Erlenbruchwäldern.

Gemskresse (*Hutchinsia alpina*) und **Felskresse** (*Hornungia petraea*): In der montanen und alpinen Zone auf feintonigen, verwitterten Standorten zwischen dem Geröll der Steine und in Steingräben vorkommend.

Echte oder **Gartenkresse** (*Lepidium sativum*) oder **Pfefferkraut** (*Lepidium latifolium*): Auch die Blätter, Blüten und oberen Sprossteile dieser Pflanze können für ein Dessert oder Salate verwendet werden.

Gänsekresse-Arten (*Arabis spec.*): Nur in jungem Zustand der Sprossteile oder während des Blütenschiebens gut geeignet.**Knoblauchsrauke** (*Alliaria petiolata*): Blätter nur in jungem Zustand der Sprossteile oder vor dem Blütenschieben bekömmlich, später bitter werdend. Kommt in den Säumen nährstoff- und stickstoffreicher Standorte entlang von Hecken und Gebüschen vor.

Meerrettich oder **Kren** (*Armoracia rusticana*): Finde ich keine der wilden Freundinnen, so verwende ich aus dem Garten oder den

Süße Nachspeise mit Wiesen-Schaumkraut

Äckern die Blüten und jungen Blätter des Krens. Man findet die Pflanze verwildert auf nährstoffreichen oder Ruderalplätzen.

Schwarzer (*Brassica nigra*), **Weißer Senf** (*Sinapis alba*) oder **Acker-Senf** (*Sinapis arvense*): Können in geringen Mengen und weniger häufig in jungem Zustand ähnlich wie Wiesen-Schaumkraut verwendet werden.

Hirtentäschelkraut (*Capsella bursa-pastoris*): Vor allem in jungem Zustand werden die Sprosse und Blätter für pikante Speisen und Salate und bei großen Mengen die Samen als Pfefferersatz verwendet. Das Kraut kommt in den Gartenbeeten und Äckern gehäuft vor.

Von den **Mai-, Stoppel-, Halm-** oder **Haferrüben** (*Brassica rapa* subsp.): Davon verwendet man im Winter die blassen Austriebe, die im Lagerkeller entstehen, für scharfe Topfenspeisen und als Vitamin-C-Spender.

Die nicht zu den Kreuzblütlern zählende **Kapuzinerkresse** (*Tropaeolum majus*): Diese Zier- und Heilpflanze stammt aus Südamerika. Aus den frischen Blättern kann ein ausgezeichnetes Pesto auf Ölbasis hergestellt werden. Öfters davon ein Blatt oder in Essig eingelegte grüne Samen am Morgen kauen, stärkt die Abwehrkräfte. Die scharfen Blätter wie Blüten in den grünen Salat untergemischt, vitalisieren im Herbst unsere Abwehrkräfte.

Die Sommerwiesen und -weiden bieten von der Niederung bis in die Höhen der Gebirgslandschaften eine Vielzahl nutzbarer Kräuter.

SOMMER

Große und Purpur-Fetthenne (*Sedum maximum, S. telephium*) eignen sich wunderbar für Salate, Suppen und Desserts

Im Sommer erfreuen uns die Große und die Purpur-Fetthenne (*Sedum maximum, S. telephium*) mit ihren reichblütigen gelbgrünlichen bzw. rötlichen Trugdolden und bieten den Bienen eine reiche Tracht. Die Blätter dieser heimischen und im Garten kultivierten Fetthennenarten dienten seit jeher als Nahrungs- und Heilmittel. Wegen der enthaltenen Alkaloide wurden die Blätter maßvoll in die Speisen eingegliedert. Mit Vorsicht ist der Scharfe Mauerpfeffer wegen seine brennenden und bedenklichen Inhaltsstoffe zu handhaben.

Schon im Herbst legen die Große und die Purpur-Fetthenne die sichtbaren Blattknospen für das Frühjahr an.

Familie der Dickblattgewächse

Fetthennen bezeichnet man diese Pflanzen, da sie dickfleischige, wasser- und schleimreiche Blätter und Triebe besitzen, weshalb man von der Familie der Dickblattgewächse (Crassulaceae) spricht. Sie besitzen das Vermögen, den Wasservorrat lange zu halten, und können dadurch langwährende Trockenzeiten auf zumeist hageren oder steinigen Standorten sehr gut überstehen.

Vom Spätsommer bis in den Herbst hinein blühen die vielgestaltigen bis 60 cm aufragenden Purpur-Fetthennen in den Gärten. Die um 40 cm hoch werdende Große Fetthenne gedeiht in den Trockenböschungen, Heckensäumen, in und auf Trockensteinmauern. Die Blütenpracht dieser Arten bietet den Hautflüglern, Hummeln, Kultur- und Wildbienen, aber auch verschiedenen Faltern und Insekten wertvolle Nahrung. Vom Frühling bis zum Herbst wurden die frischen Sprosse und dickfleischigen Blätter vom Menschen zeitweilig genutzt. Von den heimischen Artgenossen fanden in Einmischungen zu den Speisen folgende Arten Verwendung: Große und Purpur-Fetthenne (*Sedum maximum, S. telephium* deren Unterarten; neuerdings in FISCHER M.A. et al. 2005 als Große und Purpur-Waldfetthenne *Hylotelephium maximum* und *H. purpureum* bezeichnet), die Milde Fetthenne (*S. sexangulare*) in größeren Mengen, Weiße Fetthenne (*S. album*) und Salat-, Felsen-Fetthenne oder Tripmadam (*S. rupestre* bzw. *S. reflexum*) und in sehr geringem Ausmaß und nur in jungem Zustand die unverträgliche Scharfe Fetthenne oder Scharfer Mauerpfeffer (*Sedum acre*). Diese Arten wurden in den Gärten angepflanzt, um davon Suppen- und Gemüsegrün zu beziehen. Der Begriff Sedum entstammt dem Latein. „sedere" und bezeichnet das Sitzen bzw. am Boden liegende Wuchsverhalten.

Fetthennen für Salate

Vom Frühjahr bis in den Herbst hinein nutzte man in größeren Zeitabständen die unverholzten Triebe und fleischigen Blätter der Fetthennen vorwiegend für Salate. Bei diesen Salaten werden Blätter und weiche Stängel zumeist in feine Streifen geschnitten. Dazu wurden gedämpfte Erdäpfel mit Mostessig und Öl zubereitet, wo man die geschnittenen Blätter untermischte. In feine Ringe geschnittener Lauch

Die reifüberzogenen Blätter der Purpur-Fetthenne sind bis zum Spätherbst nutzbar.

oder kleinwürfelig geschnittener Zwiebel dienen als Würze. Dieser Salat wird warm gegessen. Dazu kann je nach Angebot auch Löwenzahn gemischt werden. Auch in den Pflück- oder Häuptlsalat, Tomaten- oder Gemüsesalaten eignet sich Fetthenne hervorragend.

Ein etwas gesüßter Fetthenne-Salat – vor allem mit *Sedum-telephium*-Blättern – unter Beigabe von kleinwürfelig geschnittenem Obst ist eine sehr empfehlenswerte Speise. Von folgenden Obstarten können je nach Jahreszeitenangebot Salate zubereitet werden, wodurch sehr viele Möglichkeiten gegeben sind: Apfel, Birne, Orange, Melone, Ananas, aufgeweichtes Dörrobst, Essig- oder Salzgurken oder essigsauer eingelegter Kürbiswürfel ergeben jeweils ein herrliches und abwechslungsreiches Gericht.

Fetthennen für Nachspeisen

Mit echtem Balsamico-Essig und Bio-Sonnenblumenöl bereitet man auf diese Weise süßsaure Salate zu, die man ca. eine Stunde lang ziehen lässt und stärker süßt. Wenn davon etwas übrig bleibt, können sie auch Stunden später noch als Zwischendurchmahlzeit gegessen werden. Gibt man

Süß-pikante Fetthennen-Salate mit Obst, Lauch, Essig und Öl angemacht,…

zu diesem einen Löffel Honig bei und lässt dieses Gericht ca. zwei bis drei Stunden stehen, so entsteht je nach Fruchtanteil eine Art Dessert. Sehr gut ist im späten Frühjahr ein Purpur-Fetthenne-Salat mit Wald- oder Ananas-Erdbeeren, welche in Scheiben oder grobe Stücke geschnitten sind und mit Balsamico-Essig und Öl angerichtet werden. Bewährt hat sich ein Salat mit Kirsche, Pfirsich oder süßen Marillen. Ist kein guter Aceto Balsamico zur Hand oder dieser zu teuer, so empfiehlt sich ein Apfelessig, der leicht mit Wald- oder Robinienhonig gesüßt wird.

Salate lassen sich auch mit Sauerrahm und üblichen Salatbeigaben anrichten. Beginnen die Stängel zu verfasern, so sind für die Salatnutzung ausschließlich die Blätter noch bis November verwendbar. Früher verzehrte man bei Bedarf ebenso die Wurzelknollen oder -speicherorgane und die in zum Austrieb verharrenden Sprossknospen im Frühjahr oder Spätherbst. Sie haben einen zarten, unaufdringlichen Geschmack. Es genügt aber, die ausgetriebenen beblätterten Sprosse einmal pro Jahr und im Herbst lediglich auf die Blätter zu nutzen.

Große und Purpur-Fetthenne

…begeistern alle Genießer.

Als Gemüse und für wohltuende Fruchtsäfte

In verschiedenen Suppen mit Gemüse oder Rindfleisch kommen die beigemischten Blätter von Großer und Purpur-Fetthenne entweder ganz oder geschnitten gut. Und die Blätter der säuerlich schmeckenden Gekrümmten oder Felsen-Fetthenne (S. *reflexum*) lassen sich hervorragend als Salate und in Suppen genießen. Fetthennen-Arten fanden auch als eingesäuertes Gemüse Einsatz in der Küche.

Und für einen süßen Saft verwendete man frische Triebe und Blätter der Großen und Purpur-Fetthenne. Diese wurden roh passiert oder püriert und mit kaltem Wasser übergossen. Nach vier Stunden Ruhezeit seihte man die Brühe durch einen Filter ab und mischte süßen Fruchtsaft oder Honig unter. Auch dieser Saft diente wegen des Schleimstoffanteils bei gereiztem Magen oder bei Darmverletzungen wohltuend und heilend. Eine Einreibung mit dem kalt gepressten Saft oder das Auflegen der Blätter kräftigt den Körper und die Gliedmaßen.

Bei inneren Verletzungen, wundem Magen und Darm und bei Roter Ruhr verwendete man einen wässrigen Auszug. In einen Liter Wasser gab man zwei Hände voll Blätter und kochte sie ab. Davon nahm man am Morgen vier bis sechs Esslöffel über mehrere Tage lang – zumeist mit Honig gesüßt – ein.

Der Scharfe Mauerpfeffer als Heilkraut

Der gelbblühende Scharfe Mauerpfeffer (Sedum acre) ist mit Vorsicht zu „genießen".

Beim Kauen einiger Blätter der Scharfen Fetthenne (*Sedum acre*) kommt es zu einem pfefferartig-brennenden oder kratzenden Geschmack im Rachen und in der Mundhöhle, deshalb auch der Name Scharfer Mauerpfeffer. Die stark schwankenden Wirkstoffe sind verschiedene Alkaloide (u.a. Piperidin), Sedamin, Flavonoide, Gerbstoffe und Schleimverbindungen. Trotz seines brennenden Geschmacks im Rachenraum fanden offenbar auch ganz junge Blätter des gelb- und kleinblütigen Scharfen Mauerpfeffers in geringen Mengen in Salaten Berücksichtigung. Größere Gaben dieser Art rufen u.a. Übelkeit, Erbrechen, Magen- und Kopfschmerzen, Lähmungen bis Atemstillstand hervor. Der Scharfe ist mit dem sehr ähnlichen, ebenfalls gelb-blühenden Milden Mauerpfeffer (*S.*

sexangulare) verwechselbar. Wegen der Verwechslungsgefahr sollte man vor dem Sammeln stets kleine Kostproben machen, ob es sich tatsächlich um die milde Art handle. Letztere Art kann in größeren Mengen ohne Bedenken Einsatz in der Ernährung haben.

Den Scharfen Mauerpfeffer und die Alpen-Fetthenne (*S. acre* und *S. alpestre*) verwendeten die Leute früher bei Hämorrhoiden und bei hohem Blutdruck. Und in der Homöopathie war die Pflanze bei blutenden Hämorrhoiden eingesetzt worden. Wegen des scharfwirkenden Gehaltes diente das „Pfefferkraut" auch als Warzenkraut, bei Hühneraugen, bei Flechten, bei Wanzenbefall und bei Wassersucht. Das Kraut diente früher auch bei Epilepsie in anderen Mitteln aufgelöst oder als Pulver in Milch eingenommen. Auf die Haut aufgetragen, können die Inhaltsstoffe eine rötende Reizung bewirken. Bei Entzündungen und Anschwellungen werden die zerstampften Blätter mit Schweinefett vermischt und aufgelegt. Zur Hebung der Fruchtbarkeit und bei Hautflechten unserer Nutztiere wurden bis über zehn der kleinen eiförmigen Blätter pro Tag den Tieren mit Brot oder Getreideschrot vier bis acht Tage lang verfüttert. Diese geringen Dosen und die Einmischung in die Futterration sind deshalb zielführend, da die scharfen Wirkstoffe die Schleimhäute stark reizen können. Wird das Kraut verascht, so ist die brennende Wirkung nicht mehr vorhanden, hingegen die Heilwirkung schon. Auch äußerlich dient der verdünnte Blattpresssaft der Hautreinigung bei den Nutztieren.

Zur Heilwirkung der Fetthennen

Die angequetschten, reifartig überzogenen, bläulich-grünen Blätter und jungen Stängel oder der Presssaft der Purpur- und Großen Fetthenne werden bei Insektenstichen, nach Sonnenbrand und bei offenen Wunden zur Blutstillung und zur Wundauflegung verwendet. Oder man zieht die Haut ab und legt das schleimige Blatt auf Geschwüre oder auf eiternde Wunden. Durch diesen Gebrauch bekam die Pflanze auch den Beinamen „Heilblatt". Wegen des hohen Vitamin-C-Gehalts und der leichten Kultivierung bzw. Haltbarkeit dienten die Fetthennen früher als Antiskorbutmittel. Ähnlich wie *Aloe vera* wirken die schleimenden Purpur-Fetthennenblätter auch kühlend, reinigend und

SOMMER

Die heimische Große Fetthenne diente als Wundheilmittel, als Auflage bei Insektenstichen und für Brandsalben.

schmerzstillend bei Wunden und blutungsstillend z.B. in Form von Heilcremen. Wassertreibend wirkt der Blättertee. Bei Nasenbluten legte man sich zerstoßene Blätter auf die Stirn oder gab sie in die Nase und verweilte im Liegen, bis es wieder aufhörte.

Die Weiße Fetthenne (*S. album*) mit ihren weißen bis blassrosaroten Blüten nennt man auch „Traubenweizen", „Tripmadam" oder „Weiße Steinwurz". Diese Art wird bei Vitaminmangel, bei faulenden Krebsgeschwüren und zur Kühlung von Wunden verwendet.

Eine Brandsalbe

Bei Verbrennungen wird der Presssaft aus dem Fetthennenkraut mit Gerstenmehl vermischt und dieser Brei aufgelegt. Auf den Bauernhöfen zerstampfte man diese *Sedum*-Blätter mit den frischen des Efeus und kochte diese Masse in Butter und fettreichem Speck oder Schweineschmalz. Danach wurde die Masse durch ein Leinentuch gedrückt und daraus eine „Brandsalbe" mit Harzen und Bienenwachs hergestellt. Diese Wundheilsalbe diente bei allen Hautverletzungen und Hautflechten. Die Waldfetthennen werden auch als „Wund-", „Bruch-" oder „Knabenkraut" bezeichnet, da sie bei Knochen- und Leistenbrüchen aufgelegt und umgebunden wurden oder bei solchen Problemen in Form von Heilsalben Einsatz fanden. Als „Kropfvertreiberin" trägt sie zum Verschwinden des Kropfes bei.

Ein Ölauszug aus Fetthenneblüten

Bei unsorgfältiger und übermäßiger Ernährung und unzulänglicher Verdauung verbleiben im Darm unverdaute Stoffe und Ballaststoffe zurück. Durch abgesetzte Verdauungsreste kann es zu Darmüberreizungen, Entzündungen, Furunkel- und Geschwürbildungen kommen. Werden regelmäßig Blätter z.B. der Fetthenne, Flatter-Ulme (*Ulmus laevis*), Malven (*Malva* spec.) und Linden (*Tilia* spec.) gut gekaut genossen, so werden die beschriebenen Beschwerden einem Heilprozess unterzogen. Fetthenne wirkt auf die Darmwände wundheilend, adstringierend und reinigend.

Dazu besteht auch eine andere Anwendungserfahrung: Legt man die grob zerkleinerten Blüten der Fetthenne in Oliven- oder Sonnenblumenöl ein und stellt das Glas an das Fenster oder unmittelbar mindestens sechs Wochen lang in die Sonne, so erhält man ein Heilöl. Dieser Auszug wird löffelweise bei den genannten Indikationen eingenommen – zwei Esslöffel am Morgen und zwei Esslöffel nach dem Abendmahl. Vor der Morgeneinnahme und eine Stunde nach dem Abendessen wird jeweils ein Glas Wasser getrunken, ehe das Fetthennen-Blütenöl zur Einnahme kommt.

Die Wirkstoffe der Fetthennen-Blüten in Öl ausgezogen sind darmheilend und reinigend.

Die Standortsvoraussetzungen

Allgemein bevorzugen die mehrjährigen Fetthennen trockene und hagere Böschungen zumeist saurer Böden. Sie kommen auch in trockenen Hecken- und Gebüschsäumen, in Schotter- und Steinfluren, seltener in den Kernen der Gebüsche, welche sich auf den Trockenböschungen und Trockenrasen ansiedeln, vor. Die Arten lassen sich hervorragend an sonnigen Standorten auf steinigem und sandigem Untergrund bzw. Steinmauern und Steingärten ziehen und benötigen wenig Wasser.

Die Purpur-Fetthenne kann auch auf mittelmäßig mit Nährstoffen versorgten Standorten – also in Garten- oder Zierbeeten – angepflanzt werden. Sie benötigt keine unmittelbare Düngerzufuhr wie z.B. das Kulturgemüse und wurde in den letzten Jahren vor allem als Zierpflanze angesetzt. Wer im Spätherbst nicht mehr dazukommt, die Pflanze für Speisen zu nützen, der lässt die Garten-Fetthennen abblühen und verwendet die trocken gewordenen Blüten für Gestecke, Trockenblumensträuße in Vasen oder für den dekorativen Grabschmuck auf dem Friedhof.

Möglichkeiten der Vermehrung

Grundsätzlich kann man die Stöcke der Purpur-Fetthenne mittels Spatenstich problemlos teilen und andernorts ansetzen. Auch über die Aussaat oder waagrecht und schräg eingelegten Stängelabschnitte sowie Wurzeln lassen sich alle *Sedum*-Arten gut vermehren. Einmal erntete ich von August bis September die Blätter für Salate und legte die Stängel zufällig in einem warmen Raum waagrecht auf einer Schüssel ab. Die blattlosen, aber saftreichen Stängel hatten mit ihren schönen Blüten eine Länge von dreißig cm. Ich wollte sie noch als Stecklinge in Töpfe stecken, kam aber nicht mehr dazu. So trieben bald aus den schlafenden Knospen der ehemaligen Blattansätze wieder neue Pflänzlein aus. Für den Aufbau von Blättchen und feinen Wurzeln holen sich die neuen Pflanzen die Nährstoffe aus den saftigen Stängeln und den Blütenteilen, die zunehmend austrocknen und verbleichen. Diese Neuaustriebe konnte ich mit der Gartenschere in ca. zwei cm lange Stängelteile abschneiden und in Töpfen einsetzen und weiterziehen. Im Frühjahr schön aufgewachsen, dienten sie als Geschenke.

Die im Herbst erscheinenden Blüten der Garten-Fetthenne bieten den Bienen und vielen anderen Insekten eine Tracht während der ohnehin blütenarmen Jahreszeit.

Kultivierung als Zier- und vitaminreiche Salatpflanze

Die Purpur-Fetthenne kann ebenso gut als Balkon- und Zimmerpflanze kultiviert oder überwintert werden, wobei auf nicht zu trockene Luft zu achten ist und ein zu starkes Gießen vermieden werden soll, da die Art keine „nassen Füße" verträgt. Deshalb ist ungeduldigen Wildgemüsefreunden das Ausgraben einiger Stöcke für eine Topfpflanzung in sandiger Erde empfohlen, um in den warmen Innenräumen austreibende Pflanzen beernten zu können. So kann die vertopfte Pflanze im Winter als Vitaminquelle zur Verfügung stehen, indem man einzelne Blätter zerhackt dem Wintersalat beimischt. Und die Geduldigen wissen um den Labsal im Frühjahr, wenn die Fetthennen wieder mit voller Kraft austreiben.

Die Rosenwurz (*Rhodiola rosea*) – Ethnobotanische Betrachtungen zur „Goldenen Heilwurzel"

Die widerstandsfähige Rosenwurz (*Rhodiola rosea*, früher *Sedum rosea*) gilt in mehreren asiatischen Ländern als „Goldene Wurzel", da sie als Heilmittel für schwere Leiden bei Mensch und Tier einen sehr großen Stellenwert hat und sehr umfassend einsetzbar ist. In sehr langer Tradition verwenden die Menschen in Tibet, China, Skandinavien, in den Sowjetstaaten oder z.B. in Island diese universell wirksame Arzneipflanze. Seit zehn Jahren wird aufgrund neuer slawischer, skandinavischer und koreanischer Untersuchungen der 1960er- und 1970er-Jahre das Heilwissen aus dem asiatischen Raum in Europa und Amerika verbreitet, obwohl in manchen Alpentälern das traditionelle Gebrauchswissen der Heilpflanze für die geistige Agilität und kör-

Oben: Die gelben, weiblichen Blüten der Rosenwurz; unten: die Rotfärbung der Balg-Fruchtstände.

perliche Gesundheit u.v.m. in Resten bis heute existiert, allerdings in Ermangelung des unmittelbaren Gebrauchs schon beinahe verloren gegangen ist. In den Alpenländern, wo die Rosenwurz seltener vorkommt, mussten die vielfältigen Anwendungsmöglichkeiten in der heimischen Volksmedizin über die Jahre sehr aufwendig rekonstruiert werden, da kaum schriftliche Aufzeichnungen bestehen. In Bezug auf ähnliche Nutzungen in anderen Ländern wurde vergleichend die weiterführende Fachliteratur (s. Quellenverzeichnis) durchgearbeitet.

Grundsätzliches zur Rosenwurz

Diese anspruchslose Pflanze besitzt eine fleischige und sehr heilkräftige Speicherwurzel, welche stark nach Rosenblüte bzw. Veilchen duftet. Gelegentlich findet man sie in den Gärten und ist neuerdings auch in mancher Gärtnerei beziehbar. Das starke Rhizom besitzt im Herbst die höchsten Wirkstoffgehalte, wo sie ab September gegraben, gereinigt und in Scheiben geschnitten der langsamen Lufttrocknung unterzogen oder anderweitigen Verwendungen unterzogen wird. Bei lichtgeschützter trockener Lagerung bleiben die Wirkstoffe über einige Jahre erhalten. Bei Trocknung unter Hitzeeinwirkung von kleinen und vor allem von pulverisierten Wurzelteilen gehen die Hauptwirkstoffe Salidrosid und Rosavin rasch verloren.

Der Instinkt der Nutztiere

Zu Beginn dieses Kapitels soll von einer Beobachtung berichtet werden: Troll, unser kleiner Ziegenbock, hatte eine sehr schwere Geburt. Nur unter großer Anstrengung brachte die Mutter Tina die Zwillinge durch den Geburtskanal. Nur Troll schaffte es, nach langem Drücken der Mutter lebend geboren zu werden. Sein größeres Brüderlein war im Bauch abgestorben und im Geburtskanal stecken geblieben. Seinem Körper musste mit einer schmalen Frauenhand herausgeholfen werden. Natürlich war infolge der schweren Geburt Troll stark geschwächt. Das Böcklein konnte infolge der Anstrengung und Energielosigkeit auch nach Stunden kaum stehen und musste zu Mutters Zitzen hingehalten werden. Die Mutter kam schlecht in die Milch. Deshalb begannen wir ihr über mehrere Tage das Euter zu massieren und molken die wenige Milch ab, um sie in einer Flasche eingefüllt dem Jungen zu verabreichen. So gewöhnte sich das winzige Böcklein an uns und wurde sehr handsam. Aber es blieb in der Entwicklung zurück und war häufig kränklich.

Wir konnten beobachten, dass sich der heranwachsende kleine Bock vor allem um das Haus, entlang der Hofmauern und Gartenzäune an den von uns angepflanzten Heilkräutern labte. U. a. holte er sich im Sommer von einer Steinmauerkrone die saftigen Krautteile der Rosenwurz und biss das Kraut bis zur Wurzel begierig zusammen. Das hatte ihm niemand gezeigt. Aber instinktiv reagieren die Tiere auf das, was sie in bestimmten Lebensphasen dringend benötigen. Von da an hatte er sich prächtig erholt und setzte endlich das Futter auch in Körperenergie um. Und ich erinnere mich nun an das erste Mal, als ich diese Pflanze in den Bergen Savoyens und des Piemonts auf den Alpweiden sah und mir ein Hirte pantomimisch mit Händen und Füßen deutete, das sei ein sehr, sehr wertvolles Heilkraut.

Das Aussehen

Die unverzweigte, kahle Pflanze hat wechselständig sitzende ein bis vier (sechs) cm lange, verkehrt eilanzettlich förmige Blätter mit einer Spitze. Durch die graugrüne Bereifung entsteht ein hell- bis blaugrüner Charakter. Im vorderen Teil können die fleischigen Blätter gezähnt sein. Der dichte Blütenstand sitzt endständig als Doldenrispe auf einem dicken, runden Stängel und kann schon ab Mai blühen. Die Hauptblüte erstreckt sich aber auf Juni und Juli.

Die zweihäusige Rosenwurz bildet männliche Pflanzen mit gelbgrünen bis leuchtend gelben und später rötlich getönten Blüten und Pflanzen mit den verkümmerten weiblichen Blüten mit grünlicher bis gelblichgrüner Farbvariation aus. Die vier, drei bis vier mm großen Kronblätter der männlichen Einzelblüten färben sich mit der Reifung rötlich und dann braun. Die gelben oder roten Kelchblätter werden bis 1,5 mm lang. Nach der Insektenbestäubung und Ausbildung der grünen Kapsel- oder Balgfrüchte verfärben sie sich in ein leuchtendes Purpurrot, werden zwischen Juli und August reif und färben sich dann braunrot. Im Aufwuchs erreichen die Horstausbildungen 20 bis 40 cm, in Bachnähe können sie bis über 50 cm hoch werden. Die der Überdauerung dienenden, sehr vitalen Wurzelspeicherorgane können den Umfang eines Fußballs erlangen.

Andere ähnliche Arten

Den *Rhodiola*-Wuchsformen nach können eine atlantische Gruppe, eine nordpolare bzw. skandinavische Gruppe, eine europäisch-alpine Gruppe und eine asiatische Gruppe voneinander unterschieden werden. Die Hauptverbreitung der artenreichen Gattung *Rhodiola* liegt in arktischen Gebieten sowie in den Höhenlagen Eurasiens (z.B. die rotblütige und schmalbelaubte *Rhodiola himalensis* im Himalaja, andere

Arten in Sibirien, Finnland, Schweden [„Rosenrod"] und vom Menschen über den Handel verbreitete Arten im südwestlichen China und der Mongolei) und Nordamerikas (Alaska, Rocky Mountains, ähnliche Arten wie z.B. *Rosea rhodontha* und die mit blaugrünen Rosettenblättern bestückte *R. pachyclados*). Letztere wird wegen ihrer attraktiven Blätter und Aufwüchse als Bodendecker in Grünanlagen verwendet. Bei der „Pakistanischen Rosenwurz" handelt es sich um *Rhodiola saxifragoides*, die ebenfalls als Heilmittel Anwendung findet. Von Interesse dürften auch noch die Arten *R. algida* oder *R. integrifolia* und eine kamtschatische Art sein, von denen bedeutsame Nutzungshinweise bestehen. In Europa kommt die *Rhodiola rosea* natürlich im Gebirge der Alpen, auf dem Balkan, in Skandinavien, in Island und auf den Britischen Inseln vor. Man findet die Rosenwurz in Gärten z.T. als Steingartenpflanze vor.

Die zahlreichen Vital- und Inhaltstoffe

In den letzten 20 Jahren wurde die Untersuchung der Rhodiola-Arten auf gesundheitliche Effekte stark forciert, wobei das Hauptaugenmerk auf die Wurzel der wirksamen Art *Rhodiola rosea* gerichtet wurde. Mittlerweile sind mehrere Gruppen von Inhaltsstoffen bekannt, wie z.B. Phenylpropanoide (die „Rosavine", wie Rosavin, Rosin und Rosarin), Phenylethylderivate (Salidrosid = Rhodiolosid), ferner Flavonoide (z.B. Rodiolin), Monoterpene (Rosiridol, Rosaridin), Triterpene, phenolische Säuren und Phytosterole, aber auch Magnesium und Vitamin B1.

Die Herkünfte des Pflanzengutes sind entscheidend und für den Gehalt an Wirkstoffen ausschlaggebend. Sibirische gelten effektiver als z.B. tibetische und chinesische und angebaute amerikanische Formen, deren Hauptbestandteile Rosavin und Salidrosid zu gering sind (s. Lee F.T. et al. 2009). Für die Wirksamkeit der Extrakte sind der Gehalt der genannten Wirkstoffe und das Verhältnis Rosavin zu Salidrosid (mindest. 2:1 bis 3:1) zueinander in der Rohware und in den neuerdings erzeugten Präparaten bedeutsam. Die Beforschung erfuhr ein großes Interesse in den Sportwissenschaften, da die Pflanzenteile die sportlichen Leistungen signifikant fördern. Diese nichtsteroidalen Nahrungsergänzungsmittel verbessern die Muskelarbeit und die effektivere Ausnut-

Die mehrjährige Pflanze liebt sonnige, sandig-kiesige, sowohl trockene wie auch frische Plätze, ist sehr widerstandsfähig und frosthart und eignet sich für die Gartenkultur.

zung der Muskel-Energieressourcen, erhöhen die Kraft-Ausdauer und schnelle Erholung der Muskeln. Das Kraut, vornehmlich die Sprosse und Blätter, enthält ebenfalls Salidrosid, Rosavin, Rosarin und Rosin, deren Gehalt etwa nur ein Viertel von dem in der Wurzel beträgt. Rosavingehalte konnten in anderen Rhodiola-Arten nicht nachgewiesen werden, und es bestehen salidrosidfreie Rhodiola-Chemotypen. Auch bei angebauten Arten schwanken die Gehalte beträchtlich (lt. Literaturquellen).

Überlebensstrategien des Dickfleischgewächses

Die saftreichen Gewächse der Sukkulenten passen sich an die extrem heißen und trockenen, stark schwankenden und kargen Klima- und Bodenbedingungen an und enthalten deshalb sehr viel *succus* (latein.), sprich Saft. Sukkulenten speichern Wasser z.B. in den Geweben der Blätter und Sprosse, um lange Trockenperioden zu überstehen. Sie besitzen unter den Verhältnissen des Wassermangels Schutzmechanismen, indem die geschlossenen Spaltöffnungen der Blattoberfläche und die Wachsbeschichtung eine Wasserverdunstung verhindern. Insofern haben sie ein aufgeblasenes Aussehen oder dickfleischige bis rundlich erstarkte Blattformen. Solche sukkulente Wuchsformen, Blätter und das Rhizom ermöglichen der mehrjährigen Pflanze, an extremen Standorten zu überleben.

Aufgrund derselben Strategien und Entwicklungsanpassung besitzen verschiedene Sukkulenten ähnliche bis annähernd gleiche Erscheinungsformen, obwohl sie verschiedenen Familien angehören (s. Eggli, U. 2003). Das bedeutet, ähnliche Wuchsbedingungen zwingen die Pflanzen, ähnliche Gestalten auszubilden. Blattsukkulenten haben ähnliches Aussehen wie Kugelblatt-Pflanzen. Vertrocknete Wurzeln der Rosenwurz treiben auch nach einigen Monaten im Erdreich wieder aus, wenn der Boden durch die Niederschläge ausreichend feucht geworden ist. Zudem sind die Rhizome frostunempfindlich.

Die Bezeichnung dieses Dickfleischgewächses (Crassulaceae) rührt vom lieblichen Rosengeruch der saftigen, rüben- bis manchmal kugelartigen, herb schmeckenden Wurzel im getrockneten und zerriebenen Zustand her. Griech. heißt *rhodon* Rose. Die ausdauernde, frische Wurzel hat eine knotige bis ästige Form mit kleinen grubenartigen Einsenkungen und daumendicken Seitenästen. Sie ist äußerlich glänzend braun und innen weißlich gefärbt. Die getrocknete Wurzel ist innen rosa getönt. Darin finden sich reichlich Gerbstoffe.

Wieder in die Kultur nehmen

In manchen Tälern des Alpenraums ist die ausdauernde Heilpflanze seit über tausend Jahren bei Bauern wohl bekannt, fand allerdings keinen Eingang in die Drogerien und Apotheken. Ab dem 16. Jhdt. wurde die Rosenwurz allerdings wieder vermehrt wegen der Heilkraft und des lieblichen Rosenduftes, hervorgerufen durch die ätherischen Öle der Wurzeln, in den Gärten zur Nutzung angepflanzt.

Die „Roswurz" – wie sie im österreichischen Alpenraum auch genannt wird (s. Sendlhofer, F. 2007) – gedeiht auf kalkarmer bis -freier Unterlage in steinigen Weiden, entlang der Felsspalten, in Steinfluren und Grobblockfluren der kühleren Hochgebirgsregionen ab ca. 1.500 m und geht in Europa bis auf 2.800 m und im Himalaja-Gebiet bis auf eine Seehöhe von 4.500 m hinauf. Mitunter findet man sie auch auf steinigen Quellfluren, entlang der Gebirgsbäche und in Gebirgsmoorböden in größeren Ansammlungen. Solche Voraussetzungen wurden auch im sonnigen Garten nachgeahmt, damit man die Pflanze auch in unmittelbarer Nähe zur Hand hatte. Sie wächst in Gärten sowohl auf nährstoffreichen Lehm- und Tonböden wie auch auf kargen Sand- und Steinböden. Freilich bilden im Hochgebirge die Pflanzen mehr Widerstandskraft und somit mehr Wirkstoffe aus als in den Gärten.

„Nahrung für das Gehirn" –
Verwendung als Nerven- und Gehirn-Heilmittel

Zur Trocknung werden die Wurzeln in feine Scheiben geschnitten und dienen vorwiegend der Teenutzung (siehe S. 165). Richtig zubereiteter Tee wird langsam bis zu vier Stunden lang gekocht. Dieser soll bei verschiedenen Beschwerden jeweils vor dem Frühstück oder auf nüchternen Magen eine Stunde vor dem Mittagessen getrunken werden, um Schlafstörungen zu vermeiden. Rosenwurz-Tee verwendete man im österreichischen und französischen Alpenraum (franz. „Rhodiole rose") vornehmlich bei Erkältungen, Schnupfen, Husten, Grippe, Infektionen und bei Nervenleiden, Migräne, Kopfschmerzen, Schlafstörungen, Blutarmut und Impotenz. Bedeutsam sind die Wirkungshinweise gegen Winterdepressionen, zur Stärkung des Erinnerungsvermögens und zur Erhöhung der Konzentration bzw. geistigen Leistungsfähigkeit und Lebensdauer (s. dazu auch PETKOV V.D. et al. 1986).

Die Wirkstoffe der Rosenwurz stimulieren die Stoffwechselvorgänge des Gehirns und fördern und optimieren das Zusammenwirken und die Durchlässigkeit der Botenstoffe zwischen den Nervenzellen, der sogenannten Neurotransmitter. Somit werden wichtige Funktionen und der Transport von Sauerstoff im Gehirn gefördert. Rosenwurz unterstützt auf diese Weise das Gedächtnis, die geistige Leistungs- und Speicherfähigkeit im Gehirn und verbessern die Anpassungsfähigkeit des Organismus an seelische und körperliche Belastungen. Somit erhält *Rhodiola rosea* die Konzentrationsfähigkeit und Gesundheit, stärkt

Anfänglich bildet Rhodiola rosea eine bis zu 5 cm dicke Pfahlwurzel mit Verzweigungen aus. Im optimalen Fall können sich über die Jahrzehnte daraus knollige oder kugelige Speicherorgane entwickeln.

das Wahrnehmungsvermögen und belebt die Erinnerung und das klare Denken. Die adaptogene Wirkung steigert die mentale Wachheit, Wahrnehmungs- und Entscheidungsfähigkeit.

Volksmedizinische Kenntnisse

Der Heilpraktiker Alois KRAUTGARTNER aus Salzburg vermittelte wertvolle Hinweise über die Nutzbarkeit dieser wunderbaren Heilpflanze. Die Nutzungspalette der „Goldenen Wurzel" (engl. „Golden Root", „Arctic Root" oder „Roseroot"), wie die Rosenwurz in Finnland und Sibirien bezeichnet wird, erstreckte sich einst in einem weiten Feld, wobei mit Rosenwurz-Präparaten bei Schwangeren, Stillenden und Kleinkindern vorsichtig umgegangen wurde.

Als Adaptogen dienen die natürlichen Substanzen der Rosenwurz zur Bewältigung von außergewöhnlichen psychischen und physischen Stressbelastungen, bei stressbedingter Erschöpfung, zur Stärkung der körperlichen Ausdauer bei Müdigkeit, hohen Leistungsanforderungen und zur Stärkung der Widerstandsfähigkeit. Dabei werden andere Körperfunktionen nicht negativ beeinträchtigt. Hypophyse und Hormonhaushalt erhalten durch die antioxidativ wirkenden Inhaltsstoffe eine ausgleichende Anregung, Nervensystem, Gehirn- und Körperzellen werden vor freien Radikalen geschützt. Rosenwurz gilt als ein effektives Heilmittel bei Burn-out-Effekten.

Im Volksgebrauch setzten die alten Leute die Heilwurzel zur Immunstärkung, bei Kopfschmerzen, welche vom Föhn oder einem Sonnenstich herrührten, gegen Ängstlichkeit, Depressionen und Schlaflosigkeit in Form von Tee ein. Dass Rosenwurz ausleitend, auf die Organe und den Körper entgiftend (vgl. FURMANOWA, M. et al. 1998) bzw. entschlackend und die Leber schützend wirkt, war bei den Gewährspersonen hinlänglich bekannt, und sie wussten um den richtigen Einsatz dieser Heilkräfte Bescheid. Es waren Kalt- und Warmansätze gebräuchlich. Mit anderen Kräutern die getrocknete Wurzel in Kissen gefüllt, stärkt der ausströmende Duft die psychischen und physischen Kräfte.

Im Alpenraum nutzte man die Blüten direkt roh oder kulinarisch roh eingesetzt als wirksames Mittel bei Tuberkulose und Lungenleiden, so ein Hinweis erfahrener Leute aus dem Rauristal. Neben der Frucht wurden wegen der Heilwirkung auch ihre Samen z.B. bei Beschwerden im Harnblasen-Bereich eingesetzt. Verschiedene Produkte, zumeist in Form von Kapseln, Extrakten oder Tabletten erhältlich und nach bestimmten Regeln über einen längeren Zeitraum als Tonikum eingenommen, dienen heute als „Nervennahrung" zur Unterstützung der geistigen Agilität, Erinnerungs-, Reaktions- und Konzentrationsfähigkeit (vgl. GRÜNWALD, J. et al. 2008).

Kräftigende Knetkügelchen und alkoholische Extrakte in Asien

In Tibet z.B. gehen die Menschen der Arbeit in der extremen Höhenlage von 4.000 bis 5.000 m Seehöhe nach, wo die Sauerstoffzufuhr geringer ist. Bei sehr deftiger und bei fetter Nahrung ist man einerseits auf Mischtees mit Rosenwurzelbeigabe als auch von Rosenwurz-Kraftpillen, die man in diesen Regionen kaut oder lutscht, angewiesen. Diese Knetbällchen können auch in warmem Wasser aufgelöst und als Tee

Nach dem Waschen werden die Wurzeln in 5 mm dicke Scheiben geschnitten und in Alkohol (48 – 52%) so um die 6 Wochen lang oder länger angesetzt. So erhält man eine Tinktur mit einem wunderschönen Rotton, welche bei verschiedenen Beschwerden einsetzbar ist.

genossen werden. Die Rosenwurz besitzt Blutzuckerspiegel reduzierende Inhaltsstoffe (Guanidin-Verbindungen) und steigert die Enzym-Aktivität der Mitochondrien. Die Wurzel diente bei verschiedenen Frauenkrankheiten als Kräftigungs- und Reinigungsmittel, wie z.B. bei Scheidenerkrankungen oder nach Geburten. Sie lindert typische Wechsel- und altersbezogene Beschwerden und hilft bei Regelanomalien und ausbleibender Menstruation. Deshalb wird die Pflanze bei den Tiroler Bergbauern als „Frauenzopf" oder „Unsere Frauenwurz" bezeichnet. „Sie haltens für gewiß, daß, so ein Weibsbild unfruchtbar und keine Kinder empfange, wenn sie diese Wurz in Milch gesotten [ge]nießt und also mit dem Mann actum carnalem über, sie von Hand an emfahe" (WOLKENSTEIN, M.S. v. 1936).

Zerstoßene Wurzel mit Muskatpulver gemischt wirkt gegen Ruhrkrankheiten und infektiösen Durchfall. Das Wurzelpulver mit Alkohol extrahiert fand in Tinkturen Einsatz. Ähnlich wie im Alpenraum ver-

wendete man in der Sowjetunion alkoholische Extrakte bei Langzeiterkrankungen, Leistungsabfall, gegen Müdigkeit und Schwächezustände, infektionsbedingte Krankheiten und zur Erhöhung der Vitalität, des Gedächtnisses und der Konzentration als adaptogenes Tonikum.

Heilanwendung und kulinarische Nutzung überschneiden sich

Man spricht der Wurzel Fruchtbarkeit steigernde Kräfte und die Sexualfunktion erhöhende Wirkung bei Männern und Frauen zu. Bei sexuellen Störungen wirkt sie aphrodisierend und – in Milch gekocht – wird die Befruchtung gefördert, so erzählte eine Hebamme, welche auch in Reproduktionsfragen beratend aktiv war.

In der traditionellen Nutzung geht man von einer lebensverlängernden und einer krebsheilenden Wirkung aus, weshalb dagegen neben dem punktuellen auch der regelmäßige Gebrauch als Kaltauszug oder Tee vorbeugend gebräuchlich war. Das Kraut und dosierte Mengen der Wurzel steigern die Kraft und Bewegungsleistung der Muskulatur und ihre Ausdauer. Von Seefahrern, den Wikingern und Inuiten ist bekannt, dass sie die Pflanzenstöcke in Gefäßen mitnahmen, damit sie die Blätter auf den weiten Seefahrten oder Wanderungen zur Abwehrkräfte- und Muskelkraftsteigerung verzehren konnten. Sie schützen auch vor Skorbut (NORDAL, A. 1939). Bei den Wandervölkern, wie Samen bzw. Lappen in Skandinavien, in Sibirien, der Mongolei und im Alpenraum waren kulinarische Verwendungen des Krauts wie auch der gekochten Rhizome u.a. gegen Erschöpfungen üblich. Alte Menschen kauten in unseren Breiten die frischen oder getrockneten Wurzeln, um große Kraftanstrengungen bei der Bauernarbeit, Wanderungen etc. energetisch auszugleichen.

Junges Kraut und fleischige Blätter wurden seit vielen Generationen als rohes und gekochtes Wildgemüse, als Salat, Spinat, Spargel und Sauerkraut oder fermentiert genossen und in andere Speisen gemischt verwendet. In Rauris durfte ich vor Zeiten einen Blättersalat konsumieren, welcher auch andere Wildkräuter des Gartens enthielt. Aus dem Salzach-Pinzgau ist der Spinatgebrauch bekannt. Beide Speisebereitungen galten zur Förderung der geistigen Wachheit. Nordamerikanische, sibirische und skandinavische Ethnobotaniker berichten von den selben Nutzungsschemen (s. z.B. bei ALM, T. 2004).

Salben, Destillate und Rotweinauszüge

Zerstoßene Wurzelteile waren in geringen Mengen zu einer Salbe mit Schmalz oder Öl zubereitet worden, indem die Inhaltsstoffe in Öl kalt oder in Schmalz heiß ausgezogen wurden. Die Salbe strich man den Sterbenden auf die Stirn und Schläfen oder legte ein Pflaster davon auf, um die letzte Lebensphase zu erleichtern und die Überhitzung zu nehmen, indem eine Kühlung erfolgte. Solche Präparate, nach der gleichen Weise angewandt, nehmen auch hitzige Kopfschmerzen. Destilliert liefert die Wurzel ein heilkräftiges Wasser mit einem gelblichen Öl ähnlich im Geruch wie Rosenholzöl. Das sehr teure, aber hochwirksame ätherische Öl wurde einst durch Abschei-

Die Rosenwurz (*Rhodiola rosea*)

Mit der zerriebenen Wurzel der Rosenwurz formt man kraftgebende Knetbällchen.

dung separat gewonnen. In Schnaps ausgezogen, erhält man eine Tinktur in einem wunderschönen Rotton, welche für verschiedene, bereits genannte Indikationen erfolgreich einsetzbar ist. Für einen regelmäßigen Reinigungs-, Vorbeuge- oder Kurgebrauch hat sich das Ausziehen der Wurzelkräfte in aufgeheiztem Rotwein bewährt. Nach dem einwöchigen Nachziehenlassen filtert man den Wein in Flaschen wieder ab und genießt täglich zwei bis drei Schlucke davon. Auch sparsam bemessene Kräuterbeigaben (z.B. Salbei, Schafgarbe, Kümmelsamen, Nelken-, Mutterwurz, Eisenkraut, Liebstöckel, Bibernell, …) waren in Tirol und in den Tauerntälern für einen Rosenwurz-Weinansatz gebräuchlich.

Kalt angesetztes Rosenwurz-Wasser

Neuerdings probierten wir ein Rosenwurz-Trinkwasser aus, indem wir auf einen Liter Wasser zwei bis drei Stück der 3 mm starken Scheiben der getrockneten Wurzel über die Nacht ansetzten und auch ein weiteres Mal für einen Kaltansatz benutzten. Die Kombination mit einer Scheibe Ingwerwurzel erweiterte dieses Energiegetränk geschmacklich.

In manchen Entschlackungs- und Entgiftungsphasen tranken wir davon eine Woche lang regelmäßig neu angesetztes Wurzelwasser.

Im Alpenraum wurde in den letzten Jahrzehnten nur die Wurzel, früher auch das Kraut, für verschiedene Heilanwendungen verwendet. Die grob gereinigten Wurzeln trocknete man und lagerte sie unter kühlen und trockenen Verhältnissen in Stoffsäckchen oder Gläsern im Schatten ein oder zwei Jahre lang. Die Wurzel allein verwendete man als Tee, für einen Absud oder in Bädern zur Behandlung von Wunden, Geschwülsten und Hautbeschwerden. Schon ein kleiner Teil der Wurzel reichte für ca. einen Liter Absud, der vorsichtig 20 bis 30 Minuten lang gekocht wurde. Diesen Absud, direkt auf die Stellen einmassiert oder in Form von diesbezüglichen Umschlägen aufgelegt, nutzte man bei Mensch und Tier.

Auch in Sibirien diente die Pflanze als Hautheil- und Hautjunghaltemittel. Für den Alpenraum wird von einem Ölauszug für die Hautheilung berichtet. Vor allem die schmerzstillende Wirkung wird von alten Volksheilkundlerinnen hervorgehoben. Das gesottene Kraut aufgelegt, erweicht Geschwüre und Beulenbildungen. In den Salzburger Tauerntälern konnte man damit schwer heilende Wunden an Körper und Beinen der Pferde und Rinder (deshalb auch der Name „Kuhwurz") mittels Wurzelabsud heilen (s. z.B. SENDLHOFER, F. 2007). Unser Ziegenbock wusste genau, warum er die Rosenwurz vollständig abfraß.

Nutzung und Naturschutz

Die Pflanze dient in der tibetischen Medizin als Heilpflanze, indem die Blätter und teils die Wurzeln gegessen werden. Heute sammeln die Leute in verschiedenen Regionen tonnenweise Rosenwurzpflanzen und graben deren Wurzeln für die Fabrikation von Medikamenten und Nahrungsmittelzusätzen im Auftrag großer, zumeist westlicher Konzerne. Bedenkt man die natürliche Wachstumsperiode von mindestens sieben bis acht und meistens mehr Jahre, bis eine Wurzel erntbar ist, so dürften die Pflanzen in diesen Ländern in wenigen Jahren gesichert ausgerottet sein.

Da die Wurzel der im Garten angebauten Rosenwurz nicht die hohe Wirkkraft besitzt, wie jene der in den natürlichen Hochlagen geernteten, erscheint mir das Anpflanzen und Vermehren heimischer Herkünfte gerade in der freien Gebirgsnatur als eine Möglichkeit, die auch in unseren Berggebieten selten vorkommende Pflanze für die nächsten Generationen zu erhalten. Mittels Samen und Wurzelstecklingen kann die Pflanze schnell und gut vermehrt werden. Auch eine Bewurzelung der Stängelteile und einzelner Blätter dient der Vermehrung. Die sehr anpassungsfähige Pflanze kann auf silikatischem Steinmaterial ausgesetzt werden. Das raue Gebirgsklima schafft gute Wirkstoffgehalte und sichert kleinbäuerliche Existenzen. Der achtsame Nutzungsumgang mit den Pflanzen verhindert einen Raubbau. Nur wer die Pflanzen wertschätzt und ihre Standorte achtet, sprich einen Schutz der Natur auch im Alltag lebt, arbeitet aktiv für ihre Erhaltung und gegen eine Ausrottung.

Durch den Anbau der Rosenwurz im Steingarten erhält man ebenso wirkstoffreiche Speicherorgane.

Delikates Wildgemüse-Pfandl für die schnelle Küche

Bei der Gartenpflege können vom Frühjahr bis zum Herbst verschiedene spontan auftretende Pflanzenarten sowohl aus dem Ziergarten als auch von den Gemüsebeeten genutzt werden. Mit ihrer Ernte sind die Kulturarten von allerlei konkurrierenden Mitnutznießern befreit und die Standorte gepflegt. Obendrein kommen mit der Ernte des Wildgemüses die wildwachsenden Beikräuter nicht so stark zum Absamen und somit zur Vermehrung. Je nach Standort kann man Blätter und Sprosse sammeln, solange sie nicht verholzen oder Fasern anlegen oder mit dem Blühen herb werden. Je jünger sie genutzt werden, umso besser. Bei verschiedenen Wildgemüse-Praxisseminaren konnten wir verschiedenste Wildkräuter-Versuche realisieren und somit die freudvollen Möglichkeiten an der Verwertung so genannter „Unkräuter" erweitern. Allerdings ist mit dem Fortlauf des Jahres ein gutes Einschätzungsvermögen notwendig, damit man keine allzu bitteren Wildkräuter erntet.

Welche Kräuter können z.B. gesammelt werden?

Für das hier angegebene Wildgemüsepflandl können beiläufig die *jungen Blätter* und *jungen Sprosse* folgender Arten der unmittelbaren Umgebung verwendet werden:

Arten der Wiesen, Scherweiden, Trittrasen oder Rasen wie Schafgarbe, Wiesen-Kümmel, Wiesen-Bärenklau, wenig Bibernelle, Frauenmantel, Kleiner- und Wiesen-Sauerampfer, Herbst-Löwenzahn und Wiesen-Löwenzahn (ganz junge Blätter sind auch als Kochgemüse geeignet), Gänseblümchen, etwas Kleine Braunelle, Gewöhnliches Leimkraut (vor der Blüte!), Kleiner Wiesenknopf, Glockenblumen, Wiesen-Bocksbart, Acker-Witwenblume im jungen Zustand, wenig Kleeblätter, Margerite, Spitz-Wegerich, frischer Breit-Wegerich, uvm.

Arten eher nährstoffreicher Standorte wie Guter Heinrich, Gänsefußarten, Brennnessel, Rainkohl, verschiedene Malven, Beinwell, Weiße, Gefleckte und Purpurrote Taubnessel, Kletten-Labkraut, …

Neben den Kulturkräutern können allerlei Wildkräuter in der Küche verwendet werden.

Arten unter Gebüschen, Bäumen oder der Heckenränder wie Frühlings-Scharbockskraut, Knoblauchsrauke (beide vor der Blüte!), Bärlauch, wildwachsende Schlüsselblumen, Lungenkraut, Erdbeere, Gewöhnliche Nelkwurz, Wald-Sauerklee, Wald-Schaumkraut, Stinkender Hainsalat, Teufelskrallen, …

Arten feuchter Standorte und Ränder wie Großer Baldrian, Brunnenkresse, Wiesen-Schaumkraut, Bach-Ehrenpreis, Kohl-Distel, Schlangen-Knöterich, etwas Mädesüß, …

Arten gehackter Garten- und gestörter Böden und Wegränder wie Vogelmiere, Giersch, ganz junge Blattrosetten der Acker-Kratzdistel, Wilder Pastinak, Gänsefuß, Melden, Hirtentäschelkraut, Franzosenkraut, Vogel-Knöterich, Acker-Stiefmütterchen, Rotes Leimkraut, Portulak, etc.

Blätter von Bäumen und Pflanzen der Waldstandorte: Zusätzlich können die feingehackten Jungblätter der heimischen Linden, des Feld- und Berg-Ahorns, der Ulmen, Birken und Eichen verwendet werden. Nicht zu vergessen sind die 10 cm langen Sprosse des Wald-Geißbartes (*Aruncus dioicus*) und des Hopfens, welche vor dem Blattschieben in 1 cm kleinen Stückchen mitverarbeitet werden können.

Würzend wirken folgende Kräuter, die man in geringeren Mengen auf die Speisen drüberstreuen kann: Thymian, Gundelrebe, Wilder Oregano, Wiesen-Kerbel (Blätter und junge Stängel auch als Gemüse), Blätter der Wilden oder Kultur-Karotte, …

Das Wildgemüse-Pfandl in Variationen

In den Gasthäusern werden der bundesregionalen Hauskost entsprechend verschiedene Pfandl-Gerichte angeboten. In einer mittelgroßen Eisengusspfanne oder direkt auf dem Teller werden solche Speisen serviert. Diese Gerichte dienen als Vorbild für die hier dargelegten in verschiedensten Variationen und Mengen handhabbaren Speisen.

Zutaten:

Vorgekocht werden je nach Dafürhalten Kartoffeln, Karotten, Buchweizen, Reis oder Getreide, sowie nach Belieben verschiedene Kulturgemüsearten; weitere Zutaten sind Eier, Zwiebel bzw. etwas Knoblauch, etwas Butter, würziger Käse, Süßrahm und Milch, Weißwein, etwas Mehl, Speck oder (Hart-, Polnische oder Braunschweiger) Wurst, Salz; und je nach Vorhandensein mögliche Wildgemüse- und Würzarten.

Zubereitung:

In der Pfanne lässt man Butter zergehen oder gibt Öl hinein und röstet Zwiebel und feingehackten oder angepressten Knoblauch gesalzen an. Dazu gibt man würfeligen Speck und oder Wurst. Dann rührt man vorgekochtes Getreide, Reis oder Teigwaren oder in unserem Fall bereits zuvor gekochte, geschnittene Kartoffeln oder anderes Kulturgemüse unter und lässt das Gemisch warm werden. Dann gießt man etwas mit Wasser, Milchwasser oder Weißwein an, sodass es dampft und gibt das grob geschnittene Wildgemüse in einer dicken Schichte drüber, ehe man abdeckt.

Mit dem Dampf fällt das Wildgemüse zusammen und wird gegart. Während dieses Vorgangs mischt man in die aufgeschlagenen Eier etwas Süßrahm oder Milch und geriebenenen oder würfelig geschnittenen Bergkäse und gibt noch je nach Menge zwei Löffel Mehl bei. Dann folgt noch einmal ein Umrühren des Kartoffel-, Gemüse-, oder Getreide- bzw. Reis-Wildgemüsegemisches und danach erst gibt man die Ei-Käsemasse drüber und deckt noch einmal ab. Vor dem Servieren werden fein gehackte Blätter von Kümmel, Karotte, Thymian, Wiesen-Kerbel oder Gartenwürzkräuter drüber gestreut.

Dieses Gericht kann entweder frisch im Pfandl serviert werden oder in ein Auflaufgeschirr herausgenommen, im Backrohr nachgebacken oder warmgehalten und in diesem Geschirr aufgetischt werden. So kann man noch Käsescheiben zum Schmelzen auflegen und das Wildgemüsegericht goldbraun gratinieren. Häufig mischen wir auch Räucherfisch unter und erhalten auf diese Weise eine andere Variation an Hauptmahlzeit. Die improvisierenden Möglichkeiten kennen dabei keine Grenzen. Und es zeichnet sich schon jetzt ab: Heimische und regional vorhandene Wildkräuter erweitern nicht nur die Möglichkeiten unserer Gastronomie, sie erweitern vor allem unseren Horizont und die Einstellung zur Landschaft, zu der auch die nahrhaften Gartenlandschaften zählen.

SOMMER

Gesunde Bereicherung

Neben den üblichen Kulturarten bieten die im Garten nebenher mitwachsenden und bei der Pflege anfallenden Wildgemüsearten delikate Anwendungs- und Bereicherungsmöglichkeiten in der Küche. Zusätzlich sind in solchen Gerichten die würzenden und heilwirksamen Kräuter von großer Bedeutung, da sie über den kulinarischen und nicht über den vom Arzt verschriebenen Wege genossen werden können. Jeder Mensch hat andere Geschmacksvorlieben aus denen sich aus der Erfahrung heraus geeignete Rezepte der Wildkräuterküche entwickeln. Wenn man einmal das Prinzip der Verwendung der Wildgemüsearten verstanden hat, bekommt man das Grundverständnis dafür, diese Kräuter auch in Hauptspeisen oder in speziellen Kreationen zu gebrauchen. Wesentlich ist es, zusammenpassende Kräuter zu verwenden, vor allem gegen den Sommer hin, wenn die Pflanzen beginnen Bitter- und verschieden intensive Stoffe einzulagern.

Sollte man einmal zu herbe Speisen bereitet haben, so lassen sie sich durch das Einrühren von Rahm etwas abpuffern. Allerdings benötigt unser Körper diese Bitterstoffe zur Anregung von Leber, Bauchspeichel und Galle und sie bewirken eine gute Verdauung, welche wiederum auf die Reinigung des Bluts einen Einfluss nimmt. Zudem hilft der mit Wildkräutern angereicherte Speiseplan den Mineralstoff-, Vitamin- und Wirkstoffbedarf abzudecken. Nur sollte man sich die wilden Freundinnen unserer Natur nicht einseitig sondern vielseitig in verschiedenen Gerichten zu Gemüte führen. Und nicht zu vergessen ist: Die wildwachsenden Heilkräuter stehen uns aus der Natur freiverfügbar ins Haus.

Bei der Gartenkultur werden Hackbei- oder andere Unkräuter gefördert. Von dieser Flora können nebenbei z.B. Gänsefuß-Arten, Löwenzahn, Franzosenkraut, Hirtentäschelkraut, Portulak, Vogelmiere, rote Taubnesseln, Acker-Stiefmütterchen etc. und ausdauernde Arten wie z.B. Malven, Gundelrebe, Brennnessel, Scharbockskraut, Rotes und Blasen-Leimkraut, die Blätter von Pastinak, Karotte, Schwarzwurzel oder Mairüben für Speisen gebraucht werden (Garten von Edith und Robert Bernhard in Burgeis, Vintschgau, Südtirol).

Rühr-mich-nicht-an –
Sind die Springkräuter (*Impatiens spec.*) als Nahrung verwertbar?

In Europa gab es ursprünglich eine heimische Art – das leuchtend gelb blühende Wald- oder Groß-Springkraut (*Impatiens noli-tangere*) – welche seit mehreren Jahrzehnten einer Verdrängung durch andere Arten unterliegt. Dazu gesellen sich ältere Neubürger (seit ca. 1830) wie z.B. das blassgelb blühende Sibirische oder Klein-Springkraut (*Impatiens parviflora*). Diese Art kommt mit den nährstoffreichen Standorten frischer Wälder und in Ruderalgesellschaften gut zurecht. Ende des 19. Jahrhunderts wurde aus Mittelasien das rot- bis rosablühende Drüsen- oder Indische Springkraut (*Impatiens glandulifera*) eingeschleppt, welches sich in den letzten Jahrzehnten stark ausbreitete. Neben diesem Rotblüher verwildern in manchen Regionen auch die kahle Zierpflanze Balfour- (*I. balfourii*, weiß-violette Blüten) und die Balsamine oder das Garten-Springkraut (*I. balsamina*, rötliche, purpurrosa bis weiße Blüten) zunehmend. Hinzu gesellt sich neuerdings das Orangeblütige Springkraut (*Impatiens capensis*, gelbe Blüten, orange bis rotbraun gefleckt), welches über Südafrika aus Nordamerika eingeführt wurde. Es kommt aber selten an Bach- und Flussufern vor, wo es Bestandeshöhen von 60 cm erreichen kann.

Gemeinsame Eigenschaften

Im Grunde genommen sind die genannten Springkräuter sehr feuchtigkeitsbedürftig und kommen auf verbrachten Standorten und in Wäldern vor. Sie gelten als Stickstoffzeiger und Schatten- bis Halbschatten besiedelnde Pflanzen, welche vielfach Windstille und Luftfeuchtestau bevorzugen. Alle haben sehr wässrige, scheinbar glasige und brüchige Stängel mit gelenkartigen Verdickungen und vertragen jene Standortverhältnisse schlecht, wo sie längere Zeit der direkten Sonneneinstrah-

Links: Das Drüsen- oder Indische Springkraut (Impatiens glandulifera).

Die Keimblätter des Drüsen-Springkrauts sind wässrig und „dickfleischig" und als Gemüse nutzbar.

lung ausgesetzt sind. Alle Springkräuter lieben frischen, nährstoffreichen, mäßig-sauren und humosen, zumeist gestörten, lockeren, gut durchlüfteten Lehmboden. Durch einen Überzug wirken die Blätter etwas matt. Die Mutterpflanzen sterben jährlich ab, und die Samen überwintern.

Bei frischem Verzehr wirken sie leicht brechreizerregend und darmentleerend. Sowohl die Keimblätter, Frühjahrssprosse, frischen Jungblätter als Gemüse, die Blüten für Marmelade als auch die Samen können durch Kochvorgänge oder in geringen Mengen roh einer Speisenutzung unterzogen werden.

Berührungsempfindliche Früchte

Wegen des raschen Aufspringens der spindelförmigen Fruchtkapseln werden die europäischen Springkräuter auch als „Rühr-mich-nicht-an" bezeichnet. Diese Pflanzen besitzen zur Samenverteilung eigene Schleudermechanismen, weshalb man von sogenannten „Saftdruckstreuern" spricht. Es entwickeln sich aus den Blüten längliche Kapseln, welche sich schotenähnlich verdicken und zumeist fünf bis neun Samen beherbergen. Sind die grünen Samenvorrichtungen ausgereift, so wird schon durch leichte Berührung, Schlag, Regentropfen oder (Wind-)Bewegung ein Mechanismus aktiviert, der die Längskapseln unter einem Knackgeräusch aufplatzen lässt. Aufgrund der verschiedenen Spannungen der oberen und unteren Fruchtwand, welche verschiedene Schichtdicken aufweisen, kommt es zu einer Schleuderbewegung, denn die ausgereiften, elastischen Kapseln sind durch den Saftdruck der Zellen (Turgor) gespannt. Bei Berührung reißen festhaltende Nähte an den verwachsenen Stellen des Trenngewebes blitzschnell auf und schleudern katapultartig die Samen aus. Durch ungleiche Spannungen der länglichen Kapselschalen lösen sie sich ganz schnell voneinander, indem deren äußere Fruchtwände zerreißen und die inneren sich einrollen. Die Schleuderweiten beim Kleinen und Großen Springkraut können zwischen drei bis vier Metern und beim Drüsigen Springkraut bis ca. sechs bis sieben Metern im Durchschnitt liegen. Jedes voll ausgewachsene Drüsige Springkraut kann mehrere einhundert schwimmfähige Samen ausreifen lassen. Die Fernverbreitung erfolgt durch Fahrzeuge, Erd- und Holztransporte, Schuhwerk und Gewässer.

Inhaltstoffe der Springkräuter

In der Fachliteratur findet man sehr selten Angaben über die Inhaltstoffe der Springkräuter. Sie enthalten ein leicht giftig wirkendes Glykosid, Chinone, Phenole, Bitterstoffe sowie Gerbstoffe, Tannine, und weisen einen hohen Gehalt an Oxalsäure auf. Die Wirkstoffe bewirken Schwindel in Kombination mit Übelkeit und können Erbrechen und Durchfall auslösen. Schwere Vergiftungssymptome sind bislang nicht bekannt. Durch Kochen werden die Giftstoffe unschädlich gemacht. Schlecht beforscht sind bislang die Gewinnung eines gelben Farbstoffs und die Verwendung der Blüten und Blätter des Großen Springkrauts zur Gelbfärbung von Wolle.

Links:
Das Große Springkraut mit den großen dottergelben Blüten gilt als die ursprünglich heimische Art.

Unten:
Das Kleine Springkraut mit den kleinen schwefelgelben Blüten wurde in Europa eingeschleppt.

Bedingte Nutzung als Lebensmittel!

Die Springkrautpflanzen gelten in frischem Zustand als schwach giftig und können frisch genossen zu Erbrechen und Durchfall führen. Trotzdem werden davon Keimblätter oder rötlich überlaufene Keimlinge, Blätter, junge Sprosse, Blüten, frische Samenkapseln und reife Samen aufbereitet als Nahrung verwendet. Durch Kochvorgänge können die frischen Blätter in Speisen untergemischt genossen werden, wie z.B. im Spinat, in Aufläufen, für Bratlinge, Gemüseauflagen und -pasten oder in der Suppe. Die frischen, knackigen Keimblätter können für Mischsalate und die jungen Sprosse – in Wasser gekocht – als Beilage dienen. Kochwasserwechsel ist empfehlenswert. Durch Kochen in Kalkwasser, aber auch Trocknung, wird die Oxalsäure abgebaut. Eine Frau aus dem Attersee-Gebiet berichtete über die einstige Nutzung der Springkrautsamen für Suppen und Eintöpfe. Diesen Gebrauch probierte ich aus: Die Suppen mit den Samen hatten eine ähnliche Konsistenz wie eine Hirsesuppe und bei den Eintöpfen dienten die Samen als Linsenersatz.

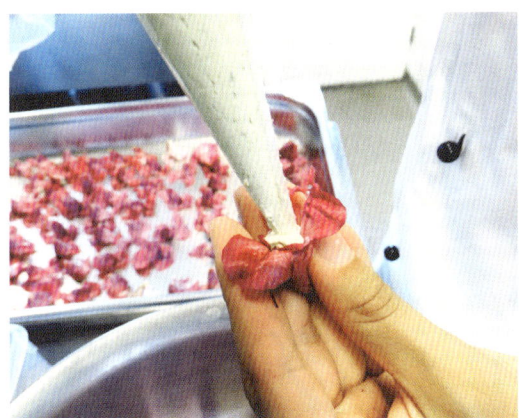

Die Blütenform des Großen, Balsaminen- und Drüsen-Springkrauts (hier im Bild) eignet sich zur Herstellung von kleinen Desserts mit Füllungen süßer Pasten.

Blüten- und Samennutzungen

Die Blüten des Drüsen-Springkrauts duften stark, und die Laubblätter enthalten ebenfalls feine Drüsen, welche unter Sonneneinwirkung ein intensives, süß nach Pfirsichobst riechendes, balsamisches Aroma abgeben. Daraus kann eine Marmelade ähnlich wie aus Alpenrosen-Blü-

SOMMER

Die Samen unterschiedlicher Ausreifung sind jeweils im weißen, braunen und schwarzen bzw. getrocknet im grauen Zustand nutzbar, ebenso wie die saftigen unreifen Fruchtkapselteile.

ten hergestellt werden. Reichlich rote Blüten lässt man in Weißwein ein bis zwei Tage lang ausziehen und setzt während des vorsichtigen Kochens Apfelsaft zu. Ist nach längerer Aufwallzeit etwas Flüssigkeit verdampft, gibt man Geliermittel bei und süßt nach Belieben. Zur Haltbarmachung rührt man etwas Zitronensaft unter, bevor die Marmelade abkühlt und geliert. Durch Beigabe kalt angerührter Maisstärke in den Blütenauszug ist auch ein milchloser Pudding herstellbar.

Die jungen Samenkapseln in größerer Menge roh genossen, führen zu einem Kratzen im Rachenbereich. Gekocht oder geröstet lassen sich damit aber Speisen und Würzen zubereiten. Bei einem Spaziergang zeigte mir Elisabeth Mauthner vor Jahren die Nutzbarkeit der Samen des Drüsen- oder Indischen Springkrauts (*Impatiens glandulifera*). Davon genossen wir eine Handfläche voll roh als „Knabbergemüse". Die mit einer schwarzen Haut versehenen weißen Samen haben einen leicht nussartigen Geschmack. Auch Röstversuche stellte sie bereits damit an und erhielt auf diesem Wege noch andere Geschmackserweiterungen. Die Samen sind in größeren Mengen aufwendig zu ernten. Bekömmlicher ist die Nutzung der unreifen, weichen Samen als Rohkost, wenn die Schale noch weiß ist. Ausgereifte Samenfrüchte sind mit einer schwarzen Schale versehen und im Biss knackig. Aus den Samen kann ein Öl gewonnen werden, welches man erhitzt für Speisezwecke nutzen kann und früher offenbar als Lampenöl verwendete.

Zur Heilwirkung der Springkräuter

In der Volksmedizin haben heute die Springkräuter keinen hohen Stellenwert, zumindest ist wenig davon aus den Herkunftsländern überliefert worden. In Europa ist bislang nur die Heilwirkung des Großen Springkrauts bekannt. In Vorzeiten fanden diese Pflanzen als brecherregende und entleerende Mittel Verwendung, denn sie fördern das Erbrechen, die Stuhlabsonderung und Harntreibung. Damit wurden grippale Erkältungen und Entzündungen der Drüsen behandelt. Berichte über den Gebrauch teeartiger Auszüge zur „Wasseraustreibung" bei Stau und bei rheumatischen Beschwerden sind ebenfalls bekannt. Gewährspersonen verwendeten auf einen Viertel Liter Wasser ein bis zwei Esslöffel des frischen oder getrockneten Krauts. Bei starker Verwurmung dienten die Springkräuter zur Abfuhr der Parasiten mittels Durchfall und Behandlung von Pilzinfektionen im Verdauungstrakt.

Springkräuter sind altbewährte Brechmittel

In manchen Regionen verwendete man diese Pflanzenarten früher in hoher Dosierung als Brechmittel bei Vergiftungen und Hautkrankheiten. Die Haut ist das größte Ausscheidungsorgan des Körpers. Springkräuter wirken dabei stark entschleimend. Vielfach führen innerliche Verschleimungen zu Hautproblemen, welche psychisch und ernährungsphysiologisch begründet sind. Wenn zu viel dieser Schleime über die Haut ausgeschieden werden, so kommt es zu Irritationen der Haut. Durch „Brechverfahren" bzw. Brechvorgänge wird in der Alternativmedizin ein reinigender Heilprozess induziert (s. dazu Aschner, B. 1939, 1962). Dadurch erfolgt in Form eines „Leiberdbebens" die Öffnung der Kanäle, und es kommt zum Auswurf. Dies ist als Ersatz zur üblichen Ausscheidung sowie zur Hautausscheidung zu interpretieren. Diese Sichtweise ist heute unvorstellbar, da wir das Erbrechen negativ stigmatisiert sehen. Das Springkraut macht die Gefäße wieder durchgängig, indem es Verschleimungen auflöst. Es lockert die Flüsse im Körper und verhilft wieder zu mehr Erdhaftung bei Leuten, welche „in der Krise sind". In diesbezüglichen Wissenszusammenhängen steht das Indische Springkraut als „Bachblüten-Präparat" und wird unter dem Namen „Impatiens" geführt und kommt auch in den Notfalltropfen vor.

Äußerliche Anwendung der Springkräuter

Als Waschmittel wurde es bei Wunden, Hautausschlägen, Geschwüren und bei Hämorrhoiden angewendet. Umschläge mit Blättern dienten der narbenfreien Wundheilung und als antiseptische Anwendung bei Hautkrankheiten. Blattumschläge ziehen auch Säure aus Rheumagelenken aus. In der äußerlichen Anwendung kommt das Springkraut auch in einer Salbe bei Problemen mit Hämorrhoiden, Ausschlägen, Hautirritationen, Wiesendermatitis und Insektenstichen bzw. -bissen zur Verwendung. Salben aus den Blüten oder Blättern mit Butter, Öl oder Schweineschmalz hergestellt, finden gerade für Hautprobleme, bei Warzen und Schuppenflechten Einsatz, ebenso wie der frisch gepresste Saft bei starken Anschwellungen an den Insekten-Einstich- und Brennnessel-Reizstellen. Aufgrund dieser Kenntnisse sind auch die Anwendungen der Blätter und Blüten für Haarwasser und für pilzhemmende Hautmittel verstehbar.

Großes Springkraut

Das einjährige Große oder Echte Springkraut (*Impatiens noli-tangere*) erreicht eine Wuchshöhe von 30 bis 100 cm und kommt in Wäldern, Auwäldern, an Bachufern und auf schattig-feuchten bis nassen Kahlschlägen vor. Es besitzt große, goldgelbe, 20 bis 35 mm lange Blüten mit einem hakig gekrümmten Sporn. Die Kronblätter sind innen bräunlich-weinrot punktiert. Die Samenkapseln werden zwei bis drei cm lang. Die Stängel sind glasartig durchscheinend. Die breitlanzettlichen, stumpfzähnig berandeten Blätter haben einen scharfen bis beißenden Geschmack. Im Volksmund sind für diese Pflanze auch

Namen wie Wald- oder Gemeines Springkraut, Rühr-mich-nicht-an, Springsame, Altweiberzorn, Tulmetankerln, Zornhaferl, Schnellkraut, Wilde Balsamine, Glasblume oder Kikerihahn und Ohrringerl gebräuchlich.

Kleines Springkraut

Die ursprüngliche Heimat des Kleinen Springkrauts (*Impatiens parviflora*) ist Zentral- und Nordostasien (Tadschikistan, Kaschmir, Mongolei). Das ebenfalls einjährige Kraut besitzt vier bis zehn, acht bis 18 mm kleine, hellgelbe aufrecht stehende und gestielte Blüten mit einem geraden Sporn. Die Samenkapseln werden 1,5 bis 2 cm lang. Die breitlanzettlichen, zugespitzten Blätter sind sägezahnartig berandet. Es kann eine Wuchshöhe von 20 bis 60 cm, auch bis 1m erreichen und gedeiht in mäßig frischen Wäldern, auf Waldschlägen, in Gebüschen, Gärten, Schutthalden und an Ruderalstellen. Das konkurrenzstärkere Kleine verdrängt das Große Springkraut.

Indisches oder Drüsiges Springkraut

Die Einführung des attraktiven Indischen oder Drüsigen Springkrauts (*Impatiens glandulifera*) als Zierpflanze erfolgte wegen seiner hübschen Blüten und des typischen Pfirsich-Dufts. Man brachte es aus Indien und dem Himalaja-Gebiet nach Europa, wo es über die Parks und Gärten eine Verwilderung erfuhr und in späterer Folge von den Imkern als Trachtpflanze weiterverbreitet wurde. Sehr auffällig sind die hübschen, 25 bis 40 mm großen Blüten mit dem rückwärtigen Blütensporn. Die Färbung der Blüten ist leuchtend purpurn bis rosarot, manchmal weiß und sie erinnern ein wenig an Orchideen. Deshalb bezeichnet man das Indische Springkraut auch als „Orchidee des armen Mannes", „Bauernorchidee" oder „Siedlerstolz" und nennt es im Volksmund auch „Polizisten-Helm". Die Blütezeit liegt zwischen Juni bis Oktober.

Die Pflanze kann zwischen ein bis zwei Meter Wuchshöhe erreichen. Die Fruchtkapseln sind drei bis fünf cm lang und beinhalten ca. drei mm große Samen. Der dicke Stängel des Drüsigen Springkrauts ist rötlich überlaufen und besitzt Verdickungen, welche Gelenken ähnlich sehen. Die gegenständigen und oben quirlständigen Blätter sind eilanzettlich und scharf gezähnt und am Blattgrund und Stiel stieldrüsig.

Verbreitung des Drüsigen Springkrauts

Die einjährige Pflanze besiedelt bevorzugt feuchte bis nasse, aber sehr nährstoffreiche Böden in luftfeuchten und warmen Lagen sowie in Gewässernähe. Sie benötigt allerdings stets einen Lichteinfluss und kommt in lichteren oder halbschattigen Wäldern der Tiefebenen, in Auwäldern, entlang der Flussläufe, Bachufer, Gräben und Schwemmländer oder an Ruderalstandorten vor. Die Förderung erfolgt vor allem durch die Landschaftsverbrachung, wo ehemals genutzte Standorte nicht mehr gemäht oder beweidet werden. Das Indische Springkraut zeichnet sich durch seine starke Wuchs- und Verdrängungskraft und ihre enorme Samenproduktion aus. Nach Jahrzehnten der Akklimatisierung begann sich diese Art sehr schnell auszubreiten.

Neophyt Drüsiges Springkraut

Bis heute haben sich Pflanzen und Tiere in unsere Breiten angesiedelt, welche in früheren Zeiten hier nicht vorhanden waren. Bei den Haltungen im Umgang mit dem sich stark ausbreitenden Indischen und Balsaminen-Springkraut scheiden sich die Geister stark. Einerseits besteht eine große Angst vor der Verdrängung heimischer Pflanzen durch diese wuchskräftige Art und andererseits gilt sie als eine Neubürgerin, welche für die Bienen und andere ökologische, aber auch Nutzzusammenhänge bedeutsam ist.

Die Pflanze kann sich entlang der Bachläufe und von halbschattigen Plätzen der Auen weiträumig ausbreiten, dort flächig die Standorte einnehmen, welche früher auch zur Futtergewinnung genutzt wurden. Die Verbrachungssituation an diesen Standorten kommt der einjährigen Pflanze sehr entgegen. Das wird gemeinhin vergessen. Und wo an Stellen Bauaushub abgelagert wird, Erdarbeiten und somit Standortveränderungen durchgeführt werden und eine Nährstoffüberversorgung vorherrscht, entstehen optimale Bedingungen für das Aufkommen. Sie produzieren in kurzer Zeit viele Samen und können sich dadurch gut ausbreiten. Da im Wurzelbereich ein starker Verdrängungsdruck herrscht, werden durch den Lichtmangel auch andere Pflanzen unterdrückt.

Zur Neophytenfrage

Eingeschleppte „neue Pflanzen" können bei uns Fuß fassen und sich nur großflächig ausbreiten, wenn an den neuen Standorten die Lebensbedingungen stimmig sind. Solche Arten werden Neophyten genannt. Sowohl das Tierreich als auch die Menschen tragen stets einen Anteil zur natürlichen Verbreitung von Pflanzen bei. Der Mensch holte sich zur Züchtung und Kultivierung oder für Zierzwecke Pflanzen in seine Nähe. In der Phase der Entdeckung anderer Kontinente wurden exotische Pflanzen für Park- und botanischen Gärten der Herrschaften als Geschenke und für Hobby- und Forschungszwecke mitgebracht. Von den Kultivierungsorten ausgehend können sie sich ausbreiten. Viele Arten sind auch unwillkürlich über Warentransporte, Kleidung oder Schuhe und Hufe mitgeschleppt worden. Mangels ökologischer Anpassung fehlen in unseren Breiten die natürlichen Fraßschädlinge oder Parasiten. Durch die Verhinderung des Blühens und somit der Samenbildung ab dem Frühjahr z.B. durch Mahd oder Beweidung kommt es zur Reduktion des enorm wuchsfähigen Drüsigen Springkrauts, da es keine Nachkommen bilden kann. Würden Auwaldbereiche wieder einer Weidenutzung unterstellt werden, so würde die Ausbreitung keine derart großen Ausmaße annehmen.

Nutzen für Bienen und andere Insekten

Die feindselige Haltung ist problematisch, denn die Pflanzen auszureißen ist in vielerlei Hinsicht ein stark anzuzweifelnder Naturschutz und – vom Arbeitsertrag her gesehen – kontraproduktiv. Damit werde lediglich den Symptomen, aber nicht den Ursachen begegnet. Viele der Neuankömmlinge sind in der Neuen Welt nützliche Gebrauchs-

SOMMER

Nützlinge profitieren zu einer Jahreszeit von den Blüten des Indischen oder Drüsen-Springkrauts (Impatiens glandulifera), wenn im Herbst Nahrungsmangel vorherrscht.

pflanzen (s. ETZER, M. 2010). Das Indische Springkraut besitzt einen sehr hohen Nutzen für Bienen, Hummeln und andere Insekten, da es in einer Zeit reichlich Nektar und Pollen bietet, in der sich in der Natur für Insekten nur wenig Nahrungs- und Trachtpflanzen vorfinden. Andererseits schwindet durch die Platzbesetzung und Verdrängung das Nahrungsangebot für heimische Insekten und andere Kleintiere, welche sich an die einheimische Flora angepasst haben. Eine sorgfältige und ökologisch nachhaltige Landbewirtschaftung gesteht auch den Neophyten ihren Platz zu. Der Landnutzer bestimmt grundsätzlich das Ausmaß ihrer Verbreitung. Nur bei der Ausbreitung der Neophyten hat er sich verrechnet. Wenn man allerdings die Nutzungsmöglichkeiten der Springkräuter und anderer „Neubürger" für Nahrungs- und Heilzwecke bedenkt, so führen sie zu einer Bereicherung unserer Lebensverhältnisse.

Der Rote oder Trauben-Holunder (*Sambucus racemosa*) liefert ein wertvolles Kernöl und die heilsame Hollersülze

Wer sich mit den Heilkräften unserer Nutzpflanzen näher beschäftigt, kommt um die Gruppe der Holunder nicht umhin. Meiner Erfahrung nach sollte man von allen drei Straucharten den Verzehr roher „Beeren" vermeiden. Die schwarzen Früchte des staudigen Zwerg-Holunders oder Attichs (*Sambucus ebulus*) gelten roh als stärker giftverdächtig, die roten Früchte des Rot-Holunders (*S. racemosa*) als giftverdächtig und jene roh genossen des bekannten, heilkräftigen Schwarz-Holunders (*S. nigra*) als für manche Menschen unverträglich. Gekocht sind alle Früchte der Hollerarten z.B. als Marmelade, eingewecktes „Koch" (Obstsuppe) oder Saft genießbar.

Dazu fällt mir wieder die über 90-jährige Frau aus den Bergen um Chambery ein, der die drei Holler-Arten und die Schwarze Johannisbeere (*Ribes nigrum*) die Lebenselixiere waren. Ihre überschwängliche Begeisterung für diese Obstarten blieb mir bis heute in Erinnerung. Völlig davon überzeugt, verwies sie auf ihre körperliche und geistige Gesundheit und das hohe Alter. Die liebe Frau war „gut zu Wege" und den Früchten hinterher. Sie stellte daraus verschiedene Kompotte, Marmeladen, Mischsäfte und Liköre her. Getrocknete Früchte und Blätter brauchte sie für Tee. Diese Vorräte dienten ihr, um über den Winter ausreichend Mittel gegen eine auftretende Grippe auf Vorrat zu haben, um Erkältungen nicht wirksam werden zu lassen und um im Geiste wach zu bleiben. Vorsorglich wechselte sie täglich von diesen Erzeugnissen, welche sie mit den anderen Speisen kombinierte. Das ganze Leben orientierte sich einerseits am eingemachten Vorrat, der bis zum Sommer zu Ende ging, und an der zuwachsenden Ernte der Früchte im Garten und in der Landschaft. In Jahren, in denen die Ernten für ihre Versorgung im Winter nicht ausgereicht hätten, veranlasste sie die Beschaffung besagter Früchte aus anderen Regionen. Von derselben hohen Wertschätzung der Holler- und Schwarz-Ribisel-Produkte als Gesundheitsvorsorge berichteten auch rüstige alte Leute verschiedener Gegenden Europas.

Das Vorkommen und Standortansprüche

Die Holundermedizin orientiert sich heute fast ausschließlich am Schwarzen Holler. In kühleren und kalten Höhenlagen griff man auf den ebenso wirksamen Roten Holunder (*Sambucus racemosa*) zurück, wenn der Schwarze nur selten vorkam. Aufgrund ihrer frühen Reife sind die leuchtend roten Früchte des Rot-Hollers schon im Sommer ein erster Blickfang in den Fichtenwäldern, Kahlschlägen und entlang der Waldränder und Forststraßen unserer Gebirgslagen. Wer das Sammeln der Früchte im Sommer verabsäumt hat, kann in gebirgigen Hochlagen die später ausreifenden auch im Herbst für die Verarbeitung ernten.

Gut gedeiht die Halbschatt-Lichtholzart von der Ebene bis in die montane Stufe der Gebirge (bis 1900 m) auf lockeren, frisch-humosen, aber mineralstoffreichen (Lehm-)Böden. An natürlichen Standorten findet man ihn an Wegen, in Schlagfluren, sommerkühlen, luftfeuchten Wäldern, Waldverlichtungen der frischen Edellaubwälder oder Gebüsche, als Unterwuchs im Halbschatten der Nadelbaumkulturen, auf Steinschutthalden und auf Steinriegeln. Der Strauch gilt gegenüber Bodenansprüche und Lichtgenuss grundsätzlich als anspruchslos, frosthart und industriefest. Der Rot-Holler zeigt als Pioniergehölz hohe Nitrifikationsumsätze im Boden an, welche bei Waldabholzungen aktiviert werden, verträgt allerdings keine Trockenheit. Bei hohem Kalkgehalt im Boden und auf schweren Substraten tritt er zurück. Klimatisch anspruchsloser als der Schwarze Holunder, besiedelt er zudem höhere Gebirgslagen und gedeiht auch im Schutz der Scheunen und Holzhütten. Er ist bis Skandinavien verbreitet.

Dieses Holundergewächs (Sambucaceae, früher Geißblattgewächse Caprifoliaceae) wird auch unter der Bezeichnung „Hirschholunder", „Berg-" oder „Waldholunder", „Korallen-" oder „Türkischer Holunder", „Hollerschwamm-" und „Augenschwammbaum" geführt. In manchen Gegenden nennt man den Rot-Holler auch „Katelbeere", d.h. Rotkehlchenbeere.

Der Halbschatten und Verlichtung ertragende Rote Holunder (Sambucus racemosa) *erlangt eine Höhe von zwei bis vier Meter.*

SOMMER

Schon vom April bis Mai erscheinen die gelblichweißen bis gelbgrünen langgedrungenen bis kugeligen Rispenblütenstände.

Die Blüten, Blätter und Rinde

Das mittelhohe, starktriebige und sommergrüne Gehölz hat wegen der überhängenden Zweige, eine breitbuschige Form und erreicht eine Höhe von ca. zwei bis vier Metern. Die rissig gefurchte Rinde enthält deutliche Poren und ist dunkelbraun gefärbt. Gealterte Sträucher besitzen korkige Rindenausbildungen. Die dichten, gelblichweißen bis gelbgrünen, 5 bis 10 cm langgedrungenen bis kugeligen Rispenblütenstände treten je nach Region schon früh vom April bis Mai auf.

Die unpaarig gefiederten fünf Fiederblätter sind zumeist kurz gestielt, oberseits dunkel- und unterseits bläulichgrün und schmäler zugeschnitten als jene des Schwarzen Holunders. Sie ähneln einer Lanzenspitze. Die Blätter erscheinen mit den Blüten gemeinsam. Die austreibenden Blätter sind anfangs bronzefarben bis anthocyanrot gefärbt und vergrünen erst danach. Dies ist neben der gelblichen Blüte ein sicheres Bestimmungskennzeichen. Außerdem zeigen sich die Fruchtansätze bereits mit der Endverfertigung der Blattaustriebe.

Vom Schwarzen Holunder unterscheidet sich der Rot- oder Trauben-Holler durch die rot- bis hirschbraune Färbung des Astmarks und durch die grün-gelben Blüten, welche in Rispen bzw. Trauben vereint sind. Der Schwarz-Holler blüht erst später, vom Mai bis Juli, mit großen leuchtenden, weißlichgelben, flachen Blütenschirmen, die angenehm duften. Die schwarzvioletten Früchte werden selten vor September vollreif. Das Mark der Äste ist weiß. Der Schwarze Holunder wird größer als der Rote, häufig wie ein kleiner Baum, drei bis vier Meter hoch.

Der Rote Holunder soll im weitstreichenden Wurzelstock bis zu zwei Prozent Alkaloide enthalten, unter anderem das vom Schöllkraut (*Chelidonium majus*) bekannte Chelerythrin. Die frische Rinde führt zu Brechdurchfall. Werden die Blätter des Rot- und Schwarz-Holunders wie Gemüse zubereitet, so lösen sie Verschleimungen, führen Gallenflüssigkeit ab und regen die Nieren und Harntätigkeit an. Die Blätter kamen auch durch Auflegen zur Schmerzlinderung, zur Entzündungshemmung und bei Kopfschmerzen zum Einsatz.

Die Blätter und jungen Triebe des Rot-Hollers gelten als gute Wildäsung, weshalb sie vom Schalenwild verbissen werden. Verschiedene Falterarten sind an diese Pflanzen nahrungsbedingt gebunden. Die Früchte werden gern von Vögeln gefressen und verbreitet, besonders dienen sie dem Federwild und den Waldhühnern als begehrte Nahrungsquelle.

Die Früchte des Rot-Hollers

Die auffälligen, scharlachroten, etwas bereiften Früchte sind in einem traubigen Behang angeordnet und je nach Witterungsverlauf und Region von Juli bis September erntbar. Im Rohzustand riechen und schmecken sie etwas penetrant, säuerlich und leicht herb. Roh genossen sind sie in größerer Menge nicht verträglich. Bei den dichtstehenden „Beeren" handelt es sich eigentlich um Steinfrüchte mit drei Kernen. Wird aus den Früchten eine reine Rot-Holler-Marmelade gekocht, so ist aus eigener Erfahrung das Trennen der giftigen Kerne ratsam. Selbst bei längerem Kochvorgang können diese bei den meisten Menschen zu Durchfall, Erbrechen und Diarrhö führen, obwohl der Gefährdungsgrad als „gering giftig" eingestuft ist. Nur ein Teil der

Typisch für den Rot-Holunder sind die knallroten Früchte, traubenartigen Fruchtstände und das hirschbraune Astmark – deshalb auch der Name Trauben- oder Hirsch-Holler.

Fruchtsamen wird durch den Kochvorgang frei vom giftigen Sambunigrin, einem Blausäure abspaltenden Glukosid. Pure und gekochte Samenkernchen zeigen die Unverträglichkeit.

Das Fruchtfleisch enthält Öl, Vitamin-C (pro 100 g Frischgewicht 25 bis 65 mg), Vitamin B1, B2 und B3, Vitamin A, Pektine, Kohlehydrate und organische Säuren, Amino- und Folsäure, Biotin, Pantothensäure, viel Kalium, Phosphor, Kalzium, Natrium und Spurenelemente. Aufgrund seines hohen Vitamin-B-Gehalts eignet sich der Saft sehr gut zur Behandlung von Nervenleiden wie Neuralgien. Die schläfrig machenden Früchte sind harn-, schweiß- und milchtreibend und wirken gegen Verstopfungen. Dem Roten sagt man in den Gebieten, wo kein Schwarzer Holunder vorkommt, dieselbe Wirksamkeit nach.

Vielseitige Verwendung der rohen Früchte

Aus den runden, vitaminreichen Früchten stellte man – wie beim Schwarzen Holunder – Marmelade, Wein und Gelee her, und kochte in Gläsern Kompotte ein. Häufig wird wie bei den schwarzfruchtigen Arten Saft aus den Früchten zubereitet, welcher im Winter als heilwirksames Mittel bei Verkühlungen dient. Durch die Dampfentsaftung – zumeist mit Apfelobst gemischt – vergehen die Giftstoffe und bleiben wertvolle Inhaltsstoffe, vor allem der hohe Vitamin-C-Gehalt der Früchte, erhalten. Orangerote Marmelade kann in Mischung mit Apfel, Rote Johannisbeere, auch mit Birne und Zwetschke oder Eberesche gekocht werden. Die Marmelade mit Roter Johannisbeere bekommt einen ananasähnlichen Geschmack. Nicht unbedingt müssen die Kerne dabei entfernt werden, da ihre Inhaltsstoffe in der Mischung abgemildert werden und sie das heilwirksame Öl enthalten. Der beim Kochen entstehende Schaum enthält sehr geringe Mengen des besagten Öls und kann mitgenossen werden. Will man gemeinsam mit anderem Obst ein Kompott bereiten, so empfiehlt es sich, die Früchte zuvor durch ein Sieb zu rühren, um die manchmal beim Essen unangenehm erscheinenden Kerne davon zu trennen.

Die „Hollamulla"

In Südtirol wird Schwarzer oder Roter Holler längere Zeit gekocht und zum Saft nur Honig dazugegeben. Seltener werden auch die Früchte dabeigelassen und mitbevorratet. Heiß in Gläser abgefüllt oder sterilisiert, wird die dicke Flüssigkeit für den Winter aufbewahrt. Sie dient vor allem im Winter als Heilmittel zur Fiebersenkung und bei Erkältungen, wobei die „Mulla" in den Tee eingerührt oder löffelweise eingenommen wird.

Dieser Holunderfruchtsaft regelmäßig verdünnt und in kleinen Mengen getrunken, wirkt schmerzlindernd und entzündungshemmend, heilt verschiedene Magen-Darm-Krankheiten wie Koliken oder Magenschleimhautentzündungen, wie Bauern erzählten. Weiters werden damit blutreinigende, Stoffwechsel und Stuhlgang fördernde und somit das Immunsystem stärkende Kuren durchgeführt. Als Stärkung zwischendurch wird ein Löffel „Hollamulla" genossen, um schneller zu genesen. Die hier aufgezeigten Wirkungen und Anwendungen betreffen alle Organe und werden regional auch mit der ähnlich hergestellten Hollersuisse oder -sulze durchgeführt.

Nach dem Abrebeln werden die Beeren des Rot-Holunders gemeinsam mit jenen der Roten Johannisbeere, etwas Weißwein, Zucker und Stärke (bzw. Agar-Agar oder Pektin) aufgekocht und zu einer Soße reduziert. Zuletzt kann mit einem Schuss Weinbrand oder Cognac abgeschmeckt werden, ehe man die Obstsoße abkühlen lässt. Sie dient als Beilage zu Nachspeisen.

SOMMER

Das hochgeschätzte Kern-Heilöl des Rot-Hollers

Wenn man sehr große Fruchtmengen vom Roten Holunder gesammelt hatte, stellte man aus den Fruchtkernchen durch Kochen ein brauchbares Öl her. Bei kleinen Kochmengen gelang keine Ölernte, da sich nur schwache Ölflecken bildeten. Als ich am Wolfgangsee als Hüterbub auf der Alm war, hörte ich unterhalb der Hütten im Wald und auf den Waldschlägen Leute beim Sammeln des Rot-Hollers miteinander kommunizieren. Tagelang sammelten sie dessen Früchte. Meine Tante klärte mich auf: Sie sammeln ab Juli die reifen Früchte, um diese in Töpfen zu kochen und vornehmlich Saft und ein sehr wertvolles Öl daraus zu gewinnen. In mehreren großen Töpfen kochten die Frauen die abgerebelten Früchte am Holzherd langsam ein. Die großen Kochgefäße waren notwendig, da der „Hollermaisch" leicht überkochte und man mit der großen Mengeneinfassung Rot-Hollerfrüchte erst das Öl gewinnen konnte. Durch langwieriges Kochen sondert sich das Öl aus den Kernen ab und kann über den Schaum abgeschöpft werden. Rührt man nach volkstümlicher Weise den Schaum im Wasser auf, so sondert sich nach Beruhigung das Öl an der Oberfläche ab. So kann das Öl getrennt oder abgeschöpft werden.

Große Hollererntemengen sind notwendig, um eine geringe Ölmenge zu erhalten. Heute können die Kerne unter Zuhilfenahme mechanischer Geräte angeschlagen oder stark gepresst werden, wodurch beim Früchteauskochen rascher das Öl austreten kann und die Ausbeute erhöht wird. Das Öl kann durch einen weiteren Brenngang zu einem wasserklaren Öl gereinigt werden. Ebenso wären das trockene Vermahlen der Rot-Holler-Kerne und das Auspressen des Tresteröls eine geeignete Erntemethode. Auch die Gewinnung des Kernöls durch die unmittelbare Destillation der Beeren und nachfolgende Rektifikationsvorgänge wäre ein gangbarer Weg, wobei auch der Alkohol genutzt werden kann.

Einsatz des Rothollerkern-Heilöls

Das Heilöl wurde wegen der aufwendigen Sammelarbeit und Zubereitung sehr teuer gehandelt. Seltener mischte man es in den Berggebieten anderem Speiseöl bei, um es zu strecken und teuer zu verkaufen. Dieses Kern-Heilöl setzte man bei den zu früh geborenen Kindern ein. In einem Fall, als Zwillinge mit 6,5 Monaten auf die Welt kamen, war deren Haut mit schwärzlichen und bräunlichen Flecken bedeckt. Man rieb die Säuglinge mit dem Holler-Kernöl ein und legte sie regelmäßig in die Sonne. Bald schuppte sich die Haut ab und konnte mit dem Waschen vollständig entfernt werden, und es bildete sich eine reine Haut.

Auch bei Ohren- und Halsschmerzen wie auch bei grassierenden Erkältungsproblemen setzte man das Öl ein. Es wurde für Einreibungen der Brust, des Halses und der Ohren verwendet, um den Unrat herauszutreiben. Oder das cremige Öl wird dem Tee zum Gurgeln oder in geringen Mengen über die Speisen eingegeben, wenn Kinder die Aufnahme ablehnten. Erzählungen zufolge konnten damit auch schwere Krebs- und Hauterkrankungen geheilt werden.

Zur Herstellung der „Holler-Suisse" aus Rot- und Schwarz-Holunder

Aus Rotem und Schwarzem Holunder stellte man in der Steiermark und im Salzkammergut die sogenannte „Suisse" oder „Soisse" und in Kärnten, Ost- und Südtirol lediglich aus dem Schwarz-Holunder die „Hollersülze" oder „Holler-Sulze" her, wie sie heute bezeichnet wird. Diese Begriffe werden regional auch alleinig für die Gewinnung des ölhältigen Schaumes verwendet. Unter „Suisse" oder „Sülze" versteht man zwei verschiedene Zubereitungsweisen. Entweder wird die Suisse aus den gekochten Früchten oder dem kalt gepressten Fruchtsaft jeweils durch Eindicken gewonnen. Früher bereitete man solche Konzentrate auch aus süßem Dörrobst oder Rübensorten zu.

Holler-Suisse aus den Früchten:

Zuerst kochte man die Beeren langsam am Holzherd auf und rührte regelmäßig durch. Nach zwei Tagen begann man den Schaum zur Ölgewinnung mehrmals abzuschöpfen. Der verbleibende Früchtebrei wurde durch eine „Flotte Lotte" (ein Paassiergerät) oder ein Passiersieb durchgearbeitet und von den Kernen befreit. Beim Aufhitzen ist regelmäßiges Rühren notwendig, um das Anbrennen zu verhindern. Dieser Brei wurde über mehrere Tage behutsam ohne Zusätze und ohne Abdeckung eingedickt. Je reifer die Früchte geerntet wurden, umso süßer schmeckt diese zarte und gut streichfähige Paste. Die Schwarz-Holler-Sülze bekommt eine schwarze und der Rot-Holler-Sülze eine dunkelbraune Farbe.

Die wohlschmeckende Holler-Sülze ist als Brotaufstrich, als Beigabe zu Joghurt, Müsli, Sterzen, zu süßen Hauptspeisen wie Palatschinken, Kaiserschmarren, Grießbrei, Topfenknödeln und Aufläufen geeignet. In Wildbret- und Fleischsoßen wurde sie untergerührt und ziehen gelassen. Früher stellten die Obstsülzen und im Speziellen die Hollersülze die wichtigsten Mittel zur Gesundhaltung im Winter dar und waren als Süßungsmittel unabkömmlich.

Holler-Sülze aus dem Fruchtsaft:

Der Saft der abgerebelten Früchte wird durch ein Tuch gepresst oder ein Sieb passiert und nachfolgend behutsam eingedickt. Im Vergleich zur Suissen-Bereitung fehlen bei dieser höhere Anteile fester Inhaltsstoffe aus dem Fruchtfleisch und den Schalen. Heute stellt man in untypischer Weise die Fruchtsaft-Sulze auch mit Zucker, Gelierzucker, Geliermittel und Zitronensaft(-konzentrat) oder künstlichem Naturaroma usw. her und verkauft diese als reines Naturprodukt. Solche neuzeitlichen Holler-Sulzen mit Zucker zubereitet, haben eine geringere gesundheitliche Bedeutung als jene mit dem natürlichen Fruchtzucker.

Der Rote oder Trauben-Holunder

Passiert man die aufgekochten Früchte des Rot-Holunders und bereitet daraus eine gelierte, leicht süße Soße zu, so können damit kleine Bällchen aus leicht würzigem Ziegen-Topfenkäse glaciert werden. Im „Gasthof zum Schwan" in Wattens (Tirol), bei Angelika und Günter Eberl, bereiteten wir diese gemeinsam zu. Serviert wurden die rosaroten Käsebällchen mit einem dezent marinierten Wildkräutersalat bestehend aus Blättern von Bachbunge, Fetthenne, Löwenzahn und Portulak, dekoriert mit verschiedenen Kräuterblüten.

Die eigentliche Hollersülze

Ursprünglich ließ man die von den Stielen abgerebelten Hollerfrüchte nachtrocknen oder sammelte vertrocknete, aber sehr gut ausgereifte und süße Früchte. Man gab etwas Wasser in ein Kochgefäß und schüttete die Früchte dazu. Anfänglich rührte man, damit sie nicht anbrannten. Dann erhält man einen konzentrierten Saft, welchen man durch ein mittelmaschiges Tuch oder Sieb arbeitete, damit auch Fruchtanteile, nicht aber die Kerne mitkamen. Dieser Brei wurde langsam und über mehrere Tage eingekocht, nachts ließ man diesen abkühlen. Derart konzentrierte sich der natürliche Zuckergehalt und machte die Sülze gut lagerbar. Die Sülze geliert von allein aus und bekommt eine sulzige Konsistenz. Etwa 3 bis 3,5 kg Sülze in bester Qualität erhält man durch Einkochen von 10 kg Früchten.

Die Sülze und Suisse verwendete man zur Schweißtreibung bei Fieber, bei aufkeimenden Infekten mit Ermüdungs- und Ermattungszuständen, bei Erkältungen, grippalen Infekten und Herz-Kreislauf-Erkrankungen oder rührte sie in den Tee ein oder mit heißem Wasser an. Sie treiben die Schleime und die Übersäuerung aus und sind regelmäßig genossen ein Mittel gegen rheumatische Beschwerden. Die Sülze legte man auch bei einer braunfleckenartigen Hautkrankheit auf.

Das Hollerholz-Heilöl

Otto KOSTENZER hat in den 1970er-Jahren auf die Herstellung des Hollerholzöles aus dem Schwarz-Holler für das Unterinntal (Raum Jenbach) hingewiesen. Auch in anderen Regionen der Alpen wurde aus dem Roten Holler ein Holzöl durch Destillieren gewonnen. Dabei wird das Holz zerkleinert, zwei bis drei Tage mit destilliertem Wasser angesetzt und zur aromatischen Gärung eingeschwert, sodass es nicht aufschwimmen kann. In einem Destillierkessel wird dies gebrannt, wobei ein gelbes Kondensat entsteht. Diesem Destillationsprodukt lässt man durch Lagerung von mehreren Wochen für die natürlichen Scheidevorgänge die notwendige Zeit. An der Oberfläche entsteht ein ätherisches Öl, und am Boden setzt sich das schwere, dickere bzw. sulfurische Öl, der Satz oder das „Holler-Tezl", ab. Das Hydrolat, die

Der Rote oder Trauben-Holunder

wässrige Zwischensubstanz, nennt man „Hollerwasser". Das beim Brennen mehrfach anfallende Hollerwasser kann noch einmal durch Destillation gereinigt werden, wodurch eine zusätzliche Ölausbeute erzielbar ist. Ebenso kann durch Rektifikation aus den Abscheideflüssigkeiten jeweils wasserlauteres Öl hergestellt werden.

Das zähere Holler-Tezl verwendeten die Leute für Wund- und Knochenschmieren bei Mensch und Tieren. Das leichtere ätherische Hollerholzöl fand Einsatz bei Husten, Keuchhusten, Halsschmerzen, hartnäckigen Verkühlungen und Grippe, Asthma und schweren Lungeninfekten. Dabei wurde es mit anderen Hilfsstoffen vermischt wie z.B. Honig, Tee, Breinahrung, Brotaufstrich und Apfel- oder Zitronensaft. In Salben und Ölpräparate für schlecht heilende Hautwunden und -krankheiten, ebenso zur inneren und äußeren Anwendung bei verschiedensten Krebserkrankungen wurde es eingemischt. Die hohe Heilwirkung geringster Mengen verlieh früher dem Wurzelöl aus dem Roten Holunder die höchste Wertschätzung.

Von den drei Holunderarten lässt sich durch Destillation aus den Beeren ein Schnaps, aus dem Holz ein Hollerholzöl und durch weitere Scheidevorgänge ein sulfurisches Öl und Holler-Hydrolat bereiten.

Dryas octopetala – die Weiße Silberwurz oder der lebensverlängernde „Kaisertee"

Es existieren Pflanzen, deren Kenntnisse um die Heilwirkung beinahe gänzlich verloren gegangen sind. Und wenn z.B. hochbetagte Leute regelmäßig bestimmte Tee-Variationen in den Wintermonaten schlürfen, wissen sie in manchen Gegenden nicht mehr, wofür sie gut sind. *„Man trinkt diesen Tee im hohen Alter, wie es unsere Vorgenerationen taten"*, meinte jemand. Über ihre Eltern haben sie das Wissen um den Gebrauch, aber nicht über die Bedeutsamkeit mitbekommen. So bin ich seit einigen Jahren einer alten Teepflanze – der Silberwurz – auf der Spur, die u.a. gegen Schlaganfall und zur Lebensverlängerung gesammelt wurde.

Die Weiße Silberwurz wächst auf steinigem Untergrund im Hochgebirge. Die anmutige Einzelblüte ist aus acht Kronblättern zusammengesetzt. Die kleinen, ledrigen Blätter sehen den Eichenblättern ähnlich.

SOMMER

Sie wächst unter extremsten Bedingungen

Die immergrüne Weiße Silberwurz (*Dryas octopetala*) ist eine der beeindruckendsten Pflanzen, die wir im Hochgebirge der subalpinen bis oberen alpinen Zone vorfinden, da sie mit einer sehr kurzen Vegetationszeit und mit dem extremen Kälte- und Windeinfluss zurechtkommen muss. Die Verbreitung liegt im arktischen und subarktischen Europa, im nördlichen Asien und in Amerika, wo sie auf den Zwergstrauchheiden der Tundren und auf Steinen und Felsen wächst. Ebenso findet man die Pflanzen in den Bergen Südeuropas sowie Großbritanniens. Auch in Flachmooren, an heißen Felshängen und auf Flusskies gibt es Vorkommen in Nordeuropa. Dieses Rosengewächs gedeiht mit geringen Zuwächsen kriechend unter extremsten Lebensbedingungen am Stein, Felsen und an den Felsgraten anschmiegend auf Kiesfluren, in Felsspalten, unruhigen Stein- und Felsschutthalden und steinigen, flachgründigen Böden mit lückigen Rasen besonders auf Kalkstein. Über die Symbiose mit Bakterien wird an den Wurzelknöllchen Luftstickstoff erschlossen, wobei ein Wurzelpilz die Wasseraufnahme der Silberwurz unterstützt. Der zählebige „Zwergspalierstrauch" wächst auch an ungeschützten, schneearmen Stellen und gilt als bodenbereitender Pionier verschiedener Gebirgsrasengesellschaften. Die Pfahlwurzel treibt tiefgehend in das Kalkgerölls und trägt mit ihrer Verankerung zu seiner Befestigung bei. Feinwurzeln sind nur sehr spärlich ausgebildet.

Widerstandsfähiges und hochwirksam reinigendes Pflänzlein

Diese sehr genügsame Pionierpflanze hält sehr, sehr tiefe und hohe Temperaturen sowie ihre extremen Schwankungen auf hageren Standorten aus (s. AULITZKY, H. 1961/62). An den sehr exponierten Wuchsplätzen ist die Silberwurz dem Wind, voller Sonnen- und Höheneinstrahlung und somit der Austrocknung ausgesetzt. Die weiße Filzbehaarung der Blattunterseite dient als Transpirationsschutz, und die Spaltöffnungen sind zu ihrem Schutze nach innen verlagert. Ihr Überlebensbestreben veranlasst sie, die Trieb- und Blütenknospen schon in der vorhergehenden Vegetationsperiode anzulegen. Die Anpassung an die extremen Natureinflüsse ist in der widerständigen Wuchskraft der Pflanze enthalten und wurde über die Wirkstoffe als Tee genutzt. Der hohe Nährwert geringer Gaben gilt nicht nur für das Wild, sondern ist auch für Rinder, Ziegen, Schafe und Pferde gegeben.

Andere Bezeichnungen

Im Volksmund der Alpenregionen wird die Silberwurz auch „Silberkraut", „Frauenhaar", „Frauenrose", „Silberröschen", „Hirschlume" oder „Petersbart" genannt. In Skandinavien findet man die Silberwurz in Gebieten, deren Böden Kalk führen. Dort findet man eine reichhaltigere Flora mit der „Rentierrose" (*Dryas octopetala*), die dieser Pflanzengemeinschaft ihren Namen gegeben hat. In Norwegen nennt man die Pflanze wegen des hohen Futterwerts für die Rentiere „Reinrose" oder „Reinblom" (Reintierblume). In der Schweiz spricht man bei der Silberwurz auch von „Hirzblum", „Stei- oder Streichrüchere", „Steinrüchere" oder „Sillur". Auch die Bezeichnung „Dryade" wird geführt.

Im 16. Jhdt. benannte man diese Pflanze *Chamaedrys*, was soviel wie „Zwergeiche" (von griech. *chamei* = zwergartig und *drys* = Eiche) bedeutet. Tabernaemontanus führte wegen der Ähnlichkeit der Blätter die Silberwurz als „Berggamanderlein" (*Chamaedrys montana*). Deshalb gab später der Pflanzensystematiker Carl von Linné der Pflanze den Gattungsnamen *Dryas*. Auch die der Stein-Eiche ähnlich gekerbten, aber kleinen Blätter und die Widerstandskraft des Krauts lassen Querverbindungen zur Eiche im weitesten Sinn vermuten. Der Artname lateinisch *octopetala* bedeutet achtblättrig und ist auf die acht weißen Blütenblätter zurückzuführen.

„Dryas" – eine kalte Zeitphase

Aus der Auswertung der Sauerstoffisotope in Eisbohrkernen grönländischer Eisdecken lässt sich eine stetige Erwärmung nach dem letzten glazialen Maximum vor ungefähr 13.000 Jahren bestätigen. Nach diesem Zeitraum kühlte sich das Klima wieder ab, und in Kältephasen rückten viele Gletscher wieder vor. Dieser kalte Zeitraum wird in der Fachsprache als „Jüngere Dryas" benannt. Die Bezeichnung leitet sich von der arktischen Pflanze *Dryas octopetala* ab, die in dieser Phase vermehrt aufgetreten ist und über die Pollenforschung belegt werden konnte. Auf den z.T. vernässten und steinigen Rohböden konnten sich nach dem Rückzug des Eises nur kälteresistente Pflanzen wie z.B. die kleinrasige Silberwurzart entwickeln. Die Silberwurz war mit dem Ausklingen der Eiszeit über ganz Deutschland, Polen bis in die Sowjetunion eine der vorherrschenden Pflanzen. In Skandinavien folgten nach dem Aufscheinen der Silberwurz in der nächsten Vegetationsabfolge Nadelbäume, dann Laubbäume. Noch heute bildet dieses Kraut z.B. im nördlichen Schweden zusammen mit Moosen und Flechten die Hauptpflanzengesellschaften der Tundra.

Aussehen des Krauts

Die niederliegende und verholzende Pflanze wird je nach Bedingungen ca. drei bis fünf, seltener um zehn Zentimeter hoch. Sie gründet sich in einer Blattrosette und breitet sich teppichartig aus. Die 12 bis 20 (30) mm langen, elliptischen und immergrünen, lederartigen Blätter besitzen einen tief gekerbten Blattrand und die Blattunterseite ist silberweiß dichtfilzig ausgestattet. Diese Behaarung dient als Transpirationsschutz für die nach innen verlagerten Spaltöffnungen. Die Blattoberseite ist dunkelgrün ledrig und kahl mit tief liegenden Nerven. Die Blätter sind kurz gestielt und am Grunde herzförmig.

Die Blüten haben einen Durchmesser um zwei bis vier Zentimeter und sitzen einzeln auf bis zu sechs Zentimeter langen Stielen. Sie sind aus acht weißen, innen gelb gefärbten Kronblättern aufgebaut. Je nach Gegend blühen sie auf den natürlichen Standorten schon ab Mai. Die Blühphase erstreckt sich bis Ende August. Die Blüten beinhalten männliche (gelbe Staubgefäße) und weibliche Organe (hermaphroditisch), werden von Insekten bestäubt und können manchmal gefüllt sein. Während der kurzen Sommerphase in der Arktis und im Hochgebirge dreht die Silberwurz ihre großen Blüten täglich der Sonne nach, um möglichst viel Licht und Wärme aufzunehmen. Mit dem Abblühen ab Juli entwickelt sich ein büscheliges Haarköpfchen, welches aus fedrig behaarten Griffeln auswächst, denn bei *Dryas octopetala* (Silberwurz) werden die zahlreichen Griffel während der Fruchtreife zu silbrig glänzenden Flugorganen

Die Samenstände der Silberwurz nach der Blüte. Der Tee der Silberwurz aus Blätter und Blüten wirkt nervenstärkend und lebensverlängernd („Kaisertee") und wird vorbeugend von schlaggefährdeten Menschen getrunken. Reifen nach der Blüte die Samenstände aus, so können auch Wurzeln für akute Fälle gegraben werden.

umgestaltet. Dann gleicht der Fruchtstand einem kleinen, silbergrauen Haarschopf, welcher zur Windverbreitung der Früchte dient.

Der „Kaisertee" zur Verlängerung des Lebens

Die Silberwurz ist eine alte Heilpflanze. Seit Jahren gehe ich der Nutzgeschichte der Einheimischen nach und erfahre in den verschiedensten Teilen der Alpen wertvolle Hinweise über diese Pflanze. Wenige Sammler kennen den eigentlichen Namen der Pflanze bzw. wissen nur mehr die grippevorbeugende Teenutzung aus Tradition. Im Lungau und in der steirischen Krakau bezeichnen die Einheimischen die Silberwurz als „Kaisertee". Ab Mai sammeln alte Leute die Blätter und Blüten, oder die Blätter den ganzen Sommer über. In manchen Regionen schwört man auf das Sammelgut, welches während der Blütephase geworben wurde. Meiner Meinung nach müsste allerdings die wohlriechende Wurzel der heilkräftigste Teil der Pflanze sein, sonst würde die Pflanze nicht „Silberwurz" genannt worden sein. Gräbt man sie im

September, so erhält man ein wunderbares Mittel bei Schleimhautentzündungen der Atemwege, starken Herzbeschwerden und gegen Virusinfektionen und Pestilenzien.

Zur Nachbehandlung nach einem Schlaganfall ist der Wurzeltee ebenfalls gut wirksam, vorbeugend und bei Schlafstörungen hingegen der Blättertee in Mischung mit anderen Kräutern. Wichtige Indikationen sind gegeben bei Grippe, Erkältung, Halsschmerzen, Husten, Katarrhen, Energielosigkeit, bei Verstopfung der Leber, Wassersucht, zu starker Menstruation und unregelmäßigem Zyklus, Gicht und Rheuma, Arteriosklerose, Durchblutungsstörung im Gehirn und zur allgemeinen Gefäßreinigung.

Der schmackhafte „Kaisertee" gilt unter den Lungauern als sehr wertvoll. Es existiert dazu eine sagenartige Geschichte, dass man während der Monarchie das Teekraut dem Kaiser gesammelt und angetragen hatte, damit er möglichst lange und „nervenstark" leben solle. Um die Inhaltsstoffe wie Gerbstoffe, Saponine, Triterpene, organische Säuren, ätherische Öle und Harze, Vitamine, Spuren- und Mineralstoffe gut auszuziehen, dienten Kaltansätze über Nacht, welche erwärmt am Morgen getrunken wurden, oder Krautüberbrühungen, welche man gut 15 Minuten am Herdrand – also warm gehalten – ziehen ließ. In Bezug auf die lebensverlängernde Wirkung behauptet man in den Alpen, „die Silberwurz würde so alt wie der Mensch werden". Man zählte bei den Pflanzen unter dem Mikroskop im Schnitt über 100 Jahresringe, wobei die Jahresringe häufig unter 0,1 mm breit sind.

Andere Nutzungen

„Schau, die ältesten Zwergsträucher blühen ebenso schön wie die jüngsten", hatte der alte Bauer Bonifaz im Mölltal einmal gesagt. Dieser Satz steht symbolisch für die Vitalisierung älterer Menschen. Vor allem sei ein solcher Tee jenen empfohlen, welche zu Schlaganfällen neigen oder davon betroffen sind. Von alten Leuten wird er deshalb zur Lebensverlängerung getrunken. Die fein gekerbten, beinahe eirunden Blättchen sollen das Herz stärken, den Körper reinigen und den Urin treiben. Gesammelt werden in den Kantonen St. Gallen und Graubünden die Blätter der Pflanze von Juli bis August. Die ausschließliche Werbung der Blätter erhöht die Wahrscheinlichkeit der generativen Vermehrung. Nur die Blüten werden in Österreich auch im Mai, die Blätter von Mai bis September gesammelt. All diese Hinweise der Wirksamkeit kreisen den Anwendungsbereich stärker ein, wenn praktische Anwender davon ausgehen, dass der Tee aus Blättern und Blüten vor Schlaganfall schütze. Homöopathisch gilt *Dryas octopetala* D2 als Mittel gegen Stockungen der Blutbahnen aller Art. In Bayern und im Alpenraum ist die Silberwurz als fiebersenkendes und nervenstärkendes Mittel bekannt gewesen. Bis zu vier Tassen davon wurden pro Tag zur Heilung getrunken. Im Salzkammergut ist die im September gegrabene Wurzel gegen Katarrh, bei inneren Blutungen und Magengeschwüren eingesetzt worden.

Geerntet kurz vor oder zur blühenden Zeit, hat das Kraut eine höhere adstringierende und digestive – die Verdauung anregende – Wirkung. Eine Infusion wird als magenstärkungs- und verdauungsförderndes Mittel eingesetzt. Auch der Tee aus den getrockneten Blättern beruhigt offenbar den Magen und nutzt gegen Durchfall. Ebenso diente es zum Behandeln von Zahnfleischentzündungen und von anderen Beschwerden des Mund-Rachen-Raumes. Der Tee schmeckt sehr angenehm und beruhigt, aktiviert nicht im Überschwang das Nervensystem, wie dies z.B. der Schwarze Tee tut. Allerdings wird der Silberwurz leichter Radioaktivitätsgehalt nachgesagt, wie Johann Künzle schreibt.

Im Garten gepflanzt

Heute ist die Pflanze – auch wegen ihres sehr langsamen Wachstums – in manchen Regionen gesetzlich geschützt. Wahrscheinlich geben viele Kräutersammler keine Nutzgeschichten weiter, weil sie dann dem Vorwurf ausgesetzt sind, dass sie eine geschützte Pflanze benutzen.

Man kann sie auch als Nutzpflanze in die Gärten holen. Als anspruchsloser Kalkrohbodenbesiedler und Bodendecker findet die Pflanze heute an sonnigen Gartenplätzen und auf den Dachschottergärten Verwendung. Zur Abdeckung braucht die Silberwurz relativ lange, weshalb die Pflanzen in ca. 30 cm Abstand zueinander gepflanzt werden. Mit der Zeit schließen die Lücken, und es entsteht auf Kalk-Kiesboden, Sand- oder Schotterhügel oder im Steingarten ein dichter Teppich, welcher dann beerntbar ist.

Nach dem Abblühen der Hohlzahn-Pflanzen werden die Kelche stachelig und die meisten Samen beginnen auszufallen.

HERBST

Der Hohlzahn (*Galeopsis spec.*) – Die „Kornwut" – eine wertvolle Heil- und vergessene Nahrungspflanze der Brandschläge und Äcker

Schon in Vorzeiten sind viele Nutzpflanzen in der Überlieferung nicht mehr berücksichtigt worden. Wenn neue Kulturarten immer stärker in den Haushalten oder auf den Märkten dominierten, verschmähte man ältere Gebrauchszusammenhänge. Der Hohlzahn, eine Pflanze der Brandwirtschaft und der Hackkulturen, dürfte so eine Pflanze gewesen sein. Er begleitet die Menschen schon lange, weshalb Archäologen stets bei Grabungen ehemaliger Siedlungsstätten Samen als Nachweis finden. Seine stärke- und ölreichen Samen schmecken hanf- oder nussartig und sind mitsamt den Schalen verwertbar. Die Blätter und das junge Kraut fanden Einsatz als Gemüse. Aus den Stängelfasern stellte man Gewebe und Seile her.

Von einer Vielzahl seinerzeitiger Nutzungen haben wir praktisch wenig Ahnung. Wenn ich bei Bahnreisen die Vegetation der begleitenden Bahnränder verfolgte, so waren an Stellen, wo im Zuge der Pflege Strauchwerk abgebrannt wurde, teilweise die Böschungen in Dominanzen mit Hohlzahngesellschaften vertreten. Auch auf den Brandschlägen, die wir versuchsweise in verschiedenen Teilen europäischer Landschaften anlegten, konnten regelmäßig die Hohlzahnarten nachfolgend vorgefunden werden.

Zum einen benötigt der Hohlzahn die offenen eben konkurrenzfreien Stellen nach dem Abbrennen nährstoffreicher Standorte. Zum anderen erträgt er die Störung des Oberbodens, wie sie auch bei der Hackung von Kartoffeln, Rüben oder Kraut entstehen. Gerade bei der Brandwirtschaft, wo das Reisiggut der Waldschläge aufgeräumt und in Fratten oder Haufen angelegt und später abgebrannt wurde, erfolgte anschließend eine Verteilung der Asche mit dem Rechen, wodurch auch ein oberflächliches Ankratzen des Bodens einherging. Durch diese

Den Bunt-Hohlzahn (Galeopsis speciosa) erkennt man an der gelben Oberlippe, dem violetten Mittellappen der Unterlippe und der steifen Behaarung unter den Stängelknoten. Er gedeiht in Hackfrucht-Äckern, lichten Wäldern, Wald- und Brandschlägen und ist sehr samenreich.

Maßnahme zur Saatbettbereitung für das Brandkorn (Roggenart), die Gerste, den Hafer oder Buchweizen waren ebenfalls die Keimbedingungen für die Hohlzahnarten vorbereitet worden. Diese Beobachtungen dienten als Vorbild für eine nähere Betrachtung und Nutzungsversuche.

Volkstümliche Bezeichnungen für verschiedene Hohlzahnarten

Für den Saat- oder Gelben Hohlzahn (*Galeopsis segetum*) existieren viele Synonyme, wie Auszehrwurz, Blankenheimer Tee, Bleicher Hohlzahn, Blutkraut, Bluttee, Borst, Brandkraut, Brennkraut, Brunnessel, Dahnnessel, Dau, Daun, Daunessel, Doan, Gelbes Distelkraut, Haarige Kornwut, Hanfnessel, Mauschkraut, Neßle, Ockergelber Hohlzahn, Saat-Hohlzahn, Saat-Nessel, Sand-Hohlzahn, Schwindlerkraut,

Spanischer Tee, Stachelnessel, Stachelnessli, Tannesselkraut, Tannesseltee, Zottige Hanfnessel, Zotten-Nessel,… Diese volkstümlichen Bezeichnungen bestehen im Volksgebrauch auch für die anderen Hohlzahnarten. Speziell in deutsch sprechenden Gegenden nennt man die Hohlzahnarten Brenn- und Brandkraut, im Hunsrück Daanesel, Dangel, Dahndistel, schwäbisch Daoessl oder Danoisen, niederdeutsch Daünettel, Dickköppe, Dorn, Hahnenkopf oder Harte Nessel. In der Schweiz findet man Namen wie Wildi, Brunnessel, Glure, Luege oder Lueger (luegen = schauen) oder Tauara, manchmal auch Siderit. In diesen Begriffen ist das Wissen um Gebräuche, Aussehen und Merkzusammenhänge enthalten.

Hohlzahn – vor allem der Saat- oder Gelb-Hohlzahn (*G. segetum*) – wurde wegen der besonderen Heilkraft in Auszehrungstees gegen Lungentuberkulose Ende des 18. Jahrhunderts völlig übertreuert angeboten. Um mit diesem Kraut Wertschöpfungen zu betreiben, wurde es als hoch geschätztes Geheimmittel in unbekannten Mischungen gehandelt und mit ihm Schindluder getrieben, weshalb man die Pflanze auch als „Schwindlerkraut" bezeichnete.

Die verschiedenen Hohlzahnarten

Die einjährige Gattung Hohlzahn gehört zur Familie der Lippenblütler (Lamiaceae), und ihre Arten haben starke Ähnlichkeiten mit der Taubnessel. Die Blüten sind (schein-)quirlig um den Stängel angeordnet. Im fünfzähnigen, röhrenförmigen bis glockigen Kelch sitzt die rachenförmige Blüte, die kleine bis größere Lippenausbildungen besitzt. Die Einzelblüte hat am Schlund der Unterlippe zwei hohle, zahnförmige Höcker, von denen sich die Namengebung ableitet. Die eiförmigen bis eilanzettlichen, meist kurzgestielten und kreuzgegenständig angeordneten Blätter können eine eiförmig- bis lanzettlich- und nesselähnliche Form haben. Die Hohlzahnarten haben meist einen vierkantigen Stängel, der behaart ist. Die größeren Arten können zwischen 30 und 100 cm groß werden.

Die verschiedenen Arten haben rote, purpurrote bis violette, weiße und gelbe Blüten mit ihren verschiedenen Schattierungen und teils

Fleckungen zumeist der Unterlippe, wobei manche Arten gelbe oder weiße, purpurne bis violette Farbtönungen gemeinsam haben können. Der Name „Haarige Kornwut" oder „Borst" für den Acker-Hohlzahn (*Galeopsis ladanum*) oder die „Gelbe Kornwut" für den Gelben Hohlzahn (*G. segetum* = *G. ochroleuca*), welcher – mit Saatgut eingeschleppt – zeitweise vertreten war, deuten ihr massenhaftes Auftreten während aktueller Hackfrucht oder in Getreideäckern nach vormaliger Hackfrucht an. Alte Bezeichnungen wie „Daun", „Dan", „Sanddaun" und „Kleiner Ackerborst" sind für den Dorn-Hohlzahn (*G. tetrahit*) noch bei den Leuten geläufig. Letzterer Name weist auf seine stacheligen Ausbildungen der Kelche und „Hanfnessel" auf das ähnliche Aussehen wie Hanf- und Brennnessel und die Faserverwendung hin.

Der Gewöhnliche, Stechende oder Dorn-Hohlzahn (*Galeopsis tetrahit*) wurde früher auch als „Dorn-Hanfnessel" bezeichnet. Diese Art hat unmittelbar unter den Knoten gelenkartige, verdickte Stängelpartien. Die ästigen Stängel sind steifhaarig und die länglichen, eiförmigen Blätter grob gesägt. Aus dem stechenden Kelch ragen purpurrote oder weiße Blüten. Er kommt vor allem auf Äckern, Ackerbrachen, Ackerböschungen und Schuttplätzen, in Wäldern und Gebüschrändern, Vieh- und Wildtierlägern häufig bis zur Baumgrenze in ganz Europa vor, d.h. er benötigt nährstoffreiche Standorte. Der Breitblättrige oder Acker-Hohlzahn (*Galeopsis ladanum*) blüht hellpurpurrot oder weiß und hat ähnliche Standortsansprüche wie der Dorn-Hohlzahn. Der gelblich-weiß blühende, 30 bis 60 cm groß werdende Gelbe Hohlzahn (*Galeopsis segetum*) ist kurz-flaumig behaart und an den Knoten nicht verdickt, wuchs einst auf sandigen Äckern, Kies und Schiefer und war lange Zeit bei uns als Heilpflanze geschätzt. Heute kommt diese mittelmeerländische bis ozeanische, aber kalkmeidende Art bei uns nur mehr als Kulturrelikt zufällig vor oder fehlt gänzlich.

Der Weichhaarige oder Flaum-Hohlzahn (*Galeopsis pubescens*) kommt auf Düngerstellen, Schlagflächen, Hecken- und Waldrändern vor und hat purpurrote bis -geschcekte, gelbe oder weiße Blüten mit gelbem bis bräunlich-gelbem Schlund. Der großwüchsige und ausladende Bunte Hohlzahn (*Galeopsis speciosa*) besitzt eine gelbe Lippenblüte und hat hellgelbe bis weiße Seitenlappen und eine violette Unterlippe und einen gelblich-violett vermischten Blütenschlund. Im Bereich unterhalb der Stängelknoten besitzt er eine Verdickung. Er gedeiht auf sauren und torfigen (Acker-)Böden, Waldschlägen, in nährstoffreichen Gebüschformationen und lichten Weidewäldern. Er wird mit dem Gelben Hohlzahn häufig verwechselt, der über Getreideansaaten lange Zeit in Europa eine Verbreitung erfuhr. Und der purpurblühende Schmalblättrige Hohlzahn (*Galeopsis angustifolia*) kann etwa 2,5 mm längliche Nüsschen haben. Sie schmecken ähnlich wie Hanfsamen und haben ein ähnliches Aussehen, aber eine kleinere Form. Auch ihre Schalen sind leicht zu kauen oder zermahlbar und mitverarbeitbar. Zweizipfel-, Ausgerandeter oder Zweispaltiger Hohlzahn (*G. bifida*) der bodensauren Waldschläge wurde früher ebenfalls genutzt. Er blüht zumeist hell purpurrot mit leichter Scheckung, selten weiß und kann eine Höhe von 1,20 m erreichen. Es bestehen zu allen Hohlzahn-Arten sehr viele Variationen an Unterarten und Hybride, welche sehr ähnlich aussehen und sich deshalb die Bestimmung schwierig gestaltet.

Das frisch geschobene Kraut der Hohlzahnarten fand als Kochgemüse Verwendung.

■ HERBST

Nach der Freistellung entwickeln sich Kahlschlag-Fluren mit Zweizipfeligem Hohlzahn (*Galeopsis bifida*), dessen Samen und Kraut geerntet werden können.

Weitere Beobachtungen und Anlässe

Den Kaffee auf unserem kleinen Stiegenpodest des Bergbauernhofes im Mölltal einnehmend und sich von der nachmittäglichen Sonne anpinseln lassend, beobachte ich im September das Treiben der Hühner. Der Hahn gackert geschäftig, die Hennen zur Futtersuche anregend. Aber was zeigt er ihnen? Ich sehe nichts. Wieder fährt der Wind um die Hausecke und schwingt die Pflanzen in Wogen. Der hoch aufgewachsene Hohlzahn pendelt durch die Windeskraft hin und her. Die Hennen hüpfen dem Futter nach. Es mussten die kleinen Samen des Hohlzahns sein, denen sie nachgierten. Und wirklich, als ich ein Leintuch auslegte und nachsah, hatte der Dorn-Hohlzahn (*G. tetrahit*) seine reifen Samen freigegeben. Der Wind schüttelte sie aus den Kelchen.

Pro Blütenkelch sind es vier Stück. Die Nüsschen waren im bereits schwarzgrau gefärbt, die oberen Blüten waren noch in voller Pracht. Und dazwischen befanden sich noch grüne unreife Körner.

Am Morgen, wenn wir in den Wirtschaftshof gingen, verströmte der weiß blühende Dorn-Hohlzahn einen sehr angenehmen Duft. Besser könnten die Parfümhersteller nicht einen süß betörenden, aber zartlieblichen Duft kreieren. Der Lippenblütler schenkte diesen Duft nur am frühen Morgen, meist bevor die Sonne aufging, und bereitete uns damit beim Stallgehen Freude. Auch das Kraut riecht beim Zerreiben aromatisch bis würzig. Bei näherer Betrachtung entdeckt man feine Drüsenhaare ähnlich wie beim Saat-Hohlzahn. Das Trockengut hat einen leicht bitteren bis salzigen Geschmack, ähnlich wie beim Gelben Hohlzahn – den wohligen Aromaduft hat es dann verloren.

Die Ernte der Samen

Ich hatte die Pflanze absichtlich am Rand einer Mauer stehen gelassen und vor der Genäschigkeit der Ziegen mit einem Maschenzaun geschützt, damit ich die Pflanzen beobachten und die Körner abernten könnte. Nur das emsige Hühnervolk hatte ich nicht berücksichtigt, wenn es ebenfalls an meiner kleinen Versuchsfläche Interesse zeigte.

Und die ersten Kau- und späteren Backversuche haben meine Einschätzung der Nutzbarkeit bestätigt. Nach dieser Beobachtung mit den Hühnern breitete ich neben dem Hohlzahn Leinentücher aus, wo die Samen ausfallen konnten. Mit Schütteln half ich nach, die meisten Pflanzen schnitt ich ab und drosch sie zwischen zwei Tüchern zwei Wochen später mit einem Haselstock aus, nachdem ich sie zur Trocknung in der Tenne aufgelegt hatte. Die zwei Millimeter großen Samen ließen vergleichsweise zum Getreide zwar eine geringe, aber doch nicht unbeträchtliche Ernte zu. Die Körner wurden auf einem Tuch ausgebreitet und nachgetrocknet.

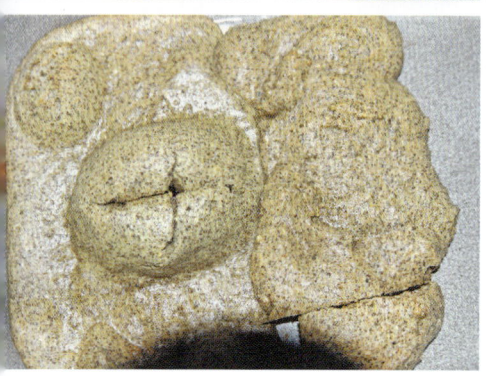

Nach dem vorsichtigen Abschneiden der reifen Hohlzahn-Pflanzen (Galeopsis spec.) breitet man sie auf ein Leinentuch, deckt sie mit einem weiteren Tuch ab und drischt die Samen mit einem Stock, so wie unser kleiner Bub dies zeigt, aus. Nach dem Sieben werden die Körner getrocknet oder frisch aber etwas gequetscht oder gemahlen für Brot- und Kuchengebäck genutzt.

Brotbackversuch mit Hohlzahnkörnern

Meiner Einschätzung nach sind die kleinen Nüsschen der Hohlzahn-Arten essbar. Sie wurden gemahlen und probeweise mit etwas Weizenweißmehl, Öl bzw. Butter, Ei und Milch gesüßt ein Teig angerührt und in verschiedenen Variationen ausgebacken. Ihr Geschmack ist verwandt mit jenem des Hanfs oder der Nüsse. Gemahlen bzw. geschrotet bekommen die Samen aufgrund des Ölgehaltes ein Aussehen wie Mohn. Zudem dürften sie neben Öl, Stärke auch vergleichsweise mehr Eiweiß und wesentlich mehr Kieselsäure als Getreide enthalten.

    Interessant an diesen runden bis stumpf-dreikantigen Samen erscheint, dass man sie nicht wie z.B. beim Buchweizen schälen (lassen) muss. Die Schalen können ohne Weiteres mitgemahlen werden, wodurch ihre Mineral- und Inhaltstoffe nicht verloren gehen. Durch das Mahlen mit den Schalen erhält man eine graue bis grauschwarze Masse. Allgemein entsteht beim Kauen der Hohlzahn-Körner ein leichter bitterer Beigeschmack, der von den Gerbstoffen herrühren kann. Er tritt nicht immer auf und vergeht beim Verbacken. Die öl- und stärkereichen Nüsschen der angeführten Hohlzahn-Arten waren früher zur Herstellung von Speiseöl und Lederpflegemittelöl gesammelt worden.

Als Wildgemüse einst genutzt

Die Kinder wurden in die Gärten oder die Flur ausgeschickt, ganze Jungpflanzen oder nur die jungen, mineralsalzführenden Blätter für das Kochen zu sammeln. Die mild und leicht würzig bis salzig schmeckenden Blätter haben einen schwachen Geruch und dienten früher der Gemüsebereitung. Man verwendete sie regelmäßig zum Strecken anderer Wildkräuter für Kochspeisen und zumeist mit Getreide, Grütze, vornehmlich mit Hafer- oder Hirseflocken oder Kartoffeln. Durch das Kochen vergehen geringe Bitterstoffgehalte, und die sperrigen bis stechenden Haare machen keine Probleme mehr. Auch in Spinat-, Eintopf- und Kohlgerichten fand der Hohlzahn Verwendung. Junge Blätter wurden in Salate untergemischt. Die Samen können je nach Fortschreiten des Reifezustandes schon ab August und bis September geerntet werden. Im Oktober sind schon fast alle Körner ausgefallen. Aus ihnen können äußerst bekömmliche Sprosskeime genutzt werden. Das Samenöl wirkt stärkend, und der Gehalt kann je nach Art bei bis zu 25 % liegen, was eine Ölgewinnung interessant macht.

Inhaltstoffe und Heilwirkung

Vor etlichen Jahrzehnten baute man in Mittel- und Südeuropa den saure Standorte bevorzugenden und an den Knoten nicht verdickten Gelben oder Saat-Hohlzahn (*Galeopsis segetum* = *G. ochroleuca*) als Heilkraut an. Er wird auch als „Saatnessel" bezeichnet und kommt heute hauptsächlich im Westen Europas auf sandigem, kiesigem oder steinigem Untergrund der Äcker, Steinbrüche und Trockenrasen mit Silikatgestein vor. Heute hält er sich beharrlich in den Fruchtfolgen einiger ökologisch-nachhaltig bewirtschafteter Feldfluren Westeuropas, wo er nicht weggespritzt wird. Die Ernte des bis zu 50 cm hohen Krauts erfolgt Juni bis Juli während der Blüte, manchmal auch im August.

Es enthält Kalzium, Natrium, Magnesium, Kalium, z.T. in löslicher Form Kieselsäure (bis zu 18 % in der Asche), geringfügig ätherische Öle, Gerb- und Bitterstoffe, Harze, Flavonoide, Iridoide, Saponine, Fette, Zucker und Pektin. Die Mineralstoffgehalte können je nach Art und Standort stark zwischen 3 und 10 % schwanken. Den Silikatverbindungen und Saponinen wird die Hauptwirksamkeit zugeschrieben. Nebenbei erwähnt bewog der Gehalt an Kieselsäure und Saponine die Leute, durch die Abkochung der Pflanze ein Waschmittel zu erzeugen. Entzündungshemmende Eigenschaften besitzen die Gerbstoffe, und zur allgemeinen Kräftigung und Appetitanregung tragen die Bitterstoffe bei.

Hohlzahn steigert die körpereigenen Abwehrkräfte und fördert die Rekonvaleszenz. Bei Lungentuberkulose war früher ein Tee davon verschrieben worden. Die Wirkung ist schwach adstringierend, durch die Saponine schleimlösend und auswurffördernd, krampflösend, erweichend und harntreibend. Zusätzlich besteht eine appetitanregende, kräftigende, bindegewebsstärkende, wund- und blutreinigende wie blutbildende Wirkung. Bei Schwäche der Lungenschleimhaut und des Darmtrakts war ebenfalls Tee genossen worden. Bei Beschwerden der Nieren, Blase, bei Entzündung der Atemwege, Keuchhusten, Heiserkeit, bei Leber- und Gallenstörungen kamen der Tee und teilweise die gemahlenen Samen zum Einsatz. Bei Milzleiden und Milzsucht wurde Hohlzahntee mit Heidekraut (*Calluna vulgaris*) kombiniert. Wegen der entkrampfenden und ausgleichenden Wirkung auf die Gebärmutter wurde zur Geburtserleichterung warmer Hohlzahntee in kleinen Schlucken getrunken.

Hohlzahn – der „Kieseltee" als Krebsvorbeugung

Die hauptsächliche Heilwirkung des Gelben Hohlzahns beruht auf seinem vergleichsweisen hohen Gehalt an Kieselsäure. Diese hat eine positive Wirkung auf Haut, Haare, Nägelaufbau wie auch Nagelbetteiterungen und Zähne und wirkt auf das Körpergewebe jeder Art stärkend, besonders auf das der Lunge. Das enthaltene Silizium wirkt sich für die Aufnahme und Einlagerung von Kalzium in den Knochen sehr förderlich aus und ist somit vorteilhaft für den Knochenaufbau und der Osteoporose vorbeugend.

In den Hohlzahn-Teevariationen zur Blut- und Hautverbesserung finden sich Meisterwurz, Brennnessel, Acker-Schachtelhalm, Enzianwurz und Tausendgüldenkraut. Dieser nicht allzu stark konzentrierte Tee drei Mal täglich über mehrere Wochen eingenommen, regt sichtlich die Blutbildung an und verbessert die Blutqualität. Dadurch vergehen Blässe, Kreislaufschwäche, erstarken die Organe, bekommt das Haar wieder seinen Glanz und die Haut eine bessere Elastizität und Ausstrahlung.

Man sammelt das Kraut – und zwar die ganze Pflanze – wegen des hohen Kieselsäuregehalts zur Blütezeit. Der Tee davon wurde eingesetzt zur Blutreinigung, bei Blutarmut, Bluterkrankungen (wie z.B. Leukämie) und bei Milzanschwellung. Durch die Aufnahme von Silikatverbindungen wird die Produktion der weißen Blutkörperchen gesteigert und das Abwehrsystem gestärkt. Diese immunstärkende Wirkung des Hohlzahn-Tees findet seine Berücksichtigung bei Bronchien- und Harnwegsinfekten, der Reinigung von Kehlkopf, bei Brustverschleimung, Lungentuberkulose und Darmerkrankungen.

Durch die mangelnde Ausscheidung von Stoffwechselendprodukten und Schadstoffen in Kombination mit anderen Einflüssen, wie z.B. falsche Ernährung, fehlende Bewegung und anderen externen Belastungen, kann es zu Übersäuerungsvorgängen im Körper und der Förderung von Krebserkrankungen kommen. Seit dem Mittelalter ist die Heilwirksamkeit verschiedener Pflanzen bekannt, unter denen sich auch der Hohlzahn befindet. In Form von längeren Hohlzahn-Teekuren in Kombination mit anderen Kräutern und Begleitmaßnahmen konnte Krebs geheilt werden. Bei Krebsbehandlungsrezepturen unserer Vorfahren durfte der Hohlzahn nicht fehlen. Zur Kräftigung der Lunge und bei Lungenkrebs kombinierte man in den Teemischungen Hohlzahn u.a. mit Mädesüß, Acker-Schachtelhalm, Spitzwegerich, Kalmuswurzel, Thymian, Huflattich, Anis und Gänsefingerkraut.

Eine wichtige Teedroge in der Volksmedizin

Obwohl der Saat- oder Gelbe Hohlzahn medizinisch bessere Wirkung zeigte, wurden in der Volksmedizin auch die anderen Arten zur Abheilung selbiger Beschwerden aber vor allem bei Hautkrankheiten, Ausschlägen, chronischer Bronchitis, bei schwerwiegendem Husten und anderen Lungenleiden wie z.B. Staublunge oder grippale Infekte eingesetzt. Damit sich die für die Lunge wichtige Kieselsäure lösen kann, muss der Tee 15 bis 20 Minuten ziehen.

Bei Bronchitis wirkt die Teedroge als Adjuvans, d.h. die Wirkung eingenommener Arzneien zusätzlich unterstützend. Das Trockengut wurde als Tee bei Milzerkrankungen verwendet. Der Acker-Hohlzahn hat annähernd die gleiche Heilwirkung wie der lungenwirksame Gelbe Hohlzahn. *Galeopsis tetrahit* fand bei starker Auszehrung, Erkrankungen der Luftwege wie Katarrhe, Grippe, Erkältungen, Bronchitis, Lungenschwindsucht und Blutarmut oder bei Blasenbeschwerden und Nierenleiden Verwendung. Weiters kamen die Hohlzahn-Arten bei Geschwüren und alten, nicht heilenden Wunden, sowie ihrer Reinigung, bei Geschwülsten, Schilddrüsenvergrößerung, bei Leber- und Gallestörung und Krebs zum Einsatz.

Am häufigsten wurde das Heilkraut gegen Lungentuberkulose eingesetzt. Von befragten Leuten werden Kräuterkombinationen gemeinsam mit Schachtelhalm, Vogelknöterich, Malven- und Spitz-Wegerichblätter, Schlüsselblumenwurzel, Salbei, Thymian, Lungenkraut, Alant und Isländisches Moos gegen Lungenleiden angegeben. Davon trank man drei Mal täglich drei Monate lang. Früher kamen auch in den Hustensirup aus Spitz-Wegerich und/oder Fichtentriebe stets die Blüten und oder Blätter des Hohlzahns dazu. Umschläge mit Tee sowie mit frisch zerquetschten Blättern setzte man bei Hautkrankheiten ein.

Faserstoffe und Seile aus dem Acker-Hohlzahn

Früher, ließ ich mir erzählen, stellten sie aus den starken Fasern der Acker- und Dorn-Hohlzahnstängel grobes Gewebe her. Auf den Äckern konnte sich der Hohlzahn stark vermehren, vor allem bei Hackfrüchten wie Kartoffeln, Kraut, Rüben und Mais. Wenn er zwischen diesen Kulturarten und nach der Aberntung der Hackfruchtfolge aufging, dann erntete man den „Ackerborst" zwischendurch ab und hängte ihn zur Trocknung im Laubgang oder in der Tenne auf. Die feinen Stacheln der Kelche verliehen der Pflanze den volkstümlichen Namen „Kratziger Ackerborst", weshalb das Tragen von Handschuhen beim Hantieren sehr empfehlenswert ist. Der Begriff „Hanfnessel" allgemein für die Hohlzahn-Arten weist auf die Verwendung der Fasern für die Gewebeherstellung hin.

Zur Frage der Vermehrung als „Brotgetreide"

Im Lungau trat bei manchem Futtergemenge oder einigen Getreidekulturen (z.B. Nackthafer) 2003 der Dorn- und Breitblättrige Hohlzahn stark in Erscheinung, da im Vorjahr eine Hackfrucht angebaut wurde. Aus kulturtechnisch oder witterungsbedingten Gründen konnte sich der „Ackerborst" sehr gut vermehren. Und bei einem Biobauern fand sich beim automatischen Reinigen des Getreides während des Dreschvorgangs nach der Siebung im Spreukasten eine große Menge dieser Nüsschen. Je nach Siebstärke könnte also dieses „Abfallprodukt" auch einer maschinellen Ernte unterzogen werden.

Vom Lebensraum her benötigt die Pflanze Bodenstörung, wie sie durch das Hacken auf dem Acker oder in den Gärten erfolgt. Aber auch auf den Brandstellen breitet sie sich ungeniert aus, vor allem, wenn dort noch mit den Eisenrechen die Asche und Kohlenreste verteilt oder entfernt werden. Diesem Zusammenhang der Vermehrungsförderung verdankt die Pflanze den Beinamen „Brenn-" oder „Brandkraut". Sandige bis mittelschwere Böden, die kalkarm bis kalkhältig sind, werden von den jeweiligen Arten unterschiedlich angenommen. Wenn man aber von der anthropogenen Ursache einer Förderung der Hohlzahn-Arten ausgeht, dürfte der Kalkgehalt im Boden nicht der wesentliche Faktor sein. Standorte in voller Sonne bis Halbschatten erträgt der Hohlzahn am besten. Über Getreidesaatgut wurden und werden die Samen zumeist verschleppt. Für die Kultivierung des Gelben Hohlzahns im Gartenbeet ist ein saurer bzw. kalkarmer, leicht sandiger Boden notwendig. Durch den Samenausfall reproduziert sich die Pflanze am offenen Standort von allein.

Da seitens bisheriger Untersuchungen keine bedenklichen Hinweise über die Verwendung der Samen zu finden sind, die Kultur aber relativ gut bewerkstelligbar wäre, gehe ich davon aus, dass es sich beim sehr robusten Hohlzahn um eine wenig pflegeaufwendige neue Kulturart handeln könnte. Angeröstet und zermahlen könnte sie für neue Brotsorten beigemischt werden, um unsere Brotverwendungsmöglichkeiten mit neuen Aromen zu bereichern.

Alle Teile der Berberitze fanden in der Heilkunde Einsatz. Nicht jedes Jahr ist der „Sauerdorn" mit einem reichen Fruchtbehang gesegnet.

Von den Früchten und Wurzeln der Berberitze (*Berberis vulgaris*)

In manchen Jahren entwickelt sich an den Berberitzen ein auffällig starker Behang mit den schmalwalzigen, roten Früchten. Dies ist offenbar vom Witterungsverlauf und Bestäubungsmöglichkeiten während der Blühzeit abhängig. Dann werden sie für die Herstellung von Früchtetee, Marmelade, Mus, Gelee und dem berühmten „Berbersaft" gesammelt, und sie dienen zur Zubereitung von Essig und Hustenmitteln. Die besondere Bedeutung galt früher allerdings der heilwirksamen Ast- und Wurzelrinde als wichtiges Reinigungsmittel bei verschiedenen Krankheiten des Menschen und vor allem zur Heilung von Krebs. Die vielseitige Verwertbarkeit auf dem Gebiet der Medizin wird heute leider ignorierend behandelt.

Wenn auf den Weiden der Umgebung in den letzten Jahrzehnten vermehrt wieder die Berberitzen (*Berberis vulgaris*) tragend waren, ließen wir dieses Angebot im September nicht aus und schnitten die überhängenden Äste mit dem reichen Fruchtbehang zurück und lieferten sie zum Abernten in die warme Stube nach Hause. Aus den Früchten bereiteten wir Marmelade, Likör, Suisse, Essig und trockneten sie für heilkräftige Früchte-Tee-Mischung im Schatten, und von den Ästen schabten wir die Rinde für einen Reinigungstee ab.

Eine wahre Geschichte aus der Volksheilkunst

Wie wichtig das Erzählen von Geschichten ist, zeigt folgende wahre Begebenheit im Salzkammergut, welche von einem Bekannten weitergegeben wurde:

Ein 72-jähriger Mann spürte körperliche Beschwerden, welche mit den Monaten immer stärker wurden. Als er an Gewicht verlor und die Schmerzen zunahmen, vermutete er sein nahendes Ende. Er ließ sich von verschiedenen Ärzten untersuchen. Diese konnten keine geeignete Diagnose erstellen. Sie wollten alles Mögliche beim Kranken

Neben der Wurzelrinde ist auch die Astrinde für Reinigungstees verwendbar.

ausprobieren und ihn von Pontius bis Pilatus schicken. Die vorgeschlagenen Versuche ließ der Mann nicht über sich ergehen und besann sich des überlieferten Wissens der regionalen Volksheilkunst. Er wusste um natürliche Heilmöglichkeiten von einer alten Frau, welche ihm in der Jugend von Erfolgen bei Krebserkrankungen berichtete, ohne dass der Körper geschädigt wurde. Sie zeigte ihm auch geeignete Pflanzen in der Umgebung. So begab er sich auf eine niedergelegene Alm, wo er einen halben Stock eines Berberitzenstrauchs ausgrub, grob von der Erde befreite und mitsamt den abgeschnittenen Ästen gebündelt nach Hause brachte. Hier wusch er die Wurzel ab und schälte säuberlich die Rinde mit seinem Taschenmesser. Auch die Astrinde wurde geschält und zur Geschmacksabmilderung der Wurzelrinde beigemischt. Den größeren Teil der Rinde legte er zur Trocknung auf. Eine geringe Menge begann er sofort aufzukochen und trank davon in kleinen Schlucken. Ihm wurde im Gesicht und um die Ohren sehr heiß. Diese Reaktion bedeutete ein gutes Ansprechen auf die Wirkung der Rindenheilkräfte. Am folgenden Tag führte er diese Trinkkur fort und bekam Schmerzen beim Harnlassen und in der Nierengegend. Über mehrere Wochen lang *trank er dann vom verdünnten Absud, bekam dadurch einen beständigen Harndrang und löste auf diese Weise das vom Arzt nicht erkannte Problem. Auf alle Fälle tauchten große Gallensteine auf und er heilte damit auch andere komplex zusammenhängende Krankheitsursachen. Über eine vermutete Krebserkrankung sprach er nicht. 2007 hatte der Mann 90 Lebensjahre überschritten und war wieder besser gesundheitlich zuwege als im Alter von 60 Jahren, denn er ernährte sich seither auch gesundheitsbewusster.*

Solche Erfahrungsberichte aus dem Leben der Leute sind in Zeiten des Verlustes des Heilpflanzenwissens ungemein viel wert. Sie regen zum Nachdenken an und veranlassen mich, die Berberitzenfrüchte zu trocknen, um damit Tee zu machen oder mehrere davon zwischendurch bei der Landarbeit und auf den Wegen im Gelände zu kauen. Beizeiten findet die für die Prophylaxe auf Vorrat gehaltene Berberitzenrinde einige Tage lang im Mischtee Berücksichtigung.

Viele volkstümliche Bezeichnungen

Der lateinische Gattungsname „Berberis" stammt vom arabischen „berberi" und bedeutet wegen der Form der gelben Blütenblätter „Muschel". Es wird angenommen, dass der Sauerdorn aus der Region der Berber Afrikas herstamme und als Heilpflanze eingeführt wurde und später in den Weiden und Waldweiden verwildert ist. Die regionalen deutschen Bezeichnungen rühren vom sauren Geschmack der Früchte und Blätter her wie z.B. Essigdorn, Essigbeere, Essigscharl, Essigflasche oder Essigscharf. Sie deuten auf die einstige Verwendung der Früchte für die Essigherstellung hin, wenn die Früchte in Wasser angesetzt wurden. Andere Bezeichnungen sind: Sauerdorn, Surbeere, Saurach, Sauerachdorn, Weinäugleinstrauch, Weinzäpferl, Maßl-, Paslpir, Boasl-, Broml-, Prummel-, Passelbeere, Erbselbeerstrauch, Zitzen-, Spitz-, Gitzibeer, Geißenlaub, Bubenlaub, -beere, Wutscherling, Geißensauerampfer, Dreidorn, Spießdorn, Kuckucksbrot, Hasen-, Hundsbrot, Fäßlistruch, -chrut, Zizerlstrauch, Gischgerlatz'n, … Weinscharling oder Weinscharl nennt man den Strauch, da die Früchte wie saurer Wein oder Tee schmecken und der sogenannte „Weinscharltee" während der Weltkriege als Zitronentee-Ersatz in den Wiener Gasthäusern Einsatz fand. In alten Schriften wird der „Weinlegelein" als Kräftigungsmittel gegen die Pest empfohlen.

Zum Vorkommen

Der Strauch gilt als sehr widerstandsfähig, weshalb er auf sommertrockenen steinigen und sandigen Böden gut gedeihen kann, allerdings feuchte Standorte meidet. Diese Sträucher sind typisch für gealterte Weiden, Steinlesehaufen und bevorzugen mineralstoff- und basen- bis kalkreicheren Boden. Findet man sie auf lichteren Stellen im Wald, so deuten sie auf die einstige Weidenutzung dieser heute mit Gehölzen zugewachsenen Standorte hin. Wegen der starken Bedornung wird der Strauch von den Weidetieren gemieden. Die jungen Triebe werden bis zur Verholzung im Sommer als Heilmittel von Schafen, Ziegen, Rindern und Pferden allerdings genossen.

Auch in Hecken, Gebüschen, an sonnigen Waldrändern und auf Sonnenhängen der Allmenden und Almweiden können sie bis auf 1.600 m Seehöhe noch vorkommen. Bis vor wenigen Jahrzehnten rottete man die Berberitze beinahe aus, da sie als Überträger des Getreide-Schwarzrostes galt. Auf der Blattunterseite bilden sich die Wintersporen dieser Rostkrankheit aus.

Zum Aussehen

Der sommergrüne Strauch wird bis zu drei Meter hoch und gehört zu den Berberitzengewächsen, zu denen auch die Mahonie zählt. Er besitzt in der Jugend rotbraune, rutenförmige Zweige. Wenn sie später überhängend werden und verholzen, erhalten sie eine graue Rinde. Bei der Berberitze neigen sich die ältesten der aufstrebenden Triebe an der Spitze bogenförmig zu Boden. Auf der Oberseite der so entstehenden Krümmung treten dann junge Schösslinge auf. Werden diese wieder älter, so neigen sie sich wiederum und führen zu einem ausladenden Aufbau des Strauchs. Aus dem Wurzelwerk entstehen Bodenaustriebe, wodurch sich der Strauch flächig ausbreiten kann.

Schabt man die Rinde ab, so ist eine leuchtendgelbe Übergangsschicht zum Holz zu sehen. Typisch sind seine zumeist drei- bis fünfteiligen, langnadeligen Dornen (deshalb auch „Dreidorn" oder „Spießdorn" genannt). An den Kurztrieben finden sich verkehrt-eiförmige, kurzstachelig gesägte Blätter, in deren Achseln zwischen Mai und Juni die leuchtend gelben Blütentrauben hängen, welche sehr stark duften und Insekten zum Bestäuben anlocken.

Die länglichen, rot leuchtenden Früchte sind mehrsamig und durch einen säuerlichen Geschmack charakterisiert. Sie enthalten Apfelsäure (keine Wein- und Zitronensäure) und Vitamin C und können ab August bis in den Winter hinein gesammelt werden. Nach dem ersten Frost verlieren die Früchte etwas an Säure und schrumpeln zusammen.

Mit Ausnahme der Früchte gilt die ganze Pflanze, besonders die Wurzel, als leicht giftig, weshalb eine vorsichtige Handhabung angeraten ist. Der Genuss unreifer Früchte in größerer Menge kann Benommenheit, Übelkeit, Erbrechen, Nierenreizung und Durchfall verursachen. Fruchtfleisch und Samen enthalten keine Alkaloide.

Der heilwirksame Wurzelrindentee

Die Rinde der Wurzel wird im Spätherbst oder Frühjahr für die Heilanwendung gesammelt und geschält. Sie schmeckt bitter und färbt beim Kauen den Speichel gelb. Sie wird im Korb oder aufgefädelt im Schatten getrocknet. Mit der Trocknung verblasst die gelbe Farbe. Die Hauptwirkstoffe der Wurzelrinde sind die Alkaloide Berberin, Oxyacanthin und Berbamin. Ein Wurzelrindentee fördert die Gallensekretion und Nierenaktivität und hilft sehr gut gegen Wechselfieber, bei nervösen Magenbeschwerden, gichtisch-rheumatischen, Leber- und Gallenleiden. Dieser wurde ebenso zum Ausziehen von Fremdkörperteilen wie Pfeil- und Dornspitzen verwendet. Berberin hilft die Gelbsucht, Leberschwellung, Leberentzündung, Gallenstau und Gallensteinleiden zu heilen und wirkt bei Harnleiterschmerzen, Hämorrhoiden und Wassersucht und offenbar bei Krebserkrankungen. In der Volksmedizin setzte man den Absud der Wurzelrinde bei Sehschwäche und Augenentzündungen, Frostbeulen, Nierensteinen und Hautausschlägen sowie feindosiert und vorbeugend zur Gesundhaltung der Leber ein.

An den typischen dreiteiligen Dornen ist der Sauerdorn im Winter erkennbar. Die frisch geschobenen, sauren Blättchen sind reich an Vitamin C und dienen für Mischsalate.

Die gelben Blüten hängen in Trauben und haben einen sehr parfümartigen Duft.

Ähnlich wie Alant, Bärlauch, Brennnessel, Sonnenhut (*Echinacea*), Heckenrose, Rosenblütenblätter und Thuja stärkt die Berberitzenwurzel das Immunsystem und reinigt das Blut. Das Berberin wirkt magen- und leberfördernd, schwach krampflösend, abführend, milzanregend, wasser- bzw. harn- und galletreibend. Bei Nierenentzündungen ist dagegen höchste Vorsicht geboten. Neben der schmerzlindernden, beruhigenden und muskelrelaxierenden zeigt Berberin blutstillende, fiebersenkende, bakteriostatische und fungizide Wirkung. Deshalb fand die Rinde Verwendung gegen Gastritis, Malaria und Cholera.

Reinigend bei allen Beschwerden

Wegen des breiten Wirkungsspektrums und besonders wegen der reinigenden Wirkung aller Körperorgane fehlte einst die Wurzelrinde in keiner Hausapotheke. Auch wurden daraus braungelbliche, häufig saure oder bittere Tinkturen als mild wirksames Kräftigungs- und Rheumamittel hergestellt. Den Sauerdorn wandte man im Alpenraum gegen Schlangenbiss, Erbrechen, Kopfschmerzen, Appetitlosigkeit, chronische Verdauungsstörungen, bei Stuhlträgheit bzw. Verstopfung bei Kindern als Abführmittel, bei Hämorrhoiden, Milzleiden, Nierenstockungen mit Schmerzen und Harndrang an. Bei Nieren- und Blasenleiden wurden Teemischungen von Berberitzenzweigrinde und -früchten, z.B. mit Wacholderbeeren und -zweigen, Wermut, Bärentraubenblättern, Birkenblättern, Schafgarbenkraut, Petersiliensamen u.a.; angerichtet. Bei starkem Fieber bereitete man Tee mit geringen Mengen der Früchte und Wurzelrinde des Sauerdorns, mit den Blüten der Linde und des Schwarzholunders zu. Gesüßt wurde mit Preiselbeermus und Honig.

Das Berberin wirkt zusammenziehend auf die Gefäße aller Unterleibsorgane, auch der Gebärmutter, wodurch Wehen möglich werden, weshalb Schwangere mit höchster Vorsicht Berberitzenpräparate verwendeten. Gekochte Fruchtprodukte wirken allerdings mild uterusanregend. Einen Astrinden-Auszug verwendete man zum Gurgeln bei Entzündung des Zahnfleischs und lockeren Zähnen. Den frischen Saft der Früchte verwendete man zur Pinselung des Zahnfleischs.

Die Nutzung der Früchte

Reife Früchte sind unbedenklich verwendbar. Eine Marmelade erhält man, indem man die Früchte mit etwas Wasser aufkocht, dann erst geringe Mengen pektinreicher Äpfel mitkocht und passiert und gesüßt einkocht. Der reiche Gehalt an Vitamin C der frischen und getrockneten Früchte steigert die Abwehrkräfte. Früchtetee wirkt bei Verdauungsstörungen und Verstopfungen sowie bei Lungen- und Brustfellentzündung und Hustenbeschwerden. Im Lungau wird z.B. ein sirupartiger Saft regelmäßig während der Winterzeit in den Tee eingerührt, um sich vor Erkältung zu schützen oder wenn Verkühlungen oder Herzbeschwerden bereits bestehen. Der eingekochte Saft oder die bei starker Eindampfung und Gelierung entstehende und geknetete Fruchtmasse (ähnlich wie Quittenbrot) wirkt gegen Skorbut, Lungen-, Darm- und Leberleiden. Früchte und der Berberitzensaft mit etwas Zucker eingekocht helfen bei Schwangerschaftserbrechen, bei Schleimkrankheiten, Blutfluss des Uterus und zur Entwässerung und Fiebersenkung.

Der durstlöschende Berberitzen-Fruchtsaft und -essig hat eine leicht abführende Wirkung. In Schnaps angesetzte Früchte ergeben ein wunderbar schönes Rot und nach der Absiebung der Früchte gesüßt einen sehr guten leicht säuerlich schmeckenden Likör. Auch der Blätter-Tee fand Einsatz gegen Skorbut, Ruhr und Wassersucht. Junge, vor der Blüte gesammelte Blätter wurden in geringen Mengen mit anderen Kräutern in die Salate gemischt oder getrocknet dem Rauchtabak beigemischt. Die wieder eingeweichten Früchte sind im Beilagenreis und in Wildbratensoßen oder kandiert zum Genusszwecke sehr gut geeignet. Auf den Märkten findet man auch kernlose Trockenfrüchte, welche aus dem türkisch-persischen oder arabischen Raum stammen.

Berberitzen-Essig und Einsatz als Kurgetränk

Der Fruchtessig fand Verwendung für eine reinigende Kur. Man kocht die Früchte in Wasser ohne (!) Zuckerzusatz und lässt sie in einem Tuch oder einer Siebschüssel – ohne Pressung – zum Abtropfen stehen. Die Flüssigkeit soll zwei bis drei Wochen stehen gelassen werden.

Die Früchte dienen als Fiebersenkungs- und Hustenmittel für Tee, Gelee, Marmelade, Fruchtsäfte und Essig.

Getrocknete, kernlose Berberitzenkerne aus der Türkei.

Macht man Marmelade, so können die Tresteranteile, die vor der Zuckerbeigabe beim Passieren mit der „Flotten Lotte" anfallen, ebenso zur Herstellung von Essig verwendet werden. Ein Fruchtessig kann auch mit Johannisbeere, Himbeere, Preiselbeere, Heidelbeere oder Kirsche (ohne Kerne) zubereitet werden.

Mit dem Berberitzen-Essig erfolgt über zwei Wochen lang eine reinigende Kur: 2 TL Berberitzen- oder auch Apfelessig, ½ TL Bienenhonig, je nach Belieben mit warmem Wasser aufrühren und ca. eine Stunde vor dem Essen drei Mal täglich davon ein gutes Glas voll einnehmen. Der Essig wirkt entzündungshemmend, keimabtötend, entgiftend, entschlackend und sekretionsfördernd. Er reinigt die Schleimhäute des Verdauungstraktes, die Atemwege und Bronchien, Leber und Galle, das Blut und auch die anderen Organe. Er wirkt sich sehr positiv auf den Zuckerstoffwechsel aus.

Weitere Verwendungen

Wegen des gelben Farbstoffs diente die Rinde und Wurzel zum Färben von Wolle, Leinen und Leder, und fein pulverisiert zum Fälschen bzw. Strecken von Safranpulver. Wegen der Zähigkeit des Holzes wurden von den Schuhmachern aus den älteren Starkästen Absatznägel gemacht und verfertigten die Holzrechenmacher daraus die Rechenzähne. Das feste, gelbe Holz benutzte man für Spazierstöcke sowie Pfeifenröhren und Auslegearbeiten. Das zähe Reisig bündelte man zu speziellen Besen zum Zusammenkehren von großen Hofflächen, der Scheunen und Ställe.

Und im Volksbrauch fiel dem Sauerdorn auch die Bedeutung als Pflanzenorakel zu: Waren im Herbst die Früchte dick und kurz, so steht ein sehr strenger Winter bevor. Bei schmalen und länglichen Früchten hingegen gibt es geringere Schneemengen, weniger Kälte und längere Zeit über sogar schneefreie Phasen.

Der typische Wuchs einer Berberitze: An den bogenförmig überhängenden, grauen Altästen treiben die neuen reichbedornten, braunfärbernen Ruten aus.

Von Brombeer-Mus, Brombeer-Likör und Korb-Flechtwerk (*Rubus fruticosus agg., R. caesius*)

Die schwarzfruchtige, blaubereifte Kratz- oder Auen-Brombeere (Rubus caesius).

Die Gruppe der Brombeeren umfasst eine hohe Vielzahl an verschiedenen Arten und unüberblickbar viele Kreuzungen. Die glänzendschwarzen Früchte der Eigentlichen oder Echten Brombeere (*Rubus fruticosus* agg.) und die bereiften schwarzblauen der Reif-, Auen-, Acker-Brombeere oder Kratzbeere (*R. caesius*) wurden meist roh verzehrt oder direkt für Marmelade, Sülze und Backwaren verwendet. Äußerst selten kommt die sauer bis süß und kräftig aromatisch schmeckende Wildfrucht auf den Märkten in Umlauf, da sie als Weichobstart schlecht transportierbar und nur kurz aufbewahrbar ist. Die Beeren verarbeitete man deshalb relativ schnell zu Marmelade, Sirup, Gelee, Kompott, Mus, Saft, Wein, Likör und Mischschnäpsen, Essig und Mischgetränken. Sie kamen auch bei der Weinfärbung zum Einsatz.

Mit einem dichten Netzwerk an bewehrten Trieben überdecken die Brombeeren die Standorte und lassen kaum Stauden aufkommen. Schattenkeimer oder Gehölze wachsen im Schutze der Brombeeren auf.

Im Folgenden sei auf die Gruppe der Frucht-Brombeeren eingegangen, da sie auf kleiner Fläche durch ihr Wucherverhalten vergleichs- und jahrweise hohe Erträge liefern können. Die Verzweigungen sind für strapazierfähiges Flechtwerk geeignet.

Die Frucht-Brombeere und ihre Standorte

Die Namensgebung stammt von „Bromen", ein alter Begriff für Pflücken und Sammeln. In der Schweiz hielt sich dieser Begriff im Volksmund bis vor 100 Jahren und wurde für das Ernten der Früchte und Blätter verwendet. Es ist auch die Sprachwurzel „bram" vom altindischen „bhram" enthalten, welche auf das Wirrwarr der Zweige und die Ausbreitung der Sprosse verweist (s. FLAMM et al., 1940). Die Eigentliche, Echte oder kurz Frucht-Brombeere (*Rubus fruticosus* agg.) ist ein niedrig wachsender Strauch mit spreizklimmendem oder kriechendem Wuchs. Die mit Stacheln bewehrten Zweige können auf dem Boden dahinkriechen, aufsteigen, bogenförmig herabhängen, aber auch aufsteigend an anderen Gehölzen sich einige Meter weit emporspreizen. Die an der Oberseite runzeligen, gezähnten drei bis fünf Fiederblättchen sind auf der Unterseite grün oder grau und weich behaart. Die Blüten sind weiß bis rosa gefärbt und besitzen je fünf Kelch- und Kronblätter sowie zahlreiche Staub- und Fruchtblätter. Die blauen bis schwarzen, wässrig-fleischigen Früchte setzen sich aus zahlreichen kleinen, kugeligen Einzelsteinfrüchten zusammen und stellen eine kugelige Sammelfrucht dar. Diese sind bei der Kratzbeere (*Rubus caesius*) bläulich bereift und stärker adstringierend.

Sie bevorzugt unaufgeräumte Waldschläge, sonnige und windgeschützte Feld- und Waldränder, aber auch Forst- und nährstoffreiche ältere Grünlandbrachen. In Gärten können sie mittels Draht-Gerüsten auf eingeschlagenen Pfählen oder auf Holzgestellen gut gezogen und gepflegt werden. Ein Rückschnitt soll nach dem Winter erfolgen, bevor sie wieder austreiben. Die Vermehrung kann über das ganze Jahr mittels verholzter Stecklinge oder Ableger erfolgen.

Anna von Weissenfluhs Brombeer-Geheimnisse

Vor Jahren war ich bei der gebürtigen Österreicherin Anna in Luzern zu Gast, welche hier durch die Heirat ansässig wurde. Dabei kosteten wir uns durch ihre selbstgemachten Liköre durch. Bei ihren Spaziergängen sammelte sie auf den Baulandbrachen des Stadtrandes, an Waldrändern und auf verwilderten Niemandsländern die Beeren. Dort konnte sie nicht, ohne den Beeren eine Wertschätzung zu geben, vorbeischreiten. Sie pflückte die vollkommen ausgereiften Brombeeren in die Plastikkübel, da sie mit zunehmender Auffüllung durch das Eigengewicht Saft abgeben, welcher nicht verloren gehen sollte. Die sauber gepflückten Beeren wurden zu Hause ohne Waschen mit Kristallzucker bedeckt. Diese Geschirre stellte sie für drei Tage in den Kühlschrank

Die Brombeer-Blätter können noch im Winter für Teenutzungen gesammelt werden.

HERBST

Die Frucht-Brombeere zeichnet sich durch glänzende und süße Beeren aus.

und Keller. Der Zucker entzog den Beeren den Saft und das wunderbare Fruchtaroma, welches in den Produkten dann wirksam aufging.

Dann gab die liebe Frau etwas Cognac dazu. Früher verwendete sie guten Zwetschken- oder Apfelschnaps. Entweder füllte sie die halb mit Früchten gefüllten Gläser mit dem Alkohol auf oder sie entfernte die Fruchtteile, indem diese durch ein Tuch gedrückt wurden. Die kluge Frau machte auch aus der Fruchtmischung Brombeere und Kirsche mit Cognac ein köstliches Getränk. Je länger diese Mischungen in Gläsern gelagert werden, umso harmonischer entwickelt sich das wunderbare Aroma.

Wohlschmeckende Brombeer-Marmelade

Früher zubereitete Brombeer-Marmelade gestaltete sich trotz intensiver Bemühungen immer mittelmäßig. Selten gelang mir und meines Erachtens anderen Leuten eine wohlschmeckende Brombeer-Marmelade. Anna von WEISSENFLUH bestärkte mich, die Brombeere nicht ganz ins Abseits zu stellen, sondern sie wieder besonnener zu nutzen. Sie gab auf die Beeren herkömmlichen Zucker und stellte die Mischung bis zu drei Tagen kühl. Auf ein gutes Kilo Wildobst brauchte

▌ Von Brombeer-Mus, Brombeer-Likör und Korb-Flechtwerk

Setzt man Brombeeren zwei bis drei Tage mit Zucker an, so gelingen beim Marmelade oder Likör bekömmlichere Erzeugnisse mit einem typischeren Brombeer-Aroma.

sie knapp ein halbes Kilo Zucker. Dann kochte sie die dunkelrote Masse fünf Minuten lang auf und siebte die Früchte ab. Dabei drückte sie den Saft aus. Diese Flüssigkeit wurde auf kleiner Flamme eingedickt oder mit Apfelpektin geliert. Auch andere Süßstoffe sind verwendbar, soweit sie nicht den fruchtigen Geschmack beeinflussen. Empfehlenswert gerade für Brombeere ist auch unbeeinflusster und ungereinigter Zucker (Roh- oder Braunzucker, Kandiszucker), wenn Marmelade oder Liköre einige Jahre gelagert werden, da sich erst mit der Zeit ein gutes Aroma ergibt. Bei geringen Erntemengen mischt man verschiedene Früchte mit Heidelbeeren oder Himbeeren, um Mischmarmeladen zu bereiten.

Einmal probierte ich eine herrliche und süffige Mischung aus. Einen ca. zehn Jahre lang ausgereiften, mit Kandiszucker und Apfel-Birn-Schnaps zubereiteten Brombeer-Likör mischte ich unmittelbar vor dem Verzehr mit dem Zwergholler-Schnaps (*Sambucus ebulus*). Der Attich-Schnaps (von Hans Leitner aus Bruck a.d. Leitha) hat für sich schon einen eigenen Geschmack, aber die Mischung mit dem Fruchtlikör ergab ein Aroma, welches im Handel nicht käuflich erwerbbar ist.

Heilkräftige Wirkung der Beeren, Blätter und Wurzeln

Aus der Wildsammlung stammende Brombeerfrüchte finden zumeist im Rohverzehr Verwendung. Mit Milch, Joghurt oder Topfen und einem Süßungsmittel vermengte Früchte stellen eine häufige Zubereitung dar. Allgemein wird den Brombeeren eine schlaffördernde und beruhigende Wirkung nachgesagt. Frisch gepresster oder durch Erhitzung aufbewahrter Beerensaft wurde in den kalten Übergangszeiten bei Heiserkeit oder sich ankündigender Grippe oder Angina getrunken. Die Früchte oder ihr Frischsaft wirken schweiß- und harntreibend und schleimlösend. Brombeer-Schnaps brennt heute niemand mehr, wiewohl früher das Destillat als gesundhaltendes Winterelixier sehr begehrt war. Früchte, Blätter und Wurzeln als typischer Frühstückstee gekocht, fördern die Harntreibung und wirken gegen die Wassersucht unterstützend. Die gefäßreinigende Wirkung kannten schon unsere Vorfahren und schützten sich so vor Arteriosklerose, aber auch gegen Kopfschmerzen. Die reinigende Kraft des Wurzeltees nutzte man zur Auflösung der Nierensteine.

Die Blätter werden in jungem Zustand zumeist vor der Blütezeit geerntet und entstielt, damit der Tee nicht zu bitter wird. Der Tee wirkt schleimlösend, blutstillend und -reinigend, hilft bei Erkältungen, bei Magen-Darm-Empfindlichkeit mit blutigem Stuhl, bei Durchfall und Roter Ruhr. Auch bei Überreizung des Blinddarms wie bei Sodbrennen und Völlegefühl wurde er eingesetzt. Eine Tinktur dient der Stärkung des Magens. Bei Verstopfung sei der Tee nicht empfohlen. Äußerlich konnte man mit einem Blätterabsud oder Bädern Hautunreinheiten, Hautkrankheiten, Flechten und Ausschläge heilen.

Inhaltstoffe

Die Brombeere gilt zwar allgemein als sogenannte „Männerteepflanze", weil sie offenbar Inhaltsstoffe enthält, welche für die Prostata und bei Hämorrhoiden gesund seien. Junge Blätter wirken allerdings auch bei Menstruationsbeschwerden und Weißfluss der Frauen. Ein hoher Gehalt an Vitamin A, organischen Säuren wie Salicylsäure, Oxalsäure, Bernsteinsäure, Milchsäure, Zitronensäure und Apfelsäure und Flavo-

▌ Von Brombeer-Mus, Brombeer-Likör und Korb-Flechtwerk

Frische Blätter gemust dienen für grüne Soßen oder pikante Speisen.

noide, Pektin, Gerbstoffe und ätherische Öle zeichnet die Pflanze aus. Daneben enthalten sie Vitamin B und C sowie Eisen, Kalium, Kalzium, Natrium und vor allem Phosphor und Kupfer. Selbst die im März geerntete und fein geschnittene Wurzel oder die frischen Sprosse dienten gekocht als Mittel gegen die Wassersucht.

Neben den Früchten besitzen auch die Blätter und die Wurzel eine adstringierende, blutzuckersenkende, harntreibende, tonische und wundreinigende Wirkung. Diese werden bei Diabetes sehr geschätzt. Den angenehm schmeckenden Brombeerblätter- oder -wurzeltee verwendete man aufgrund des Gerbstoffgehalts als adstringierende Haut- und Gesichtslotion, als Mund- und Gurgelwasser bei Entzündungen der Mund- und Rachenhöhle und des Zahnfleischs. Die antiseptische Wirkung der Blätter nutzte man auch für Wundumschläge und Pflaster. Früher kaute man die jüngeren, runzeligen Blätter von Brom- und Himbeere zur Reinigung der Zähne und Massage und Kräftigung des Zahnfleischs. Auf die Fermentation der Brombeerblätter zur Schwarztee-Imitation mit rosenähnlichem Aroma habe ich bereits in Band 1 der „Nahrhaften Landschaft" hingewiesen.

HERBST

Die Zweige als Flechtmaterial verwendet

Bis zu zwei Meter können Brombeerbüsche groß werden. Dies hängt von der Art und den Standortbedingungen ab. Von der Brombeere (vornehmlich von der Frucht-Brombeere, *Rubus fruticosus*) verwendete man einst die langbogig überhängenden, verholzenden und zähen Ranken zum Flechten. Damit wurden kleine Körbe hergestellt oder die bearbeiteten Ranken gebrauchte man zum Verflechten komplizierter Verbindungen oder Korbabschlüsse. Bei alten Strohkorbformen oder den genähten sogenannten „Brotsimperln" aus Stroh oder Binse findet man heute noch vereinzelt die braun verfärbten Brombeerruten vor.

Die grünen bis rot überlaufenen Zweige sind für strapazierfähiges Flechtwerk geeignet. Zum Entfernen der Stacheln, Blätter oder Blattstiele wurden sie, indem man sich um die Hand einen alten Fetzen oder Lappen wickelte oder feste Lederhandschuhe verwendete, durch die geballte Hand gestreift. Dann zog man sie durch ein spezielles Eisenrohr, um sie regelmäßig zu halbieren oder dreizuteilen. Damit sie die Elastizität zum Flechten längere Zeit beibehielten, weichte man sie in Wasser ein. Und der waagrechte Wurzelstock gealterter Brombeeren wurde nach richtiger Lagerung zum Pfeifenschnitzen verwendet.

Je länger die Brombeer-Früchte in Alkohol angesetzt werden, umso runder wird das Aroma.

Die Wurzel der Echten Nelkenwurz (*Geum urbanum*) wirkt vorbeugend gegen Schlaganfall

Die Echte Nelkenwurz ist an der „unterbrochenen oder leierförmigen Fiederung" der Rosettenblätter und den kleinen Nebenblättern erkennbar.

Häufig kommt in den Gärten zumeist entlang der Mauern, Zäune, Hecken, Baumgruppen und an Weg- und Waldrändern die gelb blühende Nelken- oder Nelkwurz vor. Wegen des nelkenartigen Dufts der im Herbst gegrabenen Wurzel trägt diese ausdauernde Pflanze den Namen. Wenigen Leuten ist die ehemalige Bedeutung der Heilpflanze zur Vorbeugung gegen Schlaganfälle bekannt. Die Wurzel wurde vorbeugend zum Würzen von Suppen und einst auch von Kompotten verwendet. Das fantastische Kraut ist bei anderen Krankheiten hilfreich.

HERBST

Das Vorhandensein der Pflanzen ist bedeutsam

Vielfach begegnen wir der in den Gärten vorhandenen wild wachsenden Vegetation mit Argwohn. Es gibt perfide Leute, welche bis auf das Letzte einer Pflanzenart nachstellen, um ihr den Garaus zu machen. Wenn aber immer wieder ein „Unkraut" auftaucht, wäre es doch viel besser, sich mit der Pflanze auseinanderzusetzen und sie vorerst nur zu beobachten und sie nicht mit Chemie oder dem Gartengerät zu dezimieren. Denn diese Sicht von Natur übergeht die unmittelbaren Bedeutungen der Pflanzen für die Menschen, welche nicht rational begründbar sind. Das Erscheinen und das Wahrhaben der Pflanzen deuten auf ihre Akzeptanz hin oder auf die Möglichkeit ihrer notwendigen Nutzung.

Jean-Jaques, der verwandte Feinschmecker, hatte sich durch zu deftige und reichliche Ernährung ein Übergewicht eingehandelt und litt in den letzten 20 Jahren an Herz- und Kreislaufproblemen. Der Arzt verschrieb ihm Medikamente, ohne ihm auch eine Ernährungsberatung angedeihen zu lassen oder auf die Vorzüge der körperlichen Betätigung hinzuweisen. Wenn ich zu ihm auf Besuch kam und den stark vermoosten Garten wieder intensiv durchpflegte, fand ich überall die Nelkenwurz aufkommen. Regelmäßig die Wurzel in den Speisen berücksichtigt, hätte den lieben Mann wieder gesunden lassen.

Wenn wir kleinweise die verschiedenen Pflanzen unserer Umgebung in den täglichen Speisen berücksichtigen, so helfen sie unserer Gesunderhaltung. Aber nicht nur die Verwendung des Materiellen und der Wirkstoffe sei dabei wichtig, sondern vordergründig die Begegnung und der freudvolle Umgang mit der Natur. Allein das Vorhandensein und das Akzeptieren bestimmter Pflanzen sind heilwirksam. Die Nelkenwurz z.B. beinhaltet im latein. Artnamen „urbanum", was auf seine Ansiedlung um die menschlichen Behausungen – also die Städte und Dörfer – oder an Mauern wachsend hindeutet. Hier bevorzugt sie nährstoffreiche, eher beschattete Stellen und Schuttstandorte. Die Pflanze sucht förmlich die Nähe des Menschen. Und jene Leute, welche sie beobachteten, haben herausgefunden, dass diese Art von verschiedenen Seiten her heilwirksam und nahrhaft ist.

Die Wurzel der Echten Nelkenwurz

Aus den Griffeln der fünfteiligen, gelben Blüten der Echten Nelkenwurz bildet sich nach dem Blühen ein auffälliger, schopfartiger Fruchtstand.

Die Bach-Nelkenwurz besitzt glockenartig hängende Blüten mit rotbraunen Kelchblättern.

■ HERBST

Begriffe stehen im Gebrauchszusammenhang

In vielen Regionen werden für die Echte Nelkenwurz verschiedenste und vielsagende Namen angeführt, wie „Mannskraft", „Heil aller Welt", „Igelkraut", „Weinwurzel", „Neidkraut", „Benediktenkraut", „Märzwurz" u.v.m. Sie wurden über viele Generationen in einem Gebrauchszusammenhang entwickelt. In einem Begriff mit wenigen Silben ist eine Geschichte enthalten. So klug ist die Sprache entwickelt worden, dass ihre Begriffe im wahrsten Sinn des Wortes dem Begreifen, dem Verstehen der Gebrauchsgeschichten, dienen. Aber unter

Die nach Gewürznelken riechenden Wurzeln sind von Herbst bis Frühjahr zu graben – dann sind sie in Bezug auf die Gefäßreinigung am wirksamsten.

verschiedenen Einflüssen sind die Geschichten verloren gegangen. Der Name „Weinwurzel" z.B. weist auf den herzstärkenden Gebrauch mit Wein hin oder „Märzwurz" verdeutlicht die Zeit des Sammelns im Frühjahr vor dem diesjährigen Austreiben und die hohe Heilwirksamkeit der Wurzel im März. In der Schweiz wird die Pflanze auch „St. Benediktskraut" oder „Benediktenkraut" genannt. Wegen der guten Erfahrungen mit der Pflanze steckt darin das „gebenedeite" oder gesegnete Kraut, was die hohe Wertschätzung in einem Begriff vermitteln soll.

Man erkennt sie leicht an den Blättern

Die rosettenartigen Grundblätter haben eine fiederartige Form. In der Fachwelt wird von einer „unterbrochenen oder leierförmigen Blattfiederung" gesprochen. Die Form der Seitenblätter verkleinert sich entlang des Blattstiels nach unten hin. Auffällig erscheinen die großen runden Endlappen der oberen Teilblätter, welche im Vergleich größer und dreiteilig sind, und der zumeist rötlich gefärbte Stängelgrund. Der Stängel der Nelkenwurz ragt 30, manchmal bis zu 60 cm hoch auf, ist meist schwach verzweigt und endständig mit der fünfblättrigen Blüte versehen. Sie blüht von Juni bis September. Die gelbe Blüte ist der Erdbeere täuschend ähnlich und zeigt die nahe Verwandtschaft innerhalb der Rosengewächse auf.

Im Sommer siedelt sich die Pflanze mithilfe ihrer mit widerhakenförmigen Griffeln versehenen Früchte, die für die Verschleppung der Samen ausschlaggebend sind, an den Hecken-, Wald- und Wegrändern, neben Gartenzäunen oder auf Schuttplätzen an. Über den ganzen Winter bedecken die dunkelgrünen Blattrosetten die Standorte und können auch zu dieser Jahreszeit geerntet werden. Über diese Blätter lässt sich an schneefreien Wintertagen die Wurzel leicht finden.

Die Nutzung der Blätter

Die am Boden anliegenden grundständigen und am Stängel befindlichen Blätter dienen das ganze Jahr über als Wildgemüse. Die frisch ausgetriebenen Blätter sind natürlich am besten für Salate und Suppen nutzbar. Auch im Winter können die Blätter aufbereitet in den Speisen berücksichtigt werden. Sind die Blätter schon zäh, so kocht man sie mit der geernteten Wurzel aus und entfernt sie danach, ehe man die Suppe mit anderen Zutaten fertig stellt. Das geschnittene junge Kraut kann direkt in die vorbereitete Suppenbrühe gegeben werden. Oder man siedet das zerkleinerte Kraut kurz in Salzwasser oder schmort es in Butter oder Fett, um eine Beilage zu erhalten. Gemüse wie Suppe können mit Küchengewürzen oder Laucharten abgeschmeckt werden. Das Kraut, im blühendem Zustand geerntet, reinigt den Körper, stärkt das Herz und Gehirn, sowie innere Organe und wirkt stopfend bei Durchfall.

Im Frühjahr werden die frischen Blätter als Gemüse und pro Speiseteller das Kraut und eine Wurzel für die Suppe gesammelt.

Eine kräftigende Suppe für Magen und Darm

Mit einer großen Wurzel oder zwei kleinen hat man für eine kräftige Wintersuppe pro Person ausreichend genug Inhaltstoffe. Wegen des reichen Zucker- und Stärkegehalts gilt die Nelkenwurz seit jeher als sehr nahrhaft. Durch die Auskochung des Wurzelstocks ergeben sich kräftigende Suppen für den geschwächten Magen und Darm. Der

Duft einer solchen Suppe ist angenehm würzig. In die Nelkenwurzsuppe können zur Erhöhung des Nährwerts noch Haferflocken, Grieß oder eine Einbrenn mitgekocht werden. Ältere Hinweise gehen von einer Auskochdauer des Wurzelstocks von etwa einer halben Stunde aus. Die fein gehackten Blätter können mitgekocht werden.

Die Nutzung der Wurzel wurde durch Gewürznelken ersetzt

Bevor die Gewürznelken aus der Familie der indischen Myrtengewächse als Handelsware zu uns kamen, nutzten die Europäer den Wurzelstock der Echten Nelkenwurz für diesen Zweck. Lediglich ist die Gewürznelke in der Wirkung viel intensiver. Im blühenden Kraut und in der Herbst- und Winterwurzel von *Geum* ist verhältnismäßig viel Eugenol enthalten, deshalb besteht ein ähnlicher Duft wie bei den importierten Gewürznelken. Die Wurzelstöcke der Nelkenwurz haben die größte Wirkung ab dem Herbst bis zum Neuaustrieb im Frühling bis etwa Ende März oder Anfang April. Mit dem frühjährlichen Austreiben wandern die meisten im Wurzelstock gespeicherten Nährstoffe in die oberirdischen Teile. Deshalb kommt in der Vegetationszeit dem frischen Kraut eine ebenso wichtige Bedeutung zu. Weiters dienen die Blätter dann der Versorgung mit Vitaminen und Mineralstoffen, indem sie als Gemüse in den Speisen Berücksichtigung finden.

Die Wurzel der Nelkenwurz diente auch als Würzmittel.

Nelkwurzwein verhütet Schlaganfall

Der Wurzelaufguss galt als stopfendes und vor allem stärkendes, appetitanregendes Mittel in der Genesungsphase nach langwierigen Krankheiten. Der Tee festigt das Zahnfleisch. Auch die in Wein gesottenen und nährstoffreichen Wurzeln – etwa zwei EL auf einen halben Liter Wein – liefern kräftigende Heilmittel bei erschöpfenden Krankheiten mit starken Energieverlusten. Deshalb bekam sie auch den Namen „Weinwurzel". Pulveransätze in Schnaps oder Wein ohne Kochen ergaben angenehme und heilwirksame Weingeschmäcker. Solch ein erfrischender Wein dient der Lungen-, Leber-, Herz- und Magenstärkung, Fiebersenkung und verhütet Schlaganfall. Auch bei Lähmungen infolge eines Schlaganfalls kam die Wurzel oder ihr Pulver in Form einer Abkochung zur Anwendung. Die Wirkstoffe vermögen die Stauungen der Pfortader zu öffnen und reinigen ähnlich wie der Kümmel die Blutgefäße. Kleinweise in der Ernährung – vor allem im Obstkompott – eingegliedert, wirkt die Pflanze als Vorbeugemittel bei den genannten Beschwerden.

Über die Wirkung

Der latein. Pflanzenname „Geum" stammt vom griech. „geuein" und bedeutet „riechen, schmecken". Nach dem Waschen entfernt man alle welken Blätter und Stängel und schneidet die Wurzelstöcke mitten durch. Dabei werden die rötlichen, lila bis violetten Schnittflächen sichtbar. Man bemerkt dann den nelkenartigen Geruch des aromatischen Öls. Dafür ist das Eugenol verantwortlich, welches eine schmerzstillende und fäulniswidrige Wirkung hat. Die Pflanze schmeckt etwas herb und bitter und wirkt zusammenziehend, wundheilend und schweißtreibend. Diese Droge gilt als entzündungshemmend und wird als stopfendes Mittel verwendet. Sie enthält Gerbstoffe, Harze, Gummi, Vitamin C, Kohlehydrate und Ammoniaksalze. Dem Gehalt an Eugenol und Bitterstoffen verdankt das Kräutlein seine Anwendung bei Magen- und Darmkrankheiten, Schleim- und Blutflüssen. Auch bei Ruhr und Durchfällen kam die Heilpflanze zum Einsatz. Die Wurzel und oder das grüne Kraut um den Hals gehängt, erleichtern das erste Zahnen bei Kindern und heilen Augenschmerzen.

Für die Haltbarmachung von Bier

Hinweisen nach fand die Wurzel auch Anwendung zur Haltbarmachung von Bier, damit es nicht sauer, im Geschmack bekömmlicher und besser verdaulich wurde. Manchmal war damit der Hopfen ersetzt worden. Das Pulver aus den Wurzeln diente ebenfalls zur Aromatisierung von Fleischspeisen, Suppen, Backwaren, Glühwein und Kohlgerichte. Vor allem im Alpenraum verwendete man die Wurzel regelmäßig für Kompotte, Marmeladen und Backwaren. Früher fand die duftende Wurzel auch als Mottenmittel Einsatz. Mit den frisch gemusten Wurzeln die offenen Körperteile eingerieben, waren die Steckmücken vertrieben worden. Auch diente eine Pulverauflage der lokalen Schmerzbetäubung.

Über den Anbau

Je nach Dafürhalten kann über den Anbau im Garten eine größere Menge zur Trocknung und somit zur Versorgung für den Winter sichergestellt werden. Die heilkräftigen Wurzelstöcke müssen allerdings in Gläsern licht- und luftdicht gelagert und binnen eines halben Jahres verbraucht werden. Bereits im Frühjahr können die Samen ausgesät werden, ehe im folgenden oder dritten Jahr eine erträgliche Ernte bewerkstelligbar wird. Sie benötigt dazu eher nährstoffreiche bis frische Wiesenrand- und Gartenbeetstandorte, deren Boden längere Zeit konsolidiert ist. Nach der Ansaat dienen leichte Auflagen mit Laub einer Optimierung des Saataufganges und des Anwachsens. Auch am Rand der Gartenzier- und -nutzsträucher kann eine Aussaat Ernten einbringen. Nach den Ansaaten ist zwischen drei bis fünf Jahren mit der Ernte zu warten. Die Wildsammlung in den Auen würde allerdings die Kultivierungsarbeit ersparen.

Zur Ernte

Um den ganzen Wurzelstock aus dem Boden auszustechen, lockert man neben der Blattrosette mit einem zugespitzten Stock, Rehkrickerl, Küchenmesser oder einer Handgartenschaufel den Untergrund, hält die Rosette fest und hebelt den Wurzelstock heraus. Er soll nicht in jungem Zustand geerntet werden, da man ansonsten die knapp unter den Blättern liegende noch zu junge Wurzel abreißt. Kräftige Blattrosetten können einen 10 cm langen Wurzelstock haben, der auch waagrecht dahinkriechen kann. Ältere Wurzeln sind heilwirksamer als junge. Im Herbst geerntete Wurzeln – auch jene der Berg-Nelkwurz – im Keller eingeschlagen, ermöglichen eine frische Verwendung auch im Winter.

Verwandte Arten: Berg- und Bach-Nelkwurz

Die bis über 1.800 m Seehöhe vorkommende Berg-Nelkenwurz (*Geum montanum*), deren größere und intensiv gelben Blüten z.B. auch bei den Zederhauser Prangerstangen verwendet werden und dadurch auf symbolischer Ebene die Heilwirkung kundgemacht wird, dürfte laut Johann KÜNZLI ebenso eine kräftige Wirkung haben. Sie wurde im Juli und August in blühendem Zustand gesammelt und diente aufgelegt bei Augen- und die frische Wurzel um den Hals gebunden bei Hirnhautentzündung, Kopfschmerzen und Leberleiden. Auch bezüglich der Berg-Nelkenwurz sind Verwendungshinweise des Wurzelstockes in Tee, Wein ausgekocht oder in Wurzelkräuterschnäpsen zur Vermeidung von Herz- und Hirnschlag besonders wertvoll. Hirten heilten mit dem „Petersbart" durch Aufbinden von Berg-Nelkenwurz oder ihrer Wurzelpaste auf die Augen erblindete Rinder, Ziegen und Schafe.

Die gering heilkräftige Bach-Nelkenwurz (*Geum rivale*) galt hingegen früher als offizinell. Aus der wilden Form der Nelkenwurz wurden früher Varietäten gezüchtet und angebaut, wobei natürlich auch die Wurzel als Heilmittel genutzt wurde. Orange blühende Formen und aus Asien eingeführte Arten findet man heute noch in den Bauern- und Hausgärten. Sie wurden als Heil-, aber auch als Gemüsepflanzen verwendet. Über die Wirksamkeit der genannten Arten existieren teils widersprüchliche Aussagen.

Die Wurzel der Echten Nelkenwurz

In den Zederhauser Prangerstangen (Lungau, Land Salzburg) finden sich die gelben Blüten des Berg-Nelkenwurzes eingebunden.

HERBST

Die aus Nordamerika stammende Rot-Eiche (Quercus rubra) zeichnet sich durch verlässliche Nussfrucht-Ernten pro Jahr aus. Man findet sie in den Siedlungsräumen als Zierbaum und in den Wärme-Regionen als Forstgehölz.

Eichelkuchen-Backversuche und Eichelmehl-Herstellung im Winter und Frühjahr

In den letzten Jahren habe ich mehrere Versuche unternommen, mit den Eicheln Backwaren herzustellen. Dabei verwendete ich geröstete, ungeröstete und frische oder getrocknete Eicheln. Jeweils konnte ich in Mischung mit den herkömmlichen Kuchenbeigaben sehr schmackhafte und ohne Weiteres servierbare Kuchen zubereiten. Mittlerweile interessieren sich Köche und Bäcker für eine profunde Wissensvermittlung um diese ausgefallenen Zubereitungsweisen.

Man sollte je nach Sammelzeitpunkt zwischen Herbst- und Winter- bzw. Frühjahrs-Eicheln bei den jeweiligen Eichenarten unterscheiden. Je nach Jahresverlauf der Witterung und Sammelzeit sind verschiedene Gerbstoffgehalte bemerkbar. Und innerhalb einer Eichenart bestehen verschiedene natürliche Selektionen und früher auch Selektionszüchtungen. Man könnte es auch anders sagen: Eine jede Eichenernte erfordert das solide Grundverständnis ihrer Zubereitung und kein Fertigwissen nach Rezept.

Die Verlockung der Eicheln

Ziel der hier dargelegten, mehrjährigen Versuche war es, die stärkereichen Nussfrüchte der Eiche für Nahrungszwecke zu verschiedenen Jahreszeiten auszuprobieren. In den Generationen vor uns war in allen Eichenwuchsgebieten Europas und Nordafrikas die Eichel als Brotfrucht verwendet worden, ehe diese Kultur von der Getreidekultur abgelöst wurde. Der Gebrauch aus Asien, Japan und Nordamerika ist ebenso noch bekannt. Vor allem manche Indianer-Stämme aus den Eichengegenden nutzten die Eicheln für verschiedene Nahrungsspeisen. Erfahrungen machte ich in den letzten Jahrzehnten mit der Herstellung von Eichelkaffee und war natürlich vom Röstaroma angeregt worden, auch systematische Kuchenbackversuche zu betreiben. Bei den Versuchen war das Hauptaugenmerk darauf gerichtet, die Eicheln als Nahrungsmittel verfügbar zu machen und sie als Geschmackgeber,

HERBST

Die Früchte aller Eichenarten (im Bild Trauben- und Stiel-Eichen) sind für Speisezwecke nutzbar, vorausgesetzt sie erfahren eine Entbitterung.

Mehlstrecker und zur Steigerung des Aromas einzusetzen. Die Nachmittage mit selbst gebackenen Eichelkuchen sind schon etwas ganz Besonderes, und man wähnt sich dabei im Eichenhimmel.

Die Siebenschläfer räumten unser Lager aus

Mit Makel behaftete Eicheln wirft das Gehölz zuerst ab. Je länger die Eichelnüsse auf dem Baum verbleiben und erst kurz vor den Frösten abgeworfen werden, umso mehr Stärkegehalt speichern die Eicheln. Auf diese Weise ist die Nachkommenschaft aus den stärksten und gesündesten Eicheln gewährleistet. Also ist eine Sammlung ab der Fruchtreife im Oktober nicht unbedingt erstrebenswert. Freilich kann man auch aus den ersten Abwurfchargen Verwertbares zubereiten. Kenner warten allerdings lieber zu.

In einer Kärntner Gegend fand ich bei einer Wanderung Stiel-Eichen (*Quercus robur*), deren Früchte bei einer Rohverkostung kaum Bitterstoffe vermerken ließen. Mit einer Freundin sammelte ich in mehreren Säcken soviel wir mitnehmen konnten, denn sie waren schön ausgereift, in der Schale schon gebräunt, und solch ein Wintervorrat zum Experimentieren war ein Geschenk. Die Eicheln lagerte ich in Kartonschachteln in einem alten Bauernhof im Mölltal. Am nächsten Tag war der Behälter leer gewesen. Bis auf eine Schicht, verwurmter Eicheln an den Schachtelböden waren alle Eicheln verschwunden. Wir waren also um unsere Lagerbestände gekommen. Damals vermuteten wir, dass durch das geöffnete Fenster eine Siebenschläfer-Familie innerhalb einer Nacht satte 60 kg Eicheln entsorgt hatte. Die wussten genau, was gut war, denn die süßeren Eicheln waren ein lohnenswerter Wintervorrat als die herben Mölltaler Vorkommen. Ihr Eichellager konnte ich nicht ausfindig machen.

Natürliche Lagerung in Erdgruben

Die natürlichen Eichelverzehrer (wie Wildschweine, Eichelhäher, Erd- und Waldmäuse, Rotwild, Eichhörnchen, …) holen sich die besten Stücke. Um ihnen zuvorzukommen und die guten Nussfrüchte zu erstehen, sollten die Eicheln mit Stangen abgeschlagen oder abgeschüttelt werden. Sie werden gut abgetrocknet schichtweise in einer über ein Meter tiefen Erdgrube, mit trockener Erde, Laub oder in Behältern mit Sand kühl und trocken gelagert. Die gleichmäßige Durchmischung von Sand und Eicheln hat sich bewährt, sodass sie sich nicht gegenseitig berühren und keine Krankheiten übertragen werden. Bei Erdgrubenlagerung soll kein Wasser einsickern können und mittels strohummantelter Pfähle eine Durchlüftung gesichert werden. Bei Lagerung in Behältnissen besteht ein Durchlüftungsmangel, und es werden Fermentationsvorgänge gefördert.

Ein Haubendach aus Stroh, Fichtennadeln, Moos, Grassoden oder Brettern ist dazu ebenso zweckdienlich wie das Gräbenziehen außen rundum. Dann bleiben sie bis in den Spätfrühling als Nahrungsmittel frisch. Durch die trockene Lagerung kommt es kaum zu Wurzelaustrieben und wird von den Eicheln nur wenig Energie verbraucht. Eine leichte Ankeimung ist allerdings nicht vermeidbar und sogar zur Bitterstoffumwandlung wünschenswert. Besteht die Gefahr einer Eintrocknung, so wird nach einer Überprüfung der Sand leicht angegossen.

Laubabdeckungen eignen sich auch zur Lagerung, müssen aber wegen dem Mäusefraß gut angelegt sein. Die Aufbewahrungsart in einer mit Laub ausgekleideten Erdgrube oder lagenweise mit Moos sowie mit dichter Laubabdeckung und Steinbeschwerung ist aus der Esskastanienbevorratung der „Fahrenden" geläufig (s. MACHATSCHEK, M. 2002b). In der Natur kann man sich dazu einige Überlegungen abschauen, allerdings bestehen durch Starkfröste hohe Ausfälle, die beim Auftauen entstehen können. Bei künstlicher Lagerung ist auf kühle Temperaturen zu achten, damit die Eicheln keine zu frühe Ankeimung erfahren.

Entbitterungsmöglichkeiten der Herbst-Eicheln

Mittels Wässerung, Ankeimung oder Röstung erfahren die Eicheln eine Entbitterung. Durch diese Verfahren werden ansatzweise Gerbstoffe umgewandelt bzw. entwickeln sich aus der Stärke Zuckerverbindungen. Nach Entbitterung können die Eicheln schon geschält, zerkleinert und geröstet oder mittels Röstung erst entschalt werden. Nur die spröden Nussfrüchte lassen sich einerseits gut zermahlen oder als Stücke gut lagern. Im Folgenden seien einige Möglichkeiten aufgezeigt:

1. Grundsätzlich können die Früchte in Behältern mit Wasser zur ein- bis zweiwöchigen Ankeimung gelagert werden. Ähnlich betrieben dies früher unsere Bauern für die Edelschweinemast. In Asien geben die Leute die Eicheln in siebartige Beutel oder Körbe und hängen diese für mehrere Wochen zur Ausschwemmung in die Fließwässer. Die entbitterten Nussfrüchte dienten dann als Grundnahrungsmittel für verschiedene Speisen. Durch die Ankeimung oder Lagerung im Wasser erfolgt eine Auslaugung der bitteren Gerbstoffe.
2. Eine andere Möglichkeit besteht darin, die frisch gesammelten oder trocken gelagerten Früchte flächig auf natürlichem Boden auszubreiten, mit einem Tuch abzudecken und dann anzugießen, sodass sie ankeimen. Auch alte Decken als Unterlage eignen sich

Die wärmeliebende Zerr-Eiche (Quercus cerris) besitzt Frucht-Becher mit 5 bis 10 mm langen, fädigen Schuppenverlängerungen.

dafür, da sie Feuchtigkeit halten. Die befeuchtete Abdeckung imitiert die natürliche Laubschicht, wie sie in den Eichenwäldern vorherrscht.

3. Oder: Man stellt mit feuchten Tüchern abgedeckte Ankeimbleche, -gitter, -körbe oder -geschirre an schattige bis halbsonnige Plätze und legt da die Eicheln auf. Man muss allerdings Achtsamkeit ob der natürlichen Nussverzehrer walten lassen. Mit der Intensität der Sonneneinstrahlung können das Ankeimen und somit der Zeitpunkt der besseren Verfügbarmachung der Nussfrüchte reguliert werden.

4. Eine weitere Form der entbitternden Aufbereitung ist durch die sogenannte „Alkalische Fermentation" gegeben. Dieses Verfahren kann man leicht im Haushalt durchführen: Ein etwa 3- bis 5- oder 10-Liter-Gefäß füllt man mit den Herbst-Eicheln, gibt deckend Wasser dazu und streut etwas Kalk darauf. Man kann die Gefäße in Vorräumen, Kellern oder in einer Waschküche lagern. Je nach

Temperatur ist der Fermentationsverlauf innerhalb von vier bis acht Wochen beschleunigt oder verzögert. Kleine, handliche Ton- oder Lehmziegel, welche während der Wässerung in die Früchte-Lagerbehälter gegeben werden, haben eine gerbstoffabsorbierende Wirkung. Verfärben sich die Eicheln im Nussfleisch dunkelbraun bis schwarz, so kann man die Eicheln weiter verwenden. Durch die Beigabe z.B. von Holzasche, Kalk oder gedämpfter, fein gemahlener, tonreicher Erde, die ich nach Gefühl wählte, entstand folglich bei den Eicheln z.B. ein intensiveres Kaffeearoma als bei einer Fermentation ohne diese Zusätze. Ähnliche zweckdienliche Versuche mit leichten Sodagaben konnten ebenfalls durchgeführt werden.

5. Ein konkretes Beispiel der Eichel-Fermentation sei hier erwähnt: Georg TREIPL (2004) aus dem Burgenland strengte in Kunststofffässern Nassfermentationsversuche unter Beigabe von Baukalk bzw. Löschkalk an, um die Eicheln in Wasser zu entbittern und besser lagerfähig zu machen. Während der Lagerung von sechs Wochen wurde das Wasser zweimal gewechselt. Die schwarz gewordenen und geschälten Eicheln trocknete er binnen zweier Tage und röstete sie zur Entfernung der Außenschale im Backrohr. „Bei Bedarf wurden sie wie Trockenbohnen 24 Stunden gewässert, danach zweimalig durch den Fleischwolf gedreht und anschließend drei bis vier Mal auf kleiner Flamme ausgekocht. (…) Der von den Gerbstoffen weitgehend befreite ‚Kuchen' wurde getrocknet und zu Mehl vermahlen." Das daraus zubereitete Sauerteig-Brot mit Roggen- und Weizenmehl je zu einem Drittel gemischt, wurde sehr dunkel und war verdauungsanregend.

Backversuche mit gerösteten Lager-Eicheln

Als angelernter Störkoch und neugieriger Forscher laufe ich unkonventionellen Ideen nach und versuche eingefahrene Zusammenhänge kritisch zu hinterfragen, um altes Wissen auszuprobieren und auf Gedanken zu kommen, welche uns aus verschiedenen Absichten und Gründen nicht überliefert wurden. Und wenn die Außenarbeiten abnehmen, nimmt man sich vor Weihnachten mehr Zeit, Kuchen zu backen. Aus den Wildobst-Praxisseminaren haben sich in den letzten

Jahren vorgeröstete Eicheln als Vorrat angesammelt. Die ältesten waren sieben Jahre alt. Ich röstete die bereits zu Kleinstücken zerteilten Eicheln ein zweites Mal nach, damit der Röstgeschmack aufgefrischt war. Sie wurden dunkelbraun, und durch die Röstung entstanden Maltose (Malzzucker) und Dextrine (wasserlösliche Stärkeabbauprodukte) sowie aromatische Fermentationsstoffe aus der Verwandlung von Eiweiß- und Kohlehydratverbindungen, welche leicht süß schmecken. Die Röststücke waren mit Küchengeräten zu feinem bis grießartigem Mehl zerkleinert worden.

Dann richtete ich bei verschiedenen Versuchen aus Dinkelmehl, etwas Zucker, Eier, Milch und Butter oder Öl einen Teig an, wo ich das frisch gemahlene Eichelmehl und geriebene Walnüsse unterrührte. Die Masse wurde auf ein Blech flach – ca. 1 cm – verteilt und im Rohr bis zu 30 Minuten gebacken. Bei einem weiteren Versuch mischte ich auch das Mehl gerösteter Esskastanien oder Buchweizen dazu, was im Geschmack ebenso gut gekommen war. Bei weiteren Versuchen verstärkte ich die Beigabe von Eichelröstmehl, was zu einer speckigeren Konsistenz führte.

Die relativ großen Eicheln der Zerr-Eiche aus dem südosteuropäischen Raum.

Und wie sieht ein Röst-Eichelkuchen aus?

Unser Sohn jedenfalls rieb sich den Bauch und schmatzte beim Verzehr der herrlichen Backwaren. Sein Geschmacksempfinden war von der Konsum- und Spaßgesellschaft noch nicht verdorben. Er konnte tendenziell bitterstoffbeinhaltende wie auch saure Speisen verzehren, als er noch nicht vom Zucker anders dressiert wurde.

Der besagte Eichelkuchen hatte eine schwarze bis dunkelbraune Farbe und wurde infolge der Unterlassung von Backtreibzusätzen flach und fest. Aber der Hauptanteil des herben Aromas verflog durch die Hitzeeinwirkung, und die Röstwürze kam zum Vorschein. Empfehlenswert ist es, die Menge geriebener Walnüsse, Haselnüsse oder Mandeln im Verhältnis höher zu bemessen und das Mehl in der Menge geringer zu halten und im Zweifelsfall eher mehr Eier als weniger zu verwenden. Z.B. mit etwas Kümmel, wenig Anis und Fenchel oder Katzenminze-Pulver konnten verschiedene Würznuancen ausprobiert werden. Leute, die selber solchen Versuchen nachgehen, kennen viele verschiedene Würzkreationen, die schier grenzenlos sind.

Kuchenbackversuche mit ungerösteten Herbst-Eicheln

Trocken gelagerte Eicheln sind vor der Verarbeitung in Wasser zwei bis zu vier Wochen einzuweichen, damit sie Feuchtigkeit ansaugen können. So wird die Ausbeute erhöht, und gleichzeitig springen dadurch die Schalen auf. Sollte die Wurzelausbildung zu stark einsetzen, dann sollen die Nussfrüchte dem Gebrauch zugeführt werden. Im Herbst gesammelte und langsam getrocknete, aber nicht entbitterte Eicheln können gemahlen werden und in geringen Gaben in Kuchen als Mehl beigemengt werden. Durch die Hitzeeinwirkung werden Bitterstoffe umgewandelt, wenn man den angemachten Teig zuvor zwei Stunden ziehen lässt.

Vorsicht ist bei der Handhabung von Maschinen auf Messerbasis anzuraten, denn die getrockneten Eicheln sind sehr zäh und können diese kaputt machen. Eine Zerkleinerung geschälter Nussfrüchte vor der Trocknung ist deshalb sehr empfehlenswert. Mit der Röstung auf hoher Hitzestufe hingegen werden die zerkleinerten Eichelstücke spröd und können von den rotierenden Messern leichter zerschlagen und pulverisiert werden als eine lediglich getrocknete Fruchternte.

Backversuche mit frischen, ungetrockneten Eicheln

Grob geraspelte saftige Herbst-Eicheln kommen in der geschmacklichen Wirkung den Nusskuchen sehr nahe. Die Kuchenart ist im Biss knackig und saftig, da noch der gesamte Saftgehalt in den Eicheln enthalten ist. Damit dieser Kuchen seine saftige Konsistenz bewahrt, mischte ich feinen Topfen bei. So entstehen Backvariationen, welche ohne Chemiezusatz selbst bekömmlichen Nusskuchen in den Schatten stellten. Durch die hohe Ofen- oder Backrohrhitze wird der Großteil der Bitterstoffe umgewandelt.

Im Winter und Frühjahr einen frischen Eichelkuchen?

Einige Versuche mit im Winter und Frühjahr gesammelter Eichelware haben uns bislang die schönsten Erlebnisse beschert. Wer hätte schon gedacht, ohne Vorratshaltung mit diesen Wunderfrüchten auch nach dem Winter etwas anfangen zu können? Seit Jahren sammelten wir im Winter und im Frühling die Eicheln im Laub des Wienerwalds und in verschiedenen Regionen Ober- und Niederösterreichs. Wir konnten sie bei den Spaziergängen einfach nicht liegen lassen. Nicht aus einer falschen Gier betrieben wir die „Wildbeuterei", sondern aus einer Art Respekt der Natur und unseren Vorfahren gegenüber.

Die Eicheln waren im Falllaub bereits angekeimt, d.h. sie hatten die Wurzeln im Spätherbst oder Winter angetrieben und einen grell rot gefärbten Eichelkörper. Die Keimblätter waren noch nicht ausgetrieben gewesen. Selbst roh waren diese Eicheln (*Quercus robur, Qu. petraea, Qu. cerris* oder *Qu. rubra*) gut verzehrbar, einige schmecken sogar betont süß. Ein weiterer Vorteil war: Die Schale war bereits aufgebrochen, wodurch ihre Entfernung und jene der feinen Haut sehr erleichtert war. So brauchten wir nur braune und korkige Stellen mit dem Messer zu entfernen und die gute Ware ähnlich wie Walnüsse zu musen. Mit wenigen Löffeln Mehl und Grieß zur besseren Bindung, etwas Milch, Eier, Butter und einer größeren Menge Topfen rührten wir einen Teig an, zu dem wir Obstdicksaft, Obstsirup, Honig oder selber hergestellten Ahorn- oder Birkensirup und eine Prise Salz mischten. In die Tortenform bis zu drei Zentimeter eingefüllt und eine gute halbe Stunde backen gelassen, waren wir mit dieser Kreation im zwölften Himmel. Frisch schmeckte er am fantastischsten. Besucher und Wildgemüsefreunde, die in den Genuss dieses Kuchens kamen, konnten es kaum glauben und dachten eher an einen Scherz.

Aus dem Vergleich der Kuchenbackversuche ist Folgendes abzuleiten: Im Gegensatz zum schwarzen und fest gewordenen Röst-Eichelkuchen war derjenige aus den frischen Herbst- und den angekeimten Eicheln des Frühjahrs braun gefärbt und in der Beschaffenheit saftiger. Aufgrund des zielführenden Einsatzes von Topfen (Quark) im Teig und der Erreichung weicher Kuchenbeschaffenheiten sprechen die Experimente für eine breitere Anwendung im Hausgebrauch und in der Bäckerei. Zielführend wäre es, durch kleine Bäckereien wieder Eichelmehl und Eichelmus in die Backwaren einzuführen und mit solchen Produkten den Menschen das Wissen um den Wert der Eicheln näherzubringen.

Zusammenfassung der Bereitung von Eichelkaffee

Eichelkaffee zu bereiten ist keine schwierige Sache und braucht etwas Erfahrung. Folgende Weise hat sich am besten bewährt: Eicheln im Schnitt zwei bis drei Wochen in gewechseltem Wasser zur Entbitterung aufstellen. Dann entfernt man die zumeist aufgesprungene Schale, zerkleinert die Früchte in grobe Teile und röstet sie in einer Pfanne bei hoher Hitze an. Ab und zu gibt man den Deckel drauf und schüttelt sie kräftig durch, damit nicht die unteren Teile anbrennen. Wenn sie braun geworden sind und geröstet riechen, lässt man sie trocknen. Nun kann man sie unmittelbar zermahlen oder in geschlossenen Gläsern zwischenlagern. Möchte man daraus Kaffee zum Verzehr herstellen, röstet man die vorgerösteten Stückchen noch einmal an und zermörsert oder mahlt sie in einer Kaffeemühle fein.

Anmerkungen zur Kaffeezubereitung: Dieses Kaffeepulver in kochendes Wasser geben, aufwallen lassen und wie den Türkischen Kaffee ziehen lassen. Manchmal schäumt er stark auf. Filtern oder Sieben ist eine

Eichelkuchen-Backversuche und Eichelmehl-Herstellung

Eine Möglichkeit ist es, die gerösteten Eichelstücke mit dem Holzhammer in einem Tuch zu einem Kaffeepulver zu zerklopfen.

geduldige Angelegenheit und nicht zielführend. Man gießt den Absud in das Trinkgefäß. Der Großteil des Suds bleibt im Kochgeschirr zurück. Er kann neuerlich in Wasser kalt angesetzt und aufgekocht werden. Dieser Kaffee wirkt wesentlich milder.

Zur Abschmeckung: Damit der Eichelkaffee nicht den Geschmack verliert, soll nur ein kleiner Schluck Milch beigegeben werden. Zucker und Honig zerstören das Kaffeearoma. Als vorteilhaft hat sich erwiesen, Kaffee aus Eicheln mit jenem aus Esskastanien zu mischen. Beide gemeinsam ergeben einen Kaffee mit einem runderen und leicht süßlichen Geschmack.

Zusammenfassung der Bereitung von Eichelmehl

Viele Seminarteilnehmerinnen bitten um eine Anleitung zur Herstellung von Eichelmehl. Zur Eichelmehl-Zubereitung bestehen mindestens drei Möglichkeiten:
1. Werden die Eicheln eingeweicht und ein bis zwei Wochen lang entbittert, so springen die Schalen auf und werden Gerbstoffe ausgelaugt. Erfolgt nach Entfernung dieser danach eine Schnelltrocknung oder leichte Anröstung mit nachfolgender Trocknung, so kann daraus ein Mehl gemahlen werden. Durch die Beigabe fein

gemahlener, tonreicher Erde zum ungerösteten Eichenmehl wurden früher die Gerbstoffe gebunden. Allerdings erhöht sich mit den feinen Sandanteilen der Abrieb des Zahnschmelzes. Deshalb schwemmte man das Mehl in Wasser aus, wodurch die schwereren Sandpartikel herausgetrennt wurden.

2. Die zweite Variante ist folgende: Die Eicheln lässt man in einem Flachgeschirr oder Röstpfanne abgedeckt eher bei höherer Hitze ca. zehn Minuten lang anrösten, damit die Schalen aufspringen können und leichter entfernbar werden. Dabei müssen die Eicheln bewegt werden, ansonsten brennen sie an, und würden nicht alle Seiten der Früchte dem Röstvorgang ausgesetzt. Die befreiten Fruchtkörper kann man etwas nachrösten und dann einen Tag bis zwei Tage lang anfänglich in lauem Wasser einweichen. Danach sind sie unter Hitzeeinwirkung so rasch wie möglich zu trocknen.

Die von mir bevorzugten Röstvorgänge führen zu einem Verlust an Bitterstoffen und geben dem späteren Mehl eine höhere Geschmackskraft. Wurden die Eicheln ausreichend entbittert, so erhöht sich ein nussartiges Aroma im Eichelmehl. Diese Mehlart besitzt keine Quell- und somit Bindungsfähigkeit und ist für Backwaren grundsätzlich nur mit bindenden Mehlen (Getreide, Kartoffel- und Maisstärke) zu verwenden.

3. Das Mehl linden: Wurde Eichelmehl ohne Entbitterung hergestellt, so kann durch den Vorgang des „Lindens" eine Bitterstoffumwandlung erfolgen. Unter „linden" versteht man folgenden Vorgang: In eine Pfanne gibt man das Mehl, und durch die Erhitzung wird es leicht gebräunt. Es muss regelmäßig mit einem Kochlöffel, Muser oder der Sterzschaufel umgerührt und gewendet werden, damit es nicht anbrennt. Dabei verlieren sich die Bitterstoffe. Den Teig von Backwaren mit gelindetem Eichelmehl lässt man länger (von zwei Stunden bis über eine Nacht lang) rasten und ist bei höherer Hitze im Backrohr zu behandeln.

Jetzt Eichenhaine für die Zukunft pflanzen

Wenn man bedenkt, dass man, ohne die Eicheln aufbewahren zu müssen, aus frischen Nussfrüchten im Frühjahr köstliche Speisen kre-

Die Eichenhaine der Sierra de Gádor (Gádorgebirge, span. Provinz Almería) mit Quercus rotundifolia wurden als Weideland und für Nahrung von Schwein und Mensch genutzt (Foto: Jesus Garcia-Latorre).

ieren kann, so bekommt man eine Ahnung davon, warum die Eichen in verschiedenen Kulturkreisen ein derart hohes Ansehen hatten. Die Mehlbereitung ist durch heute verfügbare technische Möglichkeiten wesentlich erleichtert. Und die vielen Berichte, dass Eichelspeisen so verdammt ungenießbar wären, sie entstammen wohl eher der Unfähigkeit, daraus gute Gerichte zubereiten zu können. Leute, welche von der Eichelverwendung keine Ahnung haben, machen es sich leicht, über dieses Thema zu schwadronieren.

Jetzt wäre die Pflanzung und Förderung sogenannter (Eichel-)Nusshaine oder von Eichenalleen ein Gebot der Stunde, um in Zeiten des Bedarfs z.B. bei mehrjährigen Dürreperioden, auf die stärkereichen Eicheln zurückgreifen zu können. Dies wäre eine weise und vorbeugende Vorausschau, und da könnten wir von Ländern mit Eichenhainen, welche heute als unterentwickelt gelten, sehr viel lernen.

Der Winter bietet den Wildkräutlern Wildobst, Nüsse, Pilze, Wurzel- und Wildgemüse.

WINTER

Die Zweige und Beeren des Wacholders (*Juniperus communis*) sind auch im Winter für Heilzwecke erntbar

Früher galt der Wacholder als das heilwirksame Unikum. Man schrieb dem Strauch wunderbare Heileigenschaften zu und zählte ihn zu den phytotherapeutisch bedeutendsten Universalheilpflanzen. Heute kennen wir lediglich die Früchte des heimischen Wacholders als Würzmittel und wenden unter anderem das Öl anderer Wacholderarten an. Die Nutzung der Wacholderzweige vor allem für Teemischungen bleiben z.B. ungeachtet. Weil die Pflanzen nicht mehr im Gebrauch stehen, verfallen das Wissen um ihre Nutzungsmöglichkeiten und die Achtsamkeit für ihre Erhaltung.

Als kleiner Bub fragte ich meinen Vater, warum die benachbarte Waldflur unseres Elternhauses „Kranawetta" hieß. Mein Vater musste es wissen, denn er verdingte sich beim Grabnerhauser-Bauern als Knecht. Er erklärte uns, dass es sich bei dem Begriff um den Wacholder handelte, obwohl dort ein dichter Wald stockte. Beim Herumstreifen in der Landschaft lernten wir Kinder in diesem Wald jeden Winkel kennen und fanden noch einige Exemplare Wacholder in unterdrückter Wuchsform. Später kam ich zur Erkenntnis, warum dieser Bergwald so benannt wurde. Es handelte sich um einen steileren Hang, welcher einst als Weide (Etze oder Ötze) oder später als lichte Waldweide genutzt wurde. Es war für die Bauern praktisch, hinter dem Hof die Tiere zur Weide auszulassen. Infolge der Beweidung kamen in typischer Weise Wacholder, Berberitze und Wolliger Schneeball auf, welche Licht benötigten und ein Zeugnis der Aushagerung geben. Seit die ganzjährige Stallhaltung durchgesetzt wurde, gab man die extensiven Standweiden auf, forstete diese auf, verlagerte die Weide unterhalb des Hofes und wandelte die alte Weide in einen Buchen- bzw. Lärchen-Fichten-Mischwald um. Somit hatte der Wacholder keine Lebensbasis mehr, denn ihm fehlte dieser Typus einer gealterten Weidewirtschaftsform (oder die Almbeweidung). Der Flurname ist ihm trotzdem seit mehreren Generationen geblieben und erinnert an die damalige Weidenutzung.

Zu den Wacholder-Arten

Es gibt in unseren Breiten zwei Wacholder-Arten. Der Echte Wacholder (*Juniperus communis*) konnte langsam zu einem säulenförmigen Strauch aufwachsen und in optimalen Fällen der Ungestörtheit 8 m und bis zu einem 12 m hohen, mehrstämmigen Baum werden. Dieses immergrüne Zypressengewächs war wegen seines harten, dekorativen Holzes und der gleichmäßigen Struktur bei Holzhandwerkern zur Herstellung von Holzgeschirr wie z.B. Löffel, Gabeln, Messergriffe, Teller, Dosen, Becher, Deckel, Haar- und Steck-Kämme, Schreibstifte oder Kleiderbügel sehr begehrt. Drechsler und Schnitzer fertigten daraus auch Küchen- und Vorratskästen, Kleinmöbel mit Intarsien oder Pfeifenrohre, Zigarrenspitzen, Werkzeuggriffe, Hirten-, Spazier- oder Gartenstöcke an. Des zedernartigen Geruchs wegen war das Holz zur Mottenabwehr zwischen die Kleider gelegt worden oder als Zedernholzimitat verkauft worden.

Eine Unterart des Echten Wacholders, der Zwerg- oder Alpen-Wacholder (*Juniperus nana* oder *J. alpina*), kommt auf Weiden des Gebirges vor und kann eine Größe von 0,5 bis 1 m bekommen. Er breitet sich kreisförmig auf steinigem, felsigem Untergrund z.T. großflächig aus. Er ist zumeist zweihäusig und weist in typischer Weise spitze, nadelförmige Blätter auf.

Auf trockenen Südhängen, Felsfluren und in Trockenrasen kommt eine eigene Art vor, der giftige „Sefen-", „Sebenstrauch" oder Stink-Wacholder (*J. sabina*), der auch unter den Bezeichnungen „Sadebaum", „Segenbaum" oder kurz „Seven" bekannt ist. Der niedrige Strauch besitzt auf den besenförmigen Ästen ähnlich wie der Lebensbaum, die Thuja, schuppenförmige Blattausbildungen, welche beim Zerreiben scharf-würzig riechen. Er ist in der montanalpinen Zone selten verbreitet und kommt am häufigsten in Tirol vor.

Aus den Starkästen großer Sträucher und Stämmchen der Kleinbäume zumeist des Echten Wacholders nutzte man das zähe und wohlriechende Holz. Die engen Jahresringe ließen das rötlichbraune bis

Auf steinreichen Almen kann sich infolge nachlassender Nutzung und Pflege Wacholder stark vermehren (Tuxertal/Tirol).

gelbliche Holz nicht schwinden. Daraus stellte man Rebstöcke, Spazierstöcke, Rauchpfeifenstiele, schöne Drechslerwaren, Holzverzierungen und sehr teure Möbel her.

Kranewit oder Kronawetta und Krammetsvögel

Der Name Wacholder geht auf das althochdeutsche Wort „wechalter" und auf die mittelhochdeutsche Bezeichnung „wecholter" zurück. Die althochdeutsche Bezeichnung „wehal" heißt wach, frisch, „-tar" bezeichnet den Baum, also ein „frischmachendes", immergrünes Gehölz. Er war ein „Wachhalter", ein „Lebendigmacher", der die Kranken am Leben erhalten kann. Der Wacholder galt wegen seiner zähen Rinde und Feinäste als ein Material zum Binden und Flechten. Diese Bedeutung ist im deutschen wie auch im lateinischen Namen „Juniperus" enthalten. Der althochdeutsche Name „Kranewit" hat eine Verwandtschaft mit dem Vogel Kranich, und „witu" kommt von Holz. Sprach-

Der Wacholder kommt zumeist in ausladender Strauchform vor. Seltener findet man einen baum- und säulenförmigen Habitus.

Seite 277: Wacholderbeeren verwendete man für eine Reinigungskur oder zur besseren Verdauung von Sauerkraut, Räucherwaren und Wildfleisch.

forscher sind sich bis heute noch unschlüssig, woher die Bezeichnungen herstammen und welche Bedeutungen diese besitzen.

„Reckholder" nennt man die Wacholderarten, weil sie sich mit den Zweigen ausstrecken. Die immense Heilbedeutung der schwarzen Beeren scheint dem Wacholder den Namen gegeben zu haben. Andere Bezeichnungen für den Wacholder findet man wie etwa Feuerbaum, Jachelbeerstrauch, Knirkbusch, Teufelsknüppel, Krammet, Queckholder, Machandel, Jochhandel, Heidewacholder oder wegen des Holzgeruchs als „Zypresse des Nordens".

Was zuerst benannt wurde, der Strauch oder die Wacholderdrossel (*Turdus pilaris*), kann gesichert nicht gesagt werden. Auf alle Fälle ernähren sich die durch die braunen Flügeldeckfedern gekennzeichneten

„Krammetsvögel" auch von den „Krammetsbeeren" und tragen so zur Samenvermehrung bei. Der Anteil der eher unliebsamen Früchte in der Ernährung ist allerdings sehr gering. Diese und die Misteldrosseln (*Turdus viscivorus*) waren früher in den Gebieten ihrer Nahrungspflanzen für Nahrungszwecke bejagt worden.

Nach dem Austreiben sind die jungen weichen Nadelsprosse als Gemüse verwertbar.

Frische Wacholdersprosse zum Essen

Diese Sträucher wurden für Heil- und Futterzwecke genutzt, indem die würzigen Beeren und das Würzgehölz zum Räuchern von Speck in größeren Zeitabständen und eben als mineralstoffreiches Viehfutter abgeerntet wurden. Jedes Jahr kamen andere Steinhügel zum Zuge, gab es doch auf steinreichen Almen deren viele.

Die Triebspitzen und sehr jungen Nadeln enthalten Vitamine, Eiweiß, etwas Kohlehydrate und in geringfügigen Mengen ätherisches Öl und Harze, was sie bekömmlicher macht. Früher sammelten die Leute die frischen, weichen Jahressprosse im Frühjahr oder im Sommer auf der Alm. Blanchiert oder gebraten können sie wie Gemüse bereitet oder blanchiert als Salat angerichtet werden. Im Sommer lagern die Nadeln dann Bitter- und Tanninstoffe ein, sodass sie roh nicht mehr gut genießbar sind, allerdings wegen des Ölgehalts für Teemischungen gesammelt werden können. Beeren brauchte man in großen Mengen als unentbehrliche Zutat zum Einlegen von Sauerkraut, für die Räucherung und für Bratengerichte. Aufgrund ihrer Inhaltstoffe dienten sie der Vorbeugung gegen rheumatische Beschwerden. Dieses Wissen findet heute kaum Aufmerksamkeit, ja der Wacholder wird aus der Ernährung zunehmend verdrängt. Unsere Altvorderen haben dieses Wissen aus der Not mühselig erproben müssen, und darin steckt über viele Generationen die Bewährung. Und es ist nicht zu vergessen: Die gemörserten Beeren gehören in geringen Anteilen auch in die Würste, damit sie besser verdaubar werden.

Wacholdernadel-Pesto – alle pflanzlichen Beigaben jung und frisch!

Als Hirte in verschiedenen Regionen hatte ich genügend Zeit, essbare Pflanzen auszuprobieren. Im Zeitvertreib wurden auch die jungen Wacholdersprosse gekaut. Sie waren so weich, ohne Fasergehalt und ohne rachenkratzende Inhaltsstoffe. Aufgrund dieser eigenen Erfahrungen zeige ich bei manchen Kräuterseminaren den Teilnehmern, wie man ein Pesto aus den jungen Sprossen und Nadeln herstellen kann, welches frisch zu verzehren ist. Verwendet werden die jungen Nadelsprosse, deren Nadeln noch keine festen Spitzen aufweisen, sondern noch weich und gut erntbar sind.

Zutaten:
Wacholder-Nadelsprosse, Salz, Sonnenblumenkerne, nicht entaromatisiertes Sonnenblumenöl, Blätter vom Mittleren Wegerich (*Plantago media*), Gänseblümchen (*Bellis perennis*), Frauenmantel (*Alchemilla vulgaris*), Rot- und Weißklee (*Trifolium pratense, T. repens*), etwas Schafgarbe (*Achillea millefolium*) und einige ganz junge Blätter der Alpenrose (*Rhododendron hirsutum, Rh. ferrugineum*, wenn sie ganz jung sind), Schnittlauch (oder eine Zehe Knoblauch), evtl. Fetthennen (*Sedum* spec.), etwas Essig oder Weißwein.

Zubereitung:
Die sauber und frisch geernteten Kräuter zu einem feinen Brei zerhacken, zermörsern oder maschinell pürieren. Dann mischt man Salz und Öl unter. Die Sonnenblumenkerne ebenfalls zermörsern oder zermusen und dazu rühren, sodass eine cremige Konsistenz entsteht. Zuletzt gleicht man mit Salz, Öl und evtl. Streckmitteln (wie z.B. bei

Frischverzehr gedämpfte Kartoffeln, mildschmeckende Pflanzen), Essig oder Weißwein, Schnitt- oder Knoblauch zu einem harmonischen Aroma aus. Der Knoblauch soll geschmacklich im Hintergrund bleiben.

Die grüne Paste wurde mit verschiedenen Almblüten garniert auf den Tischen als Willkommensgruß serviert. Die begeisterten Bauern und Gäste putzten beim Degustieren mit Weißbrot feinsäuberlich die Gläser aus, so gut schmeckte dieser „Magenkitzler". Auch haltbare Wacholder-Nadelpesto wurden von mir kreiert.

Zweige zum Ausbrennen und Räuchern

Im Palmbuschen befestigt man zuoberst der Haselstange einen Wacholderwipfel. Ein Teil der Zweigspitzen wird bei einem aufziehenden Gewitter als Schutz vor Blitzschlag im Ofen verbrannt, so berichtet der Volksmund. An hohen Feiertagen räucherte man damit die Räume. Das wohlriechende Holz entwickelt beim Verbrennen einen balsamischen Duft. In einigen Jurahäusern fanden sich zum Aufstecken brennender Zweige eigene kleine Ausnehmungen in den Zimmern und Ställen, um mit dem Räucherwerk Krankheiten zu vertreiben.

Im gesamten Alpenraum bestehen die Gepflogenheiten des Ausräucherns der Ställe mit Wacholder, bevor das Vieh wieder im Herbst eingestallt wurde und um den Jahreswechsel. Zwischendurch wurden kranke Nutztiere z.B. abgedeckt dem Rauch ausgesetzt, wenn z.B. die Siebzellen im Nasenbein und die Stirnhöhlen verstopft waren. Einen Tag danach war die Gesundheit wiederhergestellt. Auch die Lager- und Wohnräume wurden damit zum Schutze vor epidemisch auftretenden Krankheiten ausgeräuchert, weshalb man in manchen Gegenden vom „Räuchholder", „Räucherstrauch" oder „Weihrauchbaum" sprach. Die Wacholderäste verwendete man zum Ausbrennen der Most- und Weinfässer, des Butterfasses, des Milch-Holzgeschirrs, des Käsekellers, Korn- und aller Vorratskammern auf den Almhütten und Bauernhöfen. Der Rauch von Wacholderbeeren und Zweigspitzen, mittels eines Trichters in den Mund gesogen, vertreibt das Zahnweh, wurde erzählt.

Wacholderbeeren als Universalheilmittel

Aus botanischer Sicht besitzt der Wacholder weder „Beeren" noch „Früchte", sondern Beerenzapfen, bei denen die einzelnen Samenschuppen fleischig und nicht wie bei den anderen Koniferen holzig werden. Der obere Teil des kleinen Zapfens wird fleischig und verwandelt sich in eine erbsengroße Beerenform, die im ersten Jahr grün und eiförmig und im zweiten Jahr dunkelschwarz, kugelig und blau bereift wird. Manchmal dauert die Ausreifung der Fruchtausbildungen auch drei Jahre. Sie haben einen gewürzhaften Geruch und schmecken bittersüß und harzig. Diese Scheinbeeren enthalten schwach dreikantige, hellbraune Samen mit einer harten Schale. Nur die weiblichen Pflanzen liefern diese Fruchtausbildungen. Sie enthalten vor allem ätherische Öle, Harze, Mineralsalze, Spurenelemente, Bitter- und Gerbstoffe. Wenn man sie zum Trocknen im Schatten auflegt, muss man auf die Mäuse achtgeben, welche große Mengen davon fressen oder Vorräte anlegen. Frisch verarbeitet kann man daraus ein Wacholdermus oder einen Wacholdersaft herstellen, welche gesüßt wie ungesüßt zubereitet als sehr begehrte Heilelixiere galten.

„Iß Kranewitt und Bibernell, dann stirbst Du nicht so schnell"

Wacholder-Erzeugnisse schützen vor Infektionskrankheiten. In einem weiteren Spruch wurde diese Wirkung z.B. verankert: *„Eichenlaub und Kranewitt, dös mag der Teufl nit."* Damit ist die große Bedeutung als Seuchen- und Pestmittel manifestiert. Die mittelalterlichen Räucherungen ganzer Ortschaften oder Städte beruhten auf der Basis des Wacholderreisigs und -holzes. Diese ordnete man je nach Witterung und Windsituation haufenweise an und brannte sie nach regionalen Erfahrungen unter starker Rauchbildung langsam ab (vgl. dazu MACHATSCHEK, M. 2006). Der Rauch vertrieb „Pestilenzien" oder tötete die „Dämonen", womit die krankheitserregenden Bakterien und Viren gemeint waren. Gleiches gilt heute noch für die Ausräucherung von Wohnbereichen, Lagerräumen und Ställen zur Luftreinigung und Verminderung von Ansteckungen. Im Begriff des „Räuch-, Rach-, Reck-

oder Rackholders" ist sowohl der Rauch als auch der „holde Strauch wider das Verrecken" enthalten.

Sowohl der Duft als auch der Tee aus den Nadeln und die gekauten Beeren, die ab Juli bis November gesammelt werden, steigern den Appetit und unterstützen die Verdauung durch Förderung der Darmperistaltik, der gesteigerten Magensaftbildung, der Galleausscheidung und Loslösung der Gallensteine. Sauerkraut, Kohlgemüse, Speck, Fleisch- und Wurstwaren oder Wildgerichte werden durch die Beigabe ganzer oder gemörserter Wacholderbeeren leichter verdaubar. Wacholder-Schnaps und -Likör, Gin (GB) „Genever" (NL), „Steinhäger" (D) oder Borowitschka in den slawischen Ländern steigern ebenfalls die Verdauung.

Reinigungskur mit Wacholderbeeren

Die Wacholderbeeren werden in Form von Kuren zum Entgiften des Körpers und für den Harntreibungstee eingesetzt. Die reifen Fruchtausbildungen gelten als das beste Blutreinigungsmittel, weshalb sie auch in den diversen Reinigungstees enthalten sind. Mit den Tagen einer Kur steigert man die Zahl der gekauten Beeren pro Tag. Man beginnt mit drei Beeren und steigert die Anzahl, bis man bei maximal 25 Stück pro Tag verteilt angelangt ist. Mit abnehmender Beerenzahl bei täglicher Einnahme setzt man die Kur wieder ab, bis man wieder bei drei Stück angelangt ist. Nach dem ausgiebigen Kauen einer Beere trinkt man jeweils einige Schluck Wasser oder Tee. Andere Beerenkuren sind kürzer angelegt. Dabei geht man von weniger Mengen aus, wobei mit fünf Stück begonnen, bis zu 15 Beeren gesteigert und dann wieder heruntergefahren wird. Menschen mit Nierenproblemen sollen nur unter Einbeziehung eines diesbezüglich fachkundigen Arztes mit Wacholderprodukten hantieren. Für Kuren werden auch Wacholdermus und Wacholdersaft eingesetzt, welche aus Beeren mit und ohne Zucker hergestellt werden. Zur Ausleitung der Gifte nach Tierbissen wurden ebenfalls Teekuren mit Beeren und Reisig angewandt.

„Schweißtreiber" und „Lebendigmacher"

Alle Teile des Wacholders finden bis heute für verschiedene Beschwerden Verwendung. Die Wirkstoffe der Kranawittbeeren wirken stark reinigend, entwässernd, stark harn- und schweißtreibend, tonisierend und antiseptisch. Neben Zinnkraut und Wermut gelten die Wacholderbeeren zu den „Nierenbesen" und Entgiftern. Sie treiben den Schweiß aus den Poren und reinigen und öffnen Leber und Nieren. Sie helfen bei Gicht, Rheuma, Arthrose, Bronchialleiden, bei Galle- und Leberleiden, Husten, fördern die Durchblutung und Drüsentätigkeit im Körper und werden sogar als Wurmmittel empfohlen. Bei Menstruationsstörungen, Nieren- und Blasenbeschwerden kommen diese Wirkungen in Form von Teekuren oder warmen Weinauszügen gut zum Tragen. Auch bei Hautkrankheiten, unreiner Haut, Bronchitis und Asthma und bei unreinem Blut wurden Tees verwendet. Eine Mischung aus Holunderblättern, Zinnkraut, gestoßenen Wacholderbeeren, Johanniskraut und Schafgarbe diente als Tee bei Kopfschmerzen. Bei Völlegefühl, Sodbrennen, Bauchblähungen und zur Stärkung der Blutgefäße, Magen und Herz waren die reifen Fruchtbildungen eingesetzt worden. Der Volksmund spricht von einer exzellenten Entgiftungspflanze und dem „Lebendigmacher".

Säureausleitungs- und Stärkungsmittel

Sowohl der Tee als auch Bäder und Einreibungen mit dem Öl des Wacholders leiten bei geordneter, regelmäßiger Anwendung Übersäuerungsansammlungen, welche sich in verschiedenen Körperteilen und den Gelenken anlegen, aus. Bei Wadenkrämpfen kaute man langsam die Scheinbeeren und trank schluckweise Wasser dazu. Aus dem Holz gewonnene ätherische Öle verwendete man bei Rheumabädern und zum Einreiben von Gichtgeschwulsten, schmerzenden Hüften und des Rückens sowie bei Lähmungserscheinungen. Auch in das Badewasser mischte man einen Absud aus Beeren oder Zweigen bei unreiner Haut bei. In der kosmetischen Anwendung sind Wacholderbäder nicht nur gegen Rheuma, Arthritis und ähnliche Beschwerden wirksam, sondern ergeben im Badewasser eine anregende und reinigende Wirkung.

Wegen der schwachen Giftigkeit waren Wacholderprodukte grundsätzlich mit Vorsicht und nur in geringen Dosen eingesetzt worden, besonders sollen Menschen mit Nierenproblemen und Schwangere aufpassen. Bei Überdosierung eingenommener Beeren erfolgt durch sogenannte alpha- und beta-Pinen eine Überreizung der Nieren, was zu Nierenschmerzen, Harndrang, beschleunigter Herztätigkeit und Atmung sowie Krämpfen führen kann, was sich durch Veilchengeruch im Harn äußert. Hebammen verwendeten einst die Früchte für einen Tee zur Beschleunigung der Geburt. Bei äußerlicher Einwirkung kann es durch ätherische Öle und Myrcen zu Entzündung der Haut mit Blasenbildung kommen.

Wacholderasche und ätherische Öle

Hatte jemand stark schmerzende rheumatische Beschwerden, so war aus der Asche und Wasser ein Brei zubereitet worden, welcher auf die schmerzenden Gelenke geschmiert wurde. Auch Salben mit Wacholder-Asche hergestellt, dienten demselben Anliegen. Die Asche von Beeren und Reisig in Weißwein aufgelöst, ca. eine Woche stehengelassen und filtriert, gilt als ein vorzügliches Harnmittel und wirkt bei Wassersucht. Natürlich gereichen dazu auch Teeauszüge aus Beeren. Bei Kopfschmerzen machte man einen Brei aus zerstoßenen Beeren und rieb sich damit die Stirn ein. Die zermalmten grünen, unreifen Beeren mischte man mit ungesalzener Butter, Schmer oder Öl zu einer Salbe, um Krätze, Flechten und Hautausschläge zu vertreiben oder ein Wundheilmittel dem Gebrauch zuzuführen.

In den Scheinbeeren befindet sich bei guten Ernten 2,5 %, und auf trockenen Standorten sogar bis zu drei % ätherischer Ölgehalt. Weiters sind darin enthalten: 20 bis 30 % Invertzucker, 3 bis 5 % Catechin-Gerbstoffe, Flavonglykoside, Bitterstoffe, Terpene, Anthocyanidine, Vitamin C, organische Säuren, Wachs- und Harzverbindungen. Aus den Beeren gewann man das reine „Wacholderöl", welches als sehr gutes Hautheil-, Wundheil- und -desinfektionsmittel galt. Es besitzt eine vitalisierende, entzündungshemmende und durchblutungsfördernde Wirkung und gilt heute noch bei Muskelverspannungen, -verknotungen und Rheuma als ein bewährtes Mittel. Für Mundspülungen und zur Beseitigung unangenehmen Mundgeruchs rührte man wenige Tropfen Wacholderöl in einem Glas lauwarmem Wasser an.

Zu den medizinischen Holznutzung zählten das Holzpulver und Holzöl: Bei Weißfluss und zur Enddarmreinigung verwendete man solche Zubereitungen für Einläufe. Das Holzpulver fand unmittelbar Einsatz als Tee zur Blutreinigung, Schweiß- und Harntreibung. Aus dem von April bis Ende Juli gesammelten Holz destillierte man das „Wacholderholzöl", das sogenannte „Cade-" oder „Kadeöl", welches dunkel war und eine teerartige, zähflüssige Konsistenz aufwies. Die wesentlichen Wirkstoffe dieses Öls sind ätherische Ölverbindungen und Nebenwirkstoffe, wie Harze, Gerbstoffe, Pektine, Trauben- und Invertzucker sowie der Bitterstoff Juniperin. Es wird mit anderem Öl vermischt und tropfenweise bei chronischen Hautausschlägen, Schuppenflechte, Gelenks- und rheumatischen Beschwerden einmassiert. Heute dient das aus mittelmeerländischen Wacholderarten gewonnene Kadeöl als Badezusatz oder dem Räucherzwecke. Aus dem Reisig oder den Nadeln wurde ein eigenes Öl hergestellt. Das Harz des Wacholders wurde sehr aufwendig geerntet und diente als „falscher Weihrauch" oder „Sandrag" (Sandarak).

Alkoholansätze mit den Beeren oder Zweigen

Den bekannten „Wacholderbranntwein" gewinnt man durch Destillation der im Herbst geernteten Wacholderbeeren hagerer Standorte. Eine „Wacholderbeerentinktur" hingegen entsteht durch Ansetzen der gemörserten Scheinbeeren in Kornschnaps oder Weinbrand. Daraus konnten Alchemisten früher einen sehr wertvollen „Wacholder-Spiritus" herstellen. Nachdem z.B. der 70%ige Kornschnaps über mehrere Wochen auf den Beerensatz in einem geschlossenen Glasgefäß eingewirkt hatte, stellte man dieses geöffnete Gefäß in ein größeres, welches wiederum mit einem Deckel verschlossen war. Diese einfache Einrichtung stellte man an die Sonne. Dabei erfolgte eine behutsame und langsame Destillation nur durch die Einwirkung der Sonne. Der Spiritus kroch entlang der Innenwände auf und floss in das größere Auffanggefäß. Damit es zu keinen Kondensationsverlusten kam, musste das große Gefäß dicht abgedeckt sein. Dieser auf natürliche Weise entstan-

Die benadelten Reisigäste des Wacholders (Juniperus communis) machen als Räucherwerk Speck und Würste aromatischer und haltbarer. Während des Winters können Ästchen in Gläsern mit Weinbrand, Obstler- oder Korn-Schnaps angesetzt werden.

Die Zweige und Beeren des Wacholders

dene Spiritus war ein sehr reifes Konzentrat mit einem hochwirksamen Heileffekt. Die Tinktur diente für Einreibungen gichtschmerzender Gelenke oder des „Kreuzes".

In der Volksheilkunde stellten die einfachen Beerenansätze in Schnaps schon völlig ausreichend gute Stärkungsmittel bei Magenverstimmung, bei Durchfall und Darmkolik dar. Ein Wacholderspiritus kann aus Wacholderöl und Weingeist ebenso hergestellt werden. Ich verwende mittlerweile für meinen Gebrauch die Zweige in Hausbrand angesetzt zur innerlichen Anwendung und für Einreibungen der Gelenke. Die gegrabenen Wacholderstrauchwurzeln waren früher zur Herstellung von Volksheilmitteln besonders wertgeschätzt worden.

Das Reisig trocknet man für den Wintertee oder nutzt es zum Ausräuchern der Räume während der Raunächte.

Die muschelartigen Fruchtkörper haben knorpelähnliche Erhebungen und ein Aussehen wie ein Ohr, weshalb das Judasohr auch als „Ohrlappenpilz" bezeichnet wird.

Das Judasohr (*Auricularia auricula-judae*) oder der Ohrenlappenpilz – Ein Speise- und Heilpilz der kalten Übergangszeit

Pilze an Bäumen oder am modernden Holz werden seltener genutzt. Derweilen gibt es davon einige, welche verschiedenen Gebräuchen dienlich sein können. Einer davon ist das rotbraunfärberne Judasohr. Die ohr- oder muschelförmigen Fruchtkörper des Pilzes kommen vornehmlich auf Schwarz-Holunder (*Sambucus nigra*) vor und können auch im Winter gesammelt werden. Bislang unbekannt blieb die Heilwirkung dieses Pilzes. Verwandte Arten aus derselben Ohrenlappenpilz- oder Gallertpilzfamilie sind uns als Handelsware und aus der chinesischen Küche bekannt.

Ein Pilz der kalten Jahreszeiten

Im Herbst entdeckt man an abgestorbenen und morschenden Dickastpartien gealterter, aber lebender Hollersträucher und -kleinbäume einen rotbraunen, reifartig überzogenen Fruchtkörper eines Pilzes, welcher manchmal auch gallertartige Konsistenz haben kann. Einen abgestorbenen dicken Ast, der mit den unbekannten, geruchlosen und ohren- und lappenähnlichen Pilzen versehen war, brach ich vom Strauch aus, um ihn für die Brennholznutzung zu lagern. Auch wollte ich die im Schatten gediehenen Pilze näher betrachten und fotografieren. Leider kam in der Hektik dieses Tages eine komplizierte Ziegengeburt dazwischen, sodass ich auf das Ansinnen vergaß. Nach mehreren Tagen waren die abstehenden Pilze vertrocknet, da der Ast unmittelbar der Sonne ausgesetzt war. Ich gab den Dickast auf den Altholzhaufen, welchen ich im Herbst gemeinsam mit angesammeltem Abfallholz mit der Säge für Brennholz aufarbeiten wollte. Über den Sommer sammelte sich mehr Brennholz an, mit welchem der besagte Bruchast überlagert wurde. Bei der Holzarbeit im Herbst bemerkte ich die neuerlich in vollem Saft befindlichen Schwämmlein, welche sich unter dem Schattendruck am morschen Holz wieder ausgebildet und vermehrt hatten. Beim Blättern in diversen Büchern findet man selten eine Beschreibung dieses unverwechselbaren Judasohrs oder Ohrenlappenpilzes (*Auricularia auricula-judae* oder *Hirneola auricula-judae*). Bei Rundgängen entdeckt man den Pilz stellenweise in großen Ansammlungen. Über den Winter ging ich unsere Umgebung systematisch ab, um diesen Speisepilz zu sammeln.

Folgerungen daraus für die Züchtung

Aus dieser Beobachtung ist zu schließen, man kann diesen Ohrenpilz mit abgestorbenem Schwarz-Holunderholz eine Zeit lang züchten. Eine geeignete Lage im Schatten oder Halbschatten bei stauender, also hoher Luftfeuchtigkeit ist dem Gedeihen des Pilzes sehr förderlich. Wesentlich ist, dass es sich um kein Morschholz handelt. Die abgestorbenen Astpartien sollen sich an einem lebenden Strauch befinden. Oder man schneidet dickere Äste ab und lagert sie im Schatten einige Monate lang, ehe man sie in Sommer beimpft, sodass zwei Monate später ab Oktober sich die Fruchtkörper ausbilden können.

Bei regelmäßigem Gießen beschatteter Astbereiche zweimal am Tag, wo man sicher weiß, dass der Pilz vorhanden ist, kann man die Ausbeute erhöhen, da binnen weniger Tage an den abgeernteten Bereichen ein Neuaustreiben beobachtet werden konnte, wenn die Standortbedingungen ideal sind.

Das Aussehen und die Konsistenz des Ohrenpilzes

Wegen seines ohren- bis muschelähnlichen Aussehens bekam er seinen Namen. In Büscheln, wo mehrere Stück dicht gedrängt angeordnet sind, können die einzelnen Exemplare ein zerfledertes oder geschlitztes Aussehen haben. Ein ausgewachsenes Exemplar lässt deutlich knorpelähnliche Erhebungen wie bei unseren Ohren erkennen. Eine geeignetere Bezeichnung für das Judasohr wäre deshalb kurz „Ohrenpilz". Andere Namen dafür sind im Volksmund mit Baumohr, Holunderschwamm, Wolkenohr oder „Chinesische Morchel" vertreten.

Dieser rötlichbraune oder zumeist samtig-braune Pilz gehört zur Familie der Gallertpilze. Die schalen-, ohrförmigen bis runzelig aus-

Das essbare Judasohr kann einzeln oder in Büscheln angeordnet sein.

sehenden, meist becher- bis schüsselförmigen Fruchtkörper haben ein samtartiges Aussehen und können im Durchmesser zwischen zwei und über zehn Zentimeter Breite erlangen. Er kann auch grauviolette, olivgraue bis schwarzbraune Farbe annehmen und besitzt lediglich einen Stielansatz. Wenn die Ohrenpilze vertrocknen, bekommen sie eine hornartige Verhärtung und werden schwarz.

Gummiartige Konsistenz

Hält man junge Exemplare gegen das Licht, so sind sie gallertartig durchscheinend. Das dünne „Fleisch" ist meist geruch- und geschmacklos. Aufgrund seiner weichen, leicht biegbaren Konsistenz ähnlich wie bei Gummi oder Knorpelgewebe lässt sich der Pilz zusammendrücken, ohne dass er dabei verletzt wird. Er ist gut zu schneiden und mit den Händen in Stücke zu zerkleinern. Jene Altpilze, die dunkelbraun gefärbt sind bzw. eine schleimige Breikonistenz aufweisen und sich aufzulösen beginnen, sind nicht zum Verzehr geeignet. Diese belässt man lieber an den Gehölzen als natürliches Impfsubstrat für andere Äste oder schmiert sie gemischt mit Sägemehl (nicht von geölten Kettensägen) auf Anschnittflächen oder Bohrstellen des Hollers, damit er sich dort ansiedeln kann. Der Ohrenpilz besitzt an Inhaltsstoffen Kalium, Kalzium, Magnesium, Silizium, Kupfer u.a. Schwermetalle, verschiedene Vitamine, Eiweißverbindungen und Rohfasern.

Verwandte Arten in Ostasien

Eine kulinarische Verwendung ist meist nur unter Pilzkundlern bekannt. In China und Ostasien sind verwandte Arten (z.B. *Auricularia polytricha*) geschätzte Würz- und Heilpilze, welche als Handelsware auch bei uns seit mehreren Jahrhunderten eingeführt wurden. Je jünger die Ohrenpilze sind, umso besser sind sie verwertbar. Dann werden sie knapp über dem Holz mit dem Messer vorsichtig abgeschnitten. Ältere Pilze können zu Pilzpulver verarbeitet werden, da sie mehr Fasern enthalten. In China werden die Ohrenlappenpilze mit getrockneten Lilienknospen zu einer Köstlichkeit verkocht. Einigen ist sicherlich die schleimige Konsistenz mancher chinesischer Suppen nicht entgangen. Sie ist u.a. auch auf die Beigabe der dunklen Ohrenlappenpilze zurückzuführen.

Wie kann man diese Baumpilze bevorraten?

Die beste Form der Vorratshaltung ist jene der Trocknung. In kleine Streifen geschnitten, kann man den Pilz schnell trocknen und/oder pulverisieren. Bei der Trocknung verkleinern sich die Exemplare stark, werden zäh und können einen feinen Morchelduft gewinnen. Wenn in manchen Jahren die Ernten reichlich ausfallen, so kommt man ohnedies um die Trocknung nicht umhin. Größere Pilze zerkleinert man leicht mit der Hand oder schneidet sie in kleine Stücke von ca. zwei Zentimetern. Kleinere Stücke kann man in ihrer natürlichen Größe belassen. Sie trocknen an der Luft relativ schnell. Im Herbst und in den Wintermonaten trocknen wir sie am Rand der Ofenplatte auf Dörrsieben und legen dabei kleine Holzstücke zur besseren Luftzirkulation unter. In Gläsern sind sie zu lagern.

Möglichkeiten der Verwendung in der Küche

Quillt man die Pilze im Zuge des Kochens in Soßen oder Suppen wieder auf, so nehmen sie das Aroma der Würzmittel und Zutaten an. Mit dem Einweichen bekommen sie annähernd wieder die ursprüngliche Form und Konsistenz. Der Ohrenpilz kann in Hauptspeisen oder in Beilagen verkocht werden. Mit Gemüse findet er im Reis- oder Getreide-Risotto oder Schwammerlragout eine geeignete Verwendung. Dort behält er seine knorpelige Konsistenz und kann beim Beißen leicht quietschen. Stark zerkleinert, mit Knoblauch und Würzkräutern in Butter bis zu einer halben Stunde gegart, kann er im entrindeten Weißbrot als Röllchenfülle eingesetzt werden. Knapp nebeneinanderliegende Röllchen werden mit einer würzigen Béchamel-Soße übergossen und im Backrohr überbräunt. In Gerichten mit Sojasprossen, Chinakohl und Bambusspitzen wird das Judasohr sehr häufig eingesetzt, da der Pilz resch bleibt. Natürlich können heimische Gemüse- und Wildgemüsearten ebenfalls mit dem Pilz kombiniert werden, anstelle von Soja kann man z.B. Bohnen oder Linsen ankeimen lassen. Roh werden Frischfunde fein geschnitten den Salaten beigegeben.

Mit dem Trockengut lässt sich ein Pilzpulver für Fleisch- oder Gemüsesuppen herstellen, die Würzkraft ist nicht sehr stark. Wenn aber von der Heilkraft ausgegangen werden kann, so empfiehlt sich ohnedies, den Pilz in die Speisen einzubeziehen. Eine starke Zerkleinerung empfiehlt sich für eine bessere Verdauung, da die mittelmäßig zähen Pilzstückchen den Darmtrakt beinahe unverändert wieder verlassen. Zum Sämigmachen von Soßen diente er ebenso, da er eine stark schleimende Wirkung besitzt.

In der Medizin eingesetzt

Früher war der Pilz als *„Auricularia sambucina"* oder *„Fungus sambuci"* in alten Kochbüchern umschrieben, da er eben hauptsächlich auf Holunder vorkommt. Die medizinische Verwendung erstreckt sich auf verschiedene Bereiche. Pilzansätze oder Abkochungen dienten zum Gurgeln bei Erkrankungen des Hals- und Rachenbereichs, zur Beruhigung des gereizten Magens z.B. bei Bauchschmerzen sowie bei starken Uterusblutungen und Hämorrhoiden. Darüber hinaus dienten Abkochungen in Milch oder mehrtägige Kaltansätze in Rosenwasser oder Heiltees ähnlichen Anwendungen. Die schleimende Konsistenz hat einen positiven Einfluss auf den Darm, vorausgesetzt der Pilz wird in den Speisen zerkleinert aufbereitet und gut gekaut. Aufgequollene Pilze und deren Flüssigkeitsauszüge dienten vor allem für Umschläge bei Entzündungen der Augenbindehaut. Auch bei trockenem Rachen und trockenem Husten wirken die Schleimstoffe durch die bessere Befeuchtung wohltuend. Alte Leute haben in der Steiermark berichtet, dass durch regelmäßigen Konsum der Kreislauf gestärkt und das Blut nicht so dick würde. Bei Herz-, Zahnbeschwerden und Zahnfleischentzündung wurde der getrocknete Pilz gekaut oder gelutscht.

Das Judasohr ist an den Verzweigungen der Schwarz-Holunder-Äste, aber ebenso an glatten Schnittstellen der Dickäste und verknorrten Wundstellen zu finden.

Insofern dürfte die Eingliederung des Pilzes in die Speisen oder in den Tee gegen Schlaganfälle vorbeugend wirken. Georg Schramayr (2011) weist auch auf „die Verbesserung der Immunzellenbildung in der Milz und die Steigerung der immunologischen Kompetenz bei Tumorerkrankungen" hin. Die immunologische Wirkung ist für die Leukozytenvermehrung und somit für die gesamte Körperkonstitution bedeutsam.

Wo siedelt sich der Pilz an?

Vornehmlich findet man das Judasohr an Dickästen oder Stämmchen von Schwarzem Holler und Scheinakazie (*Robinia pseudacacia*) einzeln oder dachziegelartig als Rudel oder in einer Linie angeordnet. Selten tritt der Ohrenpilz auch auf anderen Laubgehölzen auf, wie Walnuss, Ulmen, Buchen, Erlen, Weiden, Pappeln und Augehölzen. Im Herbst treiben auch an südexponierten, morschen Dickästen die Schwämmchen aus und können von dort bis ins Frühjahr meist naturgetrocknet vorgefunden werden.

Der Ohrenpilz schlägt an verschiedenen Stellen „Wurzeln", wo eine Verrottung des Holzes bereits eingesetzt hat. Es handelt sich um zwei- bis mehrjährige Verrottungsvorgänge an Zwieselstellen, Astabzweigungen, morschen Ritzen, Wundbildungen, Stamm- und Astwucherungen, an Stellen mit Rindenverletzungen, Astausbrüchen oder glatten Schnittflächen. Vermutlich bevorzugt er ältere Gehölze als Wirtsbäume, welche auf kalkhaltigen oder basischen Böden gedeihen. Sie kommen auf frisch gefälltem Holz der Scheiterhaufen ebenso gut vor wie auf den Stümpfen des abgeschnittenen Altholunders, wenn die Besiedlungsstellen beschattet werden.

Expositionen und Standorte am Holz

Auf der Südseite kommt er eher im Herbst oder Winter zum Austreiben, selten aber an voll beschienenen Stellen am Holunderfuß, sondern vielmehr in einer Gehölzhöhe ab einem halben bis zu einem Meter, wo die Ansiedelungsbereiche eine Beschattung erfahren. Altholzbestände können für eine Hollerschwammerl-Besiedelung belassen werden. Gut triebige Hollerbüsche in ein oder zwei Meter Höhe auf Kopf gesetzt, bieten dem Pilz bei ausreichender Beschattung durch Neuaustriebe des Hollers die Möglichkeit zum Gedeihen. Jüngst alt- oder morsch gewordenes Stamm- oder Dickholz kann auch entfernt und im Schatten gelagert werden, wo sich die Pilze entweder von selber ansiedeln können und durch kleine Quereinschnitte von Menschenhand eine Besiedelung induziert werden kann. An vertrockneten Ästen vermögen sich die Ohrenpilze nicht mehr anzusiedeln.

Jahreszeit des Vorkommens

Das Auftreten des Ohrenpilzes vom Herbst bis in das späte Frühjahr ist von der Luftfeuchtigkeit abhängig. Kühle Temperaturen infolge einer Beschattung und wechselhaft feuchte, nebelige Tagesabfolgen sind vor allem von Oktober bis Dezember gut für das Gedeihen des Pilzes.

Das Judasohr oder der Ohrenlappenpilz

Im Spätherbst, wenn sich der Holler im Zuge des Blattfalls verlichtet und die Gehölze dem prallen Sonnenschein ausgesetzt sind, schrumpeln die Ohrenpilze zusammen und verfärben sich dunkelbraun bis schwarz. In den feuchten Aubereichen und dichten Altwaldbeständen gedeiht der Pilz auch den ganzen Sommer über.

Wenn in den Wintermonaten Schnee abtaute, weil die Tagestemperaturen über 10°C erreichten, da trieben erneut die Ohrenpilze in Büscheln an. Offenbar verträgt diese Pilzart längere Zeit sehr tiefe Temperaturen, wie sie von Anfang November bis März vorherrschen. Dann kann der saftige Pilz auch gefroren geerntet und in der Küche eingesetzt werden.

Über den Winter entdeckt man häufig die dunklen, vertrockneten Pilzkörper des Judasohrs. Sie können für die Heilanwendung pulverisiert oder in Wasser eingeweicht und in wenigen Stunden roh oder verkocht gegessen werden.

WINTER

In Vorzeiten fanden die Früchte der Stiel- und Trauben-Eichen Verwendung in der Schweinemast und für die Herstellung von Speisemehl, Kaffee und Bier (ausladender Hofbaum im Kreis Ostwestfalen-Lippe).

Nach dem mehrwöchigen Wässern springen die Schalen auf.

Von Süßen Eicheln, Eichelbier, Eichenrinde und Galläpfeln – die Geschichte der Eichen, spannend wie ein Krimi [1]

In Vorzeiten war die Gesamtheit der Eichenbäume (*Quercus* spec.) durch unzählige Beziehungen mit den Lebensverhältnissen dieser Epoche verflochten. Gesichert waren Eichen und Edelkastanien vor den Eiszeiten in Mitteleuropa vertreten und vermutlich auch für Nahrungszwecke genutzt worden. Die Menschen der nördlichen Hemisphäre lebten zum großen Teil über den Winter von Fleisch und Vorräten an Nussfrüchten, getrockneten Beeren und Wurzelwerk – vorausgesetzt diese Landstriche waren gletscher- und teilweise schneefrei und erreichten eine ausreichende Sommerwärmesumme (vgl. MACHATSCHEK, M. 2010). Vor allem der Eichel maß man eine sehr hohe Wertschätzung als Nahrungsmittel bei, weshalb sie in der Mythengeschichte der Germanen und Kelten einen hohen Rang einnahm.

Von Leuten bekommt man neue Begebenheiten über die Eichennutzungen erzählt. Auch in gut recherchierten Büchern kann man tolle Geschichten entdecken. Heute bestehen allerdings viele Bücher aus einer Ansammlung von historischen Aufzeichnungen. Wie Holger SEIDEMANN aus Leipzig berichtete, „gibt es einen allbekannten Quellenfundus, aus dem sich die Autoren bedienen. Beim Leser kommt es dann zu einem Sättigungseffekt, da sich die Informationen irgendwann wiederholen." Die Autoren kommen mit dem ständigen Abschreiben auf keine neuen Gedanken und Kenntnisse, welche für die Allgemeinheit dienlich sein könnten.

Auf den Eichen wachsen die besten Schinken

Meine Freude auf den Herbst liegt in der Erwartung der Eichelernte. Bis zum ersten Schnee sind sie für die Kaffeebereitung sammelbar. Auch die im Herbst angekeimten Eicheln können im Frühjahr vor dem Sprossschieben genutzt werden. 2003 war beileibe ein besonders

---

1 Zur Ergänzung des Eichenkapitels im Buch Nahrhafte Landschaft, Band 1 (1999, 2007).

gutes Eichel-Mastjahr, weshalb an verschiedenen Orten ein Vorrat gesammelt wurde. *„Auf den Eichen wachsen die besten Schinken"*, lautet ein mittelalterlicher Spruch. Darin steckt die Verwertung der Nussfrüchte für die Eichelmast der Schweine in den letzten Monaten vor der Schlachtung (s. MACHATSCHEK, M. 2007). Die Eiche war meiner Meinung nach deshalb so ein wichtiger Baum, nicht weil darin Götter und Geister ihr Versteckspiel betrieben, sondern die Früchte vielen Menschen-Generationen eine Nährbasis boten. Wesentlich war früher die Gebrauchsfrage der Ernährung. Was die Götter betrifft, ist im Grunde genommen unerheblich. Den nicht nachgewiesenen Göttern hatte man Menschheitsgeschichten angedichtet, auch um mit diesen Konstruktionen Macht über die Menschen ausüben zu können.

Über die Wichtigkeit der Eichen

Dem Zufall hatte man früher nichts überlassen, sondern aktiv zur Sicherung des Überlebens begonnen, die Eichenwälder zum Vorteil der menschlichen Ernährung und als Weiden zu beeinflussen. Wo die Schweine im Herbst der Weide nachgingen, das war genau geregelt, denn bis in die 1950er-Jahre nutzten die Menschen Mitteleuropas in Resten und in Konkurrenz zum Schwein ebenfalls die Nussfrüchte. Mit langen Stangen schlugen die Schweinehirten die Eichelnüsse herunter, sodass im Herbst für die Nutztiere ein Futterangebot an Eicheln sichergestellt war und die Schweine eine Mästung erfuhren. Solche Wälder waren durch Menschenhand regelrecht gefördert, ja begärtnert und sauber von Reisig, Laub und Ästen aufgeräumt worden. In Rumänien sehen solche Eichenwälder schön gepflegt aus und sie beherbergen eine eigene Pilzflora. Aus Portugal und Spanien sind hinlänglich bedeutsame Geschichten über die Nutzung der Stein- und Korkeichenwälder für die Schweinemast bekannt. In Notzeiten verarbeitete man die Eicheln als Mehlfrucht und mischte dieses dem Getreidemehl zum Strecken bei (s. dazu Nahrhafte Landschaft, Band 1). Bis vor fünfzig Jahren schnitt man die Eichenbäume noch, um den Fruchtansatz zu erhöhen und die Ernährungssicherheit langfristig zu gewährleisten. Diese Art der Bewirtschaftungsweise blieb bei der Edelkastanienkultur (*Castanea sativa*) bis heute erhalten.

Von der Eichel- zur Getreidekultur

Einleitend ein Merksatz:

Alles, was aus Getreide an Ess- und Trinkbarem herstellbar ist, wurde früher auch aus Eicheln zubereitet. Man kann vermuten, dass die Eichel überhaupt die bedeutsame Vorstufe der Getreidekultur war. Die Nutzungszusammenhänge und Handhabung der stärkereichen Eicheln konnte in gleicher Weise für den Gebrauch des Getreides angewandt werden.

Das ist auch eine plausible Begründung, warum die Getreidekultur so schnell angenommen wurde. So entstand anstelle des Eichelbiers das Getreide- oder Malzbier, aus dem Eichelbrei der Grießbrei oder die Polenta, aus beiden Mehlarten lässt sich Brot backen und Kaffee herstellen, wie ich vor einigen Jahren berichtet hatte. Und der mitgegessene Kaffeesatz stellt nichts anderes dar als das einstige Müsli aus entbitterten Eichelkleinteilen und später eben aus Getreideprodukten. Freilich klingen diese Verwendungsmöglichkeiten sehr theoretisch. Wer sich einmal mit der Nutzung der Eicheln praktisch auseinandergesetzt hat, kommt mit den ersten Bissen schnell einmal zu weiteren Gedanken und Möglichkeiten der Umsetzung der Nussfrüchte in nahrhafte Erzeugnisse. Und das bedarf großen Geschickes bei der Aufbereitung.

Eicheln als einstige Grundnahrung

Heinrich BROCKMANN (1925) hatte seinerzeit auf die Bedeutung der selektiven Betrachtung der stärkereichen Eichensorten hingewiesen und deutet mehrere Sorten unserer heimischen Eichenarten und jener der im europäischen und benachbarten Großraum an. Er sprach von der „Tatsache, dass die Eicheln verschiedener Bäume verschieden schmecken, beim gleichen Baum aber recht ähnlich" seien. Aus der Beobachtung heraus, der Weitergabe des Erhaltungswissens und der Standorte verstanden es die Leute, jene Sorten mit „Süßen Eicheln" zu unterscheiden und mittels Selektionszüchtung in manchen Gebieten zu vermehren. Hinweise bis in die 1960er-Jahre sprechen davon, dass manche Baumfrüchte süßer als die Esskastanien gewesen sein sollen.

Nordafrikaner, Süd- und Südosteuropäer, Indianer wie auch Japaner griffen auf die Vielzahl an Eichelsorten bzw. Artvariationen für die Zubereitung von Breinahrung, Brot, Getränken, Süßspeisen und Suppen zurück. Früher gewann man aus den Nussfrüchten auch Kaffee und Öl. Es ist nicht ausgeschlossen, dass in unseren Breiten die Menschen noch bis in das späte Mittelalter, ja in einigen Zeitfenstern sogar bis nach dem Zweiten Weltkrieg das Wissen um die Nutzbarkeit heimischer Eicheln erhielten. Hinweise der Eichenmehlnutzung zum Untermischen in das Brotmehl bestätigen eine weithin erfolgende Verbreitung zumal in Notsituationen. In der Not griff man stets auf das bewährte Wissen der Vorgenerationen zurück.

Heute noch werden verschiedene süße und bittere Eichelsorten der Stein-Eiche (*Quercus ilex*) wie Nahrungsmittel in Marokko, Algerien, Tunesien und Iberien gehandhabt. Sie werden roh wie Nüsse gegessen, im Dampf gegart genossen oder z.B. als Bratspeise auf der Glut wie Kastanien geröstet oder gekocht in Salzwasser zubereitet. Von der Stein-Eiche bestehen zwei Unterarten, die *Quercus ilex* L. subsp. *ilex* und die *Quercus ilex* subsp. *rotundifolia*, in Marokko z.B. „Ballota" genannt, mit etwas unterschiedlichen Verbreitungsschwerpunkten auch auf der Iberischen Halbinsel und teils in Südfrankreich vorkommend. Die Bedeutsamkeit liegt in Spanien und Portugal heute in der Nutzung für die traditionelle Schweinemast während und nach der Reifezeit der Eicheln, welche aus den kultivierten Stein-Eiche-Hainen – den „dehesas" – gesammelt oder wo die Schweine geweidet werden.

Verwendung „süßer Eicheln" für Speisezwecke heute

In den Ländern am Mittelmeer wurden bis vor 100 Jahren die Früchte vorhandener Eichenarten regelmäßig dem Verzehr unterzogen. In Spanien, Portugal, Marokko, Algerien, Tunesien werden bis zur heutigen Zeit vereinzelt die süßen Eichelsorten als Mahlzeit mit Milch oder zum Nachtisch auf der Glut geröstet oder über dem Feuer gegrillt und werden teils noch auf dem Markt gehandelt. Weit verbreitet ist aber auch noch die einfache Handhabung, sie in Wasser zu kochen. Im Prinzip kennen wir diese Verwendungsweisen von der Maroni-Verwertung

Von Süßen Eicheln, Eichelbier, Eichenrinde und Galläpfeln

In Marokko nutzen die Menschen die „Ballota-Eicheln" wie Maroni (Foto: Youssef Hamamna).

Vergleich der 5 cm langen Früchte von Quercus illex cf. subsp. rotundifolia var. Ballota mit der mitteleuropäischen Stiel-Eiche (Quercus robur).

her. Die Nutzung für Kaffee und für die Mehlbereitung wird heute in Nordafrika noch punktuell vollzogen.

Bis heute andauernd bewahrten sich die Menschen in diesen Gegenden das Wissen um die Eichelnahrung, da der propagierte Anbau von Getreide bei den schwankenden und schwierigen Witterungsverhältnissen nicht richtig funktionierte. Die Eichen konnten mit den extremen Standortsvoraussetzungen, der Trockenheit und Hitze viel besser umgehen. Und selbst die ungenießbaren Eichelarten, sicherten zudem oder wenigstens auch eine Basis in der Tierfütterung z.B. für die Schweinemast. Auch an die anderen Nutztiere wurden sie aktiv verabreicht.

Aktive Inkulturnahme der Eichenbäume zur Existenzsicherung

Es ist davon auszugehen, dass die Menschen für den notwendigen Bodenschutz das Aufkommen der Bäume aktiv förderten. Diese Gehölze hatten eine integrale Bedeutung für die regionale Existenzsicherung: Sie ermöglichten eine Landnutzung in zwei bis vier Etagen (Viehweide, Kork bzw. Gerbstoffe, Futterlaub und Nussfrüchte), sie schützten vor Verdunstung, Erdverwehungen und Erosion, sie sicherten die Wasservorräte, sie lieferten Werk- und Bauholz, Brennmaterial, Futter und Einstreu und Sonderhilfsmittel. Für die Flora und Fauna boten sich viele Querbezüge. Freilich sind auch bis heute verbliebene Baumbestände aus früheren Wäldern durch Auflichtung entstanden. Erhalten können solche Eichenhaine nur durch aktive Landnutzungsmomente werden, und dazu gäbe es ausreichende Vorbilder, welche leider vom Naturschutz nicht erkannt werden.

Noch bevor die milden Winter oder die Frühlingsregen einsetzten, wässerten die Landnutzer die Nussfrüchte – in Säcke gefüllt – in den Brunnen zum Ankeimen vor. Die Fruchtspeicherorgane saugten sich mit Wasser an, wodurch ein wahrscheinlicheres Aufgehen der Keimwurzel gewährleistet wurde. Mit Holzstöcken oder Eisenstangen machten die Bauern Löcher in die offenen Böden, in die je eine Eichel hineingelegt wurde, ehe man diese wieder mit dem Material zudeckte. Um die austreibende Wurzel nicht zu verletzen, musste man mit der Keimware vorsichtig hantieren. Den großen Rest bis zur vollständigen Entwicklung eines tragfähigen Baumes machte die Natur selber.

Für das schadlose Aufgehen der künstlich installierten „Eichelsaat" setzte man in Gemeinschaft abgesprochene Schongebiete fest. Die Hirten hatten die Aufgabe, ihre Weidetiere von den Neupflanzungsgebieten eine Zeit lang fernzuhalten. Durch die Unbilden der Natur ging nur ein Teil der Früchte auf. In den Senken mit einer besseren Grundwasserversorgung gingen mehr Gehölze auf und entstanden dichte Waldungen. An den Kuppen, hügeligen Landstrichen und an den südexponierten Seiten verging ein Großteil der Pflanzen durch starke Austrocknung der Böden und manchmal durch Fröste.

Jean GIONO hat in seinem 1949 erschienenen Buch „L'homme qui plantait des arbres" in romantischer Weise von der Tätigkeit eines Hirten berichtet, welcher Bäume pflanzte, um in einer abgewirtschafteten Landschaft wieder eine existenzielle und ökologische Basis zu ermöglichen. Offenbar hatte der Autor seine Vorbilder in Spanien oder Nordafrika gefunden, aus denen er diese schöne Geschichte entwarf. Der genaue Standort dieser weiten Wald- und Hainlandschaften konnte nie verifiziert werden.

…in den Ländern Nordafrikas

Der Marokkaner Youssef Hamamna erzählte mir von seinen Großvätern und Urgroßvätern, welche sich während bestimmter Jahresphasen die Mühe machten, durch die beschriebene Weise die angekeimten Eicheln auszubringen, damit ihre Enkelgenerationen auch etwas zu essen hätten. Dort in Nordafrika sind zwei wesentliche Nutz-Eichenarten vertreten: der Korkbaum (*Quercus suber*) und die Stein-Eiche (*Quercus ilex* subsp. *ballota*). Beide Arten können in der Landschaft voneinander getrennt in Reinkulturen vorkommen oder sie wetteifern miteinander gemischt in paradiesischen Hainen um die Standorte. Gleichsam dienen die Flächen der hainartigen Wälder der Schaf- und teils der Ziegenweide. Die Früchte kommen auch auf den Märkten z.B. in Marokko nach der Reifephase als Handelsware vor. 1841 berichtet Moritz WAGNER für Algerien, „die Eingeborenen machen an Feigen, Cactus-Früchten, Nüssen, essbaren Eicheln eine ergiebige Erndte." Die süßen Früchte der Ballota-Art werden wie Nüsse roh, gekocht oder gegrillt bzw. geröstet verspeist.

… und in Spanien und Portugal

Auch die Eichenhaine der Iberischen Länder bilden unbeschreiblich schöne Hainlandschaften. In Spanien und Portugal bedecken die „Korkbäume" (*Quercus suber*) locker verteilt die sanften Hügel und Täler. Übersetzt werden sie als „Suberwälder" bezeichnet. Ihre entrindeten Stämme haben schokoladenfarbene, schwarze bis graue Tönungen und sind mit ihren breiten Kronen überaus reizvoll. Die Rinde des „Suberbaums" liefert alle acht Jahre gute Erträge, und seine süßen Eicheln dienen dem Menschen zur Nahrung. Im Sommer durchziehen die Viehherden diese Wälder. Wenn im Herbst die Eicheln von den Bäumen zu fallen beginnen, werden unter ihnen die Schweineherden gemästet. Durch die Beschneidung der Kronen wird die Absicht größerer Eicheln verfolgt. Das Holz aller Eichen wird heute nur mehr selten für die Kohle- und Bahnschwellenherstellung verwendet. Manche der viele Generationen überdauernden Eichen tragen hoch oben die Nussfrüchte, in der Stammmitte die Bienenstöcke und auf dem Boden erträgt die Flora die Schaf-, Ziegen- oder Rinderweide.

Ebenfalls durchzieht paradiesisch eine andere Art malerisch schön ganze Bergrücken – es ist dies die süße und nahrhafte Eicheln tragende immergrüne Stein-Eiche (*Quercus ilex* subsp. *ballota*), in Kastilien auch einst *Encina bellota*, in Portugal *Carvalho bolota* oder wie auch in Nordafrika einfach „Bellota" oder „Bollota" genannt, welche geschlossene dichte Wälder mit schattenspendenden Kronen bildet. Alle drei Jahre wird das alte Laub abgestoßen. Ballota trägt allerdings alle zwei bis drei Jahre Früchte. Im Gegensatz zur Kork-Eiche wird den Früchten der Bollota eine bessere Schmackhaftigkeit nachgerühmt. Durch die kontinuierliche Bewirtschaftung fanden sich bis zu 1000 Jahre alte Bäume, welche jährlich reiche Eichelernten lieferten und viele Menschen durch die Zeiten ernährten.

Auf Mallorca werden die Eicheln der Stein-Eichen-Varietät *Quercus ilex* var. *ballota* neuerdings wieder auf den Wochenmärkten als *Alzina d'aglans dolços* oder *Glans dolços* feilgeboten. Damit die Früchte als Handelsware länger verfügbar sind, werden sie an trockenen, gut belüfteten Lagerräumen kühl aufbewahrt.

Speise-Eicheln auf dem Balkan und in Griechenland

Historiker sind sich uneinig, ob in alten Dokumentationen die Eiche und Edelkastanie miteinander unter demselben Begriff geführt wurden oder nicht. Bei den griechischen Ureinwohnern der Gebirge sprach man von „Eichelessern", und in der Kulturgeschichte werden immer wieder „Speiseeichen" erwähnt. Griechenland besitzt mehrere Arten mit essbaren Eicheln. Noch bis ca. 1930 wurden von der häufig vertretenen Art „Knopper-Eiche" (*Quercus ithaburensis = Qu. macrolepis, Quercus aegilops* L.) die Früchte von den Leuten als essbare Nahrung befunden (s. auch bei HELDREICH, Th. v. 1862), obwohl ihnen kein rühmlicher Geschmack nachgesagt wurde. Die Menschen hatten aus existenziellen Gründen keine andere Wahl und nutzten die „werthvolle Naturgabe" roh oder verwerteten sie geröstet (vgl. NEUMANN u. PARTSCH 1885), nicht nur, wenn das Getreide nach Missernten knapp war. Auch die dicken, schuppigen Fruchtbecher dieser laubabwerfenden Art wurden wegen des hohen Gerbstoffgehalts quasi als Nebenertrag neben jenen der Färber-Eiche (*Qu. tinctoria*) mitgesammelt und bei Händlern abgegeben.

Die laubabwerfende „Speiseeiche" (*Qu. esculus* L.) ist in Griechenland seltener, aber in den kleinasiatischen Küstenlandschaften häufiger anzutreffen. Sie stellt eine geschmacklich bessere Eichelart oder Varietät dar. Laut indifferenter Forschungen dürfte die *Quercus esculus* eine Selektionsart der Trauben-Eiche (*Qu. petraea*) sein. Von immergrünen Eichen kommen in Griechenland im Wesentlichen vier Arten vor: Neben der Stein-Eiche (*Qu. ilex* L.) und ihrer sehr bekömmlichen Varietät, der „Ballota-" oder „Haselnuss-Eiche" (*Qu. ballota*), finden sich die herberen Arten Kermes-Eiche (*Qu. coccifera* L.), die Galläpfel-Eiche (*Qu. infectoria*) und die Kork-Eiche (*Qu. suber* L.), von denen nur in Notzeiten die Eicheln genossen, aber ansonsten hauptsächlich in der Nutztierfütterung eingesetzt wurden.

Eichelbier – ein kräftigender Nussfrucht-Auszug

Die Kenntnisse um die Eichelverwendung gingen deshalb verloren, da sie in den Vorgenerationen nicht mehr im Hausgebrauch gestellt wur-

Beim Wässern der Eicheln werden ein Teil der Bitterstoffe und Kohlehydrate ausgezogen bzw. umgewandelt. Im feuchten Milieu werden Enzyme aktiviert und durch Keimvorgänge treibt die Keimwurzel aus.

den. Beim ausdauernden Genuss der Eicheln merkt man nach längerer Zeit des Kauens die unterschiedlichen Anteile der Gerb- und Bitterstoffe. Daraus ist auf verschiedene Eichelsorten zu schließen. Darauf brachte mich eine Bäuerin in Oberösterreich, welche mir die Unterschiede praktisch nahelegte. Im ersten Band „Nahrhafte Landschaft" und in Kapiteln dieses Beitrages sind verschiedene Hinweise der Entbitterungsmöglichkeiten angeführt. Auch das Rösten oder Fermentieren (s. TREIPL) der Eicheln erfüllt diesen Zweck.

Die bekannteste Form der Entbitterung, indem man die Früchte mit Wasser in einem Gefäß aufstellt, kann als die Vorstufe der Bierherstellung gesehen werden. Je länger man die Eicheln wässert, umso trüber wird durch Fermentationsvorgänge und ausgezogene Inhaltsstoffe die Flüssigkeit. Durch diese Grundbeobachtung und Verkostung des ausziehenden Wassers während des Entbitterungsvorgangs entstanden die Gedanken zur einfachen Herstellung von Eichelbier.

Werden reife Eicheln über mehrere Wochen in Wasser angesetzt, so bildet sich eine Art von Bier, welches der Kräftigung schwacher oder kranker Menschen diente.

Anleitungen zur einfachen Bierherstellung

Wie kann nun ein Leichtbier auf einfache Weise erzeugt werden? Gesammelt werden einwandfreie Eicheln, welche die dritte oder vierte Charge der abfallenden Nussfrüchte betreffen. Diese sind tendenziell wurmfreier als die der ersten beiden Abwurfgänge, denn der Baum entledigt sich grundsätzlich der unzulänglichen Früchte zuerst, damit in diese keine unnötige Energie investiert wird. Die Eicheln werden an einem sicheren Ort ca. zwei bis drei Wochen nachgelagert und etwas nachgetrocknet. Sie sollen ihre Keimfähigkeit behalten, dürfen also nicht austrocknen. Dabei bräunen sie nach, und die beiden Hälften der Fruchtkörper beginnen sich leicht zusammenzuziehen. Gleichzeitig lösen sie sich von der harten Außenschale. Dann kann begonnen werden, die zuvor gewaschenen Eicheln bis über die Hälfte in Behälter einzufüllen und diese mit Wasser aufzufüllen. Jene Eicheln, welche an der Oberfläche schwimmen, sind zu entfernen. Sie enthalten mit großer Wahrscheinlichkeit einen „Wurm", besitzen bereits andere Makel wie korkige, taube oder vielleicht verpilzte Fruchtkörper. Zu bedenken ist, dass verwurmte Eicheln einen höheren Bitterstoffgehalt besitzen.

Nun beginnen sich die Eichennüsse mit Wasser anzusaugen und die Keimwurzel anzutreiben, welche bei einigen auch aus der Schale herausgeschoben wird, aber nicht bei allen. Die harte Außenschale bekommt einen Spalt, denn sie wird durch die Ausdehnung des wasseransaugenden und größer werdenden Fruchtkörpers langsam aufgedrückt. Im Ausgleich der Ionenkonzentration zwischen Wasser und Früchten gelangen stärke- und eiweißreiche Verbindungen wie auch etwas Gerb- und Bitterstoffe in das Wasser und färben es trüb. Geeignete Orte der Lagerung sind Räume mit 16 bis 18°C, aber nicht am Fensterbrett. Das kann einmal mit einem Glasgefäß ausprobiert werden. Die Lagerdauer der Eicheln im Wasser kann jeder selbst bestimmen.

Lässt man den Deckel offen, so entweichen austretende Gärgase. Bei kurzer Lagerung von zwei oder drei Wochen entsteht ein Aroma ähnlich einem abgestandenen und gewässerten Leichtbier. Der Geschmack kann als matt und schal bezeichnet werden. Lässt man die Eicheln mehrere Wochen im Wasser einweichen, so entsteht ein braunes bis dunkelbraunes Getränk, welches auch feine Schwebstoffe enthält und deftiger schmeckt ähnlich einem Stark- oder Dunkelbier. Unter Verschluss des Lagergefäßes entsteht allerdings eine prickelnde Flüssigkeit, welche sofort getrunken einem Bier am nächsten kommt. Mit längerer Lagerung bildet sich an der Oberfläche ein leicht metallisch glänzender Filmbelag. Austretende Bitterstoffe kommen geschmacklich nicht zum Tragen. Der Alkoholgehalt wurde unsererseits nicht überprüft und dürfte äußerst gering sein. Der Anteil an austretenden Gerbstoffen wäre zu untersuchen. Bei Seminaren mit Schulklassen bereite ich manchmal so ein Glas vor und lasse die Kinder kosten, welche davon sehr begeistert sind, da sie solch ein harmloses Getränk in einem Glas selbst herstellen können.

Mehrmals kann diese Flüssigkeit abgegossen und getrunken und die gebrauchten Eicheln neuerlich mit Wasser angesetzt werden. Dieser Saft schmeckt nicht ungut oder schlecht, ist aber auch nicht bitter oder gewöhnungsbedürftig. Man kann es geschmacklich mit einem „abgestandenen Bier" vergleichen, bei dem die Kohlensäure entwichen ist. Mehrjährige Versuche haben ergeben, dass unter kalten, kühlen und warmen Bedingungen die entstehenden Getränke jeweils unterschiedliche Geschmäcker und Intensitäten auszeichnen. Allgemein gilt dieser wässrige Auszug längere Zeit getrunken als kräftigend.

Flüssige Bevorratungsform und Bier-Kräuterzusätze

Weiters kann davon ausgegangen werden – Biertrinker spitzen bitte die Ohren –, dass diese Form der Eichelverwendung nichts anderes ist als eine Bevorratungsart von Eichelnährstoffen in flüssiger Form. Karl Heinrich HÜLBUSCH meinte einmal bei einem Seminar, dass das Bier eine Art von flüssiger Bevorratungsform und somit ein Lebensmittel sei. Lässt man in etwa die Eicheln, ohne das Wasser zu wechseln, mehrere Monate in der Flüssigkeit verharren, so setzt sich auf dem Boden des Gefäßes eine helle Schicht eines stärkereichen Satzes ab. Dieser trübe Auszug entstammt den Speicherstoffen der Eicheln. Bei längerer Lagerung im Wasser werden den Fruchtkörpern Inhaltsstoffe entzogen, wodurch sie an Substanz verlieren. Beißt man in solch eine Frucht, so merkt man die Leere, Geschmacklosigkeit oder die korkige Konsistenz. Früher brachte man bei der Endfermentation des Eichelbiers zur Geschmackshebung verschiedene Kräuter, wie z.B. Klettenwurzel, Angelika, Wilden Hopfen, Gagelstrauch, …, ein. Solche Biere galten der Kräftigung und Abheilung z.B. von Magen- und Darmerkrankungen. Im Gegensatz zum Eichel- sind auch Eichenbiere auf Basis frischer oder getrockneter und zerkleinerter Blätter oder von Rindenteilen in Wasser kalt angesetzt herstellbar.

Von den Wildschweinen lernen

Die Wildschweine unterwühlen im Herbst die Eicheln direkt oder indirekt mit Laub und Erdreich, damit diese vorkeimen und dadurch eine Entbitterung erfahren. Haben die Nussfrüchte die Wurzel geschoben und in den Boden gesenkt, dann verlieren sie ihre Bitterstoffe. Ab dieser Phase werden sie von den Sauen sehr gerne gefressen. Sie nutzen diese Angebote, um sich vor dem Winter die notwendigen Reserven anzulegen. Gerade aus der Beobachtung des Schwarzwildes und ihrer Nahrungsspektren kann gefolgert werden: Beinahe alles, was der Mensch den Schweinen als Futter verabreichte, verzehrte er zuvor in einer früheren Entwicklung auch selber. Abgesehen davon, dass Schwein und Mensch sehr ähnliche Magensysteme besitzen, konnte sich der Mensch auch umgekehrt diese Beobachtungen an den Schweinen in mehrfacher Hinsicht zunutze machen. Auf alle Fälle besteht zwischen Mensch, Schwein und der Eichelnutzung ein sehr enger Zusammenhang. Früher legte man mehr Behutsamkeit in die Zucht der Schweine und wendete man mehr Sorge ihrer Fütterung zu – ein Beispiel dazu:

Walburga fütterte die Schweine mit Heublumen und Eicheln

Bei einer mehrwöchigen Wanderung durch Oberösterreich machte ich in den frühen 1980er-Jahren auf verschiedenen Höfen Einhalt, um dort mitzuarbeiten und im Gegenzug dafür ein Quartier und etwas zum Essen zu bekommen und nebenher mehr unprofessionell die Tätigkeiten der Leute zu studieren. Durch diese Art der ungezwungenen Wanderlehre in verschiedenen Regionen wuchsen meine Wissensvorräte zu. Dabei lernte ich zufällig im Hausruckviertel eine Bäuerin kennen, welche Walburga hieß. Ihre Schweine fütterte sie im Sommer großteils mit Heublumen, Gartenabfällen und dem kurzwüchsigen Grünschnitt und im Herbst mit Heublumen, Eicheln und manchmal mit Klei-Beigaben. Sie besaß eigene Eichenwälder und durfte auch jene eines Bruders, welcher ebenfalls Bauer geworden war, nutzen. Bei den Eichen kannte sie sich genau aus. Da reichte ein scharfer Blick in die Baumkronen, um die Reife der Früchte abschätzen zu können. Mir gegenüber war sie anfänglich misstrauisch. Als ich bei der Arbeit mithalf, legte sich das Misstrauen, und Walburga zeigte mir ihre genauen Handhabungen. Über ihre Wirtschaftsweise merkte ich, dass sie schon seit Jahrzehnten die Nussfrüchte in kundiger Weise sammelte. Das Wissen darüber hatte sie von ihren Vorfahren übernommen. Sie konnte es nicht großartig erklären, sondern tradierte das von ihren Eltern gelebte Selbstversorgerprinzip unter Ausnutzung der natürlichen Ressourcen und Hilfsmittel, welche ihr zur Verfügung standen.

Je nach Reife der Früchte an den Bäumen, begann sie säuberlich im Bodenbereich der Baumtraufen das Laub, Astwerk und die verwurmten Nussabwürfe zu entfernen. Einiges an Laub nutzte sie als Einstreu für die Rinder im Anhängestall, weshalb wir dieses korbweise und in Leinentüchern gebunden nach Hause trugen. Mit einem gekrümmten Laubbesen putzte sie das Laub zusammen, welche wortwörtlich wie ausgekehrt aussahen. Die ersten Eicheln, welche die Bäume abwarfen, kehrte sie mit dem Besen zur Seite oder warf diese Haufen an eine andere Stelle. Auf den frei gehaltenen Flächen erntete sie die Mastnüsse erst, wenn die abgeworfenen Chargen wurmfrei waren. Verwurmte Eicheln wurden von ihren Landschweinen nicht so gerne angenommen, da sie einen höheren Bitterstoffgehalt hatten. Von den guten Eicheln legte sie Vorräte auf dem Hof an. Kontinuierlich ging sie dieser Arbeit nach, und manchmal kam ein Bruder und fuhr ihr die reiche Ernte nach Hause.

Mit den ersten guten Eicheln setzte sie welche der Viehzahl entsprechend in Metalleimern mit Wasser an. Am nächsten Tag und an den übernächsten Tagen setzte sie weitere an. Wenn die ersten Ansatzeicheln aufgequollen waren und mit dem Wasser bis zum Eimerrand anwuchsen, waren sie angekeimt und dadurch entbittert. Burgi zeigte mir das beginnende Keimen der Wurzeln und das Aufreißen der Eichelschalen und machte einige Kostproben davon. Ab dieser Zeit begann die Eichelmast im Stall. Das milde, braun getönte Einweichwasser gab sie sowohl den Sauen als auch den Kühen, welche die Flüssigkeit offenbar schon gewohnt waren und gerne annahmen. Nach und nach brauchte sie die fertig aufgequollenen Eicheln auf und setzte für die nächsten Wochen neue in den Behältern an. Dann war der Tag gekommen, wo die bemessenen Eicheln im Vorrat zu Ende gingen und zwei Brüder von Walburga kamen, um die Schweine zu schlachten und bei der Aufarbeitung und Verlieferung des Fleisches mitzuhelfen.

Der Speck war eine Delikatesse, er hielt nicht nur lange, sondern er war fest und wegen des regelmäßigen Auslaufs der Tiere auch nicht so fettreich wie jener der eingesperrten Schweine. Die Speck- und Wurstwaren, mit Apfelastholz und Erle geräuchert, waren vorbestellt und von den Käufern sehr begehrt. Als Walburga starb, führte die Eichelnutzung niemand mehr fort, auch die Nachkommen ihrer Brüder nicht. Sie kannten wohl den guten Speck und konnten davon nicht genug kriegen, sie hatten aber nicht die Zusammenhänge zum guten Leben verstanden.

Walburga lebte zwar ein einfaches Leben, aber dumm war sie nicht, denn die Bedeutung der Eiche für die Schweinemast erklärt sich schnell: Wenn man Untersuchungen vergleicht, so enthält Eichelmehl bei 15 bis 16 % Wassergehalt ca. 5 % stickstoffhältige, 55 bis 60 % stickstofffreie Stoffe, an denen hauptsächlich die Stärke beteiligt ist. Für den Vergleich umgerechnet wird mit den Nährwerten der Eicheln eine 2,5-mal höhere Mastleistung als bei Kartoffelverabreichung erzielt. Berechnet man die minimale Kulturarbeit des Aufräumens unter den Bäumen, so handelt es sich um eine hoch effiziente Landnutzungsform im Vergleich zur treibstoffintensiven Ackerwirtschaft. Der große Nachteil liegt in der Diskontinuität der Mastjahre.

Als ich später einmal die Bäuerin besuchte, erkläre sie mir ihre Sicht von Subsistenzwirtschaft, ohne diesen Begriff zu kennen: Um das Leben bestreiten zu können, kann man nie so viel Geld erwirtschaften, wie in diesem Land, in diesen Bäumen, im Gemüse oder im Vieh enthalten ist, wenn diese in Geld umgesetzt würden. Aber man kann unmittelbar von den Produkten und ihrem Tausch leben. Genau das ist es, was wir heute nicht begreifen wollen.

Zur Permakultur

Die Eicheln benötigen zum schnellen Ankeimen den Impuls offener und durchwühlter Keimbette, wie sie z.B. durch die Wildschweine geschaffen werden. Schon lange bevor die Permakultur vom klugen Gärtner und Bauer Masanobu Fukuoka (1975) beschrieben wurde, waren die Wildschweine da und lehrten die Prinzipien der permanenten kultürlichen Einflussnahmen. Diese Beobachtungen waren für die Entbitterung der Nussfrüchte und für die Verjüngung der Eichenbestände das Vorbild. Auch Jean Giono (1949/2006) beschreibt das Einweichen der Eicheln im Wasser, um sie vorzukeimen, bevor sie der alte Mann in die Erdlöcher steckte, um auf ödem Land wieder Wälder aufkommen zu lassen.

Auch die Permakulturisten, eine Gruppe, die bei der Landnutzung scheinbar „beim Punkt Null" wieder angefangen hat, wie das trefflicher Tom Wolfe (1990) nicht formulieren konnte, und von denen einige behaupten, alles neu erfinden zu müssen, um die unwissenden

Leute am Gängelband zu führen und ihnen das Geld aus den Taschen zu ziehen, haben seit geraumer Zeit die Schweine zum Aufwühlen der Böden wiederentdeckt, da ihnen sonst ihre verwilderten Paradiese in Ermangelung der gärtnerischen Bodenstörimpulse zuwachsen würden. Den Schweinen werden z.B. Getreidekörner oder Erbsen gestreut, damit sie mit dem Rüssel den Boden aufarbeiten. Wer nicht arbeiten will, lässt eben die Schweine arbeiten und verkauft dies dann als ökologisch-nachhaltige Naturtätigkeit. Die Natur für sich, wenn sie Nahrungserträge bringen soll, bleibt nur in geringem Ausmaß fruchtbar und nahrhaft, weil sich auf den Standorten langfristig verschiedene Waldformationen ansiedeln würden.

Von Galläpfeln …

Die schwarzen Eichengallwespen stechen die Eichenblätter an und legen ihre Eier darin ab. Die Eiche reagiert darauf und baut eine Schutzumhüllung auf. Diese Wucherung entwickelt sich zu einer regelmäßigen Kugel, die sehr gerbstoffreich ist. Diese „Galläpfel" sind eine Schutzmaßnahme der Eiche gegen die fressenden Wespenlarven, und die Eiche reagiert mit einer erhöhten Gerbstoffeinlagerung. In diese Kugeln hat sich die Gallwespenlarve darauf eingestellt und frisst von innen her diese Rundgebilde auf. Die Hülle bleibt zurück, und die Wespen bohren sich nach außen durch, um als erwachsenes Tier der Fortpflanzung zu frönen. Deshalb findet man in den ausgewachsenen, braun verfärbten Gallen ein Bohrloch. Diese Galläpfel wurden einst als Stärkungsmittel für Heilzwecke gesammelt. Sie dienten auch als Basis für das Färben, zur Herstellung von Tinte, für das Gerben und zum Basteln.

... und Eichenrinde für Tinte und Medizin

Früher hatte man getrocknete Eichenprodukte (Stammrinde, Astrinde, Blätter, Gallen, Blüten, ...) immer im Medizinschrank zu Hause. Diese gerbstoffhältigen Teile sind in der Medizin eingesetzt worden: Vor allem aus der Rinde machte man Voll- oder Sitzbäder (sogenannte „Lohbäder") bei Hautunreinheiten und -ausschlägen, fetter Haut, Ekzemen, Frostbeulen, Drüsenanschwellungen, bei Enddarmproblemen, Hämorrhoiden oder Scheidenkatarrh und Gebärmutterentzündungen. Verdünnte Kalt- und Warmansätze aus der Rinde wurden bei Magen- und Darmschleimhauterkrankungen getrunken. Bei starkem Durchfall wirkt ein Rindenabsud stopfend. Für Mundspülungen bei Angina, geschwollenen Mandeln und zur Stärkung des Zahnfleisches verwendete man ebenfalls Rindenabkochungen.

Das herbe und sperrige Eichenlaub eignet sich auch für eine Jauche. Man weicht es einige Wochen in Wasser ein, wodurch sich Gerb- und andere Säuren lösen. Mit diesem Gießwasser übergossene Pflanzen und Erdreich werden von verschiedenen Gartenschädlingen verschmäht, wodurch man sie zurückdrängen kann. Solch ein „Eichenblattwasser" wird zur Stärkung der Orchideenwurzeln verdünnt ab und zu zum Gießen bzw. Wässern verwendet. Länger angesetzt entsteht eine düngende Wirkung, welche z.B. für Zimmerorchideen und Gartenpflanzen geeignet ist.

Über die Knoppernwirtschaft

„Knoppern" ist eigentlich ein älterer Begriff für Galläpfel und meint im Speziellen jene verkrüppelten Gallenbildungen an den gerbstoffreichen Fruchtbechern z.B. der Knoppern-Eiche (früher *Quercus aegilops*) und Stiel-Eiche (*Qu. robur*). Sie wurden wegen des reichen Gerbstoffgehalts in Osteuropa oder z.B. in Griechenland gesammelt und als Medizinalware oder Gerbmittel ausgeführt.

Die Valonea- oder Valonia-Eiche (*Quercus ithaburensis* = *Qu. macrolepis* bis 1981 *Qu. aegilops* genannt, früher getrennt als *Quercus valonea* Kotschy und *Quercus macrolepis* Kotschy geführt) ist ein laubabwerfender oder halbimmergrüner, bis zu 15 m hoher, breitkroniger Baum mit essbaren Früchten. Diese sind unseren mitteleuropäischen

Eicheln sehr ähnlich, allerdings größer und dickschaliger. Die Art erträgt Temperaturen zu minus 15°C und kommt in verschiedenen Sortentypen in Südosteuropa (griechisch-ionische Insel-Welt, Balkanhalbinsel), teils in Kleinasien und der Türkei und Süditalien vor.

Unter Knoppern versteht man wuchernde Gallenbildungen durch den Stich bzw. die Eiablage der Knopper-Gallwespe (*Andricus quercuscalicis*) z.B. zwischen Eichelfrucht und Fruchtbecher, wodurch der Baum durch erhöhte Gerbstoffeinlagerung und Fruchtverkümmerung reagiert. Solche Gebilde wurden im südosteuropäischen Raum gesammelt und dessen Mehl für medizinische Zwecke oder zum Gerben oder Schwarzfärben gehandelt. Solche Ausbildungen treten periodisch alle acht bis zehn Jahre in größeren Mengen auf, je nach Witterung und Entwicklung der Gallwespen-Populationen.

In Regionen, wo Fichtenrinde zum Gerben eingesetzt war, da diente das Knoppernmehl zur Aufwertung der geringen Fichtengerbsäure. Über die Balkanstaaten, Griechenland, Bulgarien, Ungarn und Rumänien kamen sehr große Fruchtbechermengen – ca. 30.000 bis 45.000 Tonnen im Jahr – bis um 1900 nach Österreich und Deutschland, wo sie vermahlen und weiterverarbeitet wurden.

Die an den Eichen von einer Gallwespe verursachten „Knoppern" sammelte man früher wegen dem hohen Gerbstoffgehalt.

Die Eichenrinde in Wasser kalt oder warm ausgezogen, dient der äußeren Anwendung z.B. bei Haut- und Darmbeschwerden.

Es ist dem Zufall zu verdanken, dass sich bei einer längeren Lagerung weggeräumter Eichelbierversuche ein hervorragender und sehr würziger Eichelessig weiterentwickeln konnte. Mit der Zeit verfärbt sich der Essig dunkelraun. Er kann durch Filterung geklärt werden.

Von den Wildpflanzen leben ist ein Naturrecht

Der Mensch ist erst durch die nützliche Aneignung der Pflanzen gewachsen und durch das Suchen nach neuen Nahrungsquellen gereift. Von den Wildpflanzen leben bedeutete, die Kräuter im alltäglichen Umgang zu berücksichtigen, indem sie in die Nahrung eingegliedert wurden. Ihr Hausgebrauch stellte eine Art Grundökonomie innerhalb der Ökonomie fern modischer Dekor- und Elitärverwendungen dar. Um es mit Georges Moes (2001) erweitert zu formulieren: Die Wildpflanzen-Kenntnisse und die ihnen zugrunde liegenden Gebräuche sind daran zu messen, nicht wie diese unter Notbedingungen brauchbar sind, indem diese das Überleben sichern, sondern wieviel Brauchbares in diesem Wissen für die ‚Normalzeiten' akkumuliert werden kann, damit es auch in der Not halten kann.

Die Sammelpraxis lag der Nahrungssicherstellung zugrunde. Gerade der alltagspraktische Zugang, das Gemeinsame-Erfahrungen-Sammeln und das Lernen in Gemeinschaft führten zur Erhaltung des Subsistenzwissens. Das nahrungsvolkskundliche Interesse muss nicht weiterhin näher und notwendigerweise Erläuterung finden. Bei Wildpflanzennutzern ist ohnehin die Sinnhaftigkeit der Ingebrauchnahme von Pflanzen unbestritten. Trotzdem seien in Bezug auf die beinahe verloren gegangenen Sammelangebote nachfolgend provokante Gedanken für einen kritischen Umgang der Landnutzung sinnvoll eingesetzt, um neben den Normalzeiten auch für die Not unsere „wilden Nahrungsmittel" zu sichern.

Die Situation der europäischen Landschaften – einerseits totaler Raubbau durch agroindustrielle Wirtschaftsformen und andererseits die Nutzungsauflassung und das Brachfallen vieler Kleinstandorte – fordert zu einer kritischen Auseinandersetzung mit dieser unserer Lebensbasis auf. Heute mühen sich die Leute in der Aufrechterhaltung ästhetischer Ziergärten ebenso wie in der Begärtnerung des Gemüses und Salates ab, bekämpfen wertvolle Wildpflanzen und werfen sie als Unkraut auf den Kompost. Wobei z.B. der gesundheitlich hochwertige Löwenzahn-Salat den mühsam und obendrein teuer erwirtschafteten Kultursalat im Geschmack bei Weitem übertrifft oder das eisenreiche Franzosenkraut völlig neue Geschmäcker erschließt, Vogelmiere und

Hirtentäschelkraut vielseitig verwendbar oder Ackerstiefmütterchen für Tee sammelbar sind. Auf die Fläche bezogen, nimmt der Einsatz chemischer Hilfsmittel in den Gärten immer noch zu. Ein anderer Umgang mit Gärten und Landschaft ist notwendig, damit auch in Zukunft wild wachsende Nahrung auf kurzem Wege zu finden ist. Der Mensch hat auf die wild wachsende und natürlich auch auf in Kultur genommene Nahrung ein Grund- oder Naturrecht, so wie er überall frei atmen und Wasser trinken darf.

Wildpflanzen sichern die eigenmächtige Selbstversorgung

Menschen, welche die Naturverbundenheit erkannt haben, bleiben der Natur geerdet, haben eine hausverständige Bodenhaftung und folgen mit ihr harmonisch dem eigenen Naturwesen. Für die Lebensbewältigung waren die Leute früher auf die klugen Erfahrungen der Vorgenerationen und ihre Kundigkeit angewiesen. Das umfassende Wissen des Naturgebrauchs sicherte ihr Überleben. Heute sind die Kenntnisse weiter Kreise der Bevölkerung sehr stark verarmt. In Notzeiten würden sie bei „reich gedecktem Tisch der Natur" verhungern. Von Anbeginn der Erschließung von Nahrungsmöglichkeiten ist die überlieferte Geschichte nutzbarer Wildpflanzen eine von den einfachen Menschen vermittelte. Die Nutzungen entstanden aus dem „Gewordenen" und werden als „Überkommenes" in einzelnen Erzählungen gelebt und in einer „kollektiven Identität" weitergegeben. Durch die tägliche Verwendung waren die Menschen auch auf das Sammelwissen angewiesen, und durch Kontinuität blieb es erhalten und wurde es weiterentwickelt.

Alle Erfahrungsschätze über Pflanzen und die kluge Ausnutzung naturbürtiger Kräfte, also die Aneignung der Natur und der zum Leben und Überleben notwendigen nährenden und heilenden Gebräuche, dienten in erster Linie der eigenmächtigen Selbstversorgung (vgl. SAHLINS, M. 1978). Mit der Einführung von Kulturpflanzen im späteren Geschichtsverlauf und der Intensivierung ihres Anbaus war man den Wildpflanzen nicht mehr hold. Viele Arten in der freien Landschaft kamen in den Ruf der „Armenkost". Sie wurden nur mehr spärlich gesammelt, teils als wichtige Nahrungsquellen verdrängt, und ihre Nutzung geriet in Vergessenheit. Nicht mehr genutzte Nahrungspflanzen verabreichte man ausschließlich den Nutztieren und vergaß den Gebrauch in der Küche. Heute ist die Menschennatur weit von der wild wachsenden Nahrung und den Lebenserhaltungswerten entfernt. Viele leben mit den Wildkräutern und kennen nicht ihren nützlichen Wert. Aber von den Wildpflanzen zu leben, das geht schon gar nicht, denn der Mensch scheut sich davor, Gleiches zu essen und zu genießen, was das Vieh frisst, auch wenn wir die Nahrung äußerst delikat zubereiten können. Als die Sammelwirtschaft denunziert wurde, nutzten nur mehr wenige Leute Wildkräuter und Wildobst zur ausgleichenden Erweiterung der Hauswirtschaft und überlebensnotwendigen Handlungsspielräume.

Ständig unterliegen das Kräuterwissen und die Nutzungsgeschichten einem Prozess der Diffamierung, auferlegter Inwertsetzungen, faktenpositivistischer Messung und der haarspalterischen Analyse, um über die Pflanzen und das ihnen zugrunde liegende alte Gebrauchswissen die Herrschaft gewinnen zu können und die klugen Wissenszusammenhänge den Menschen, welche die Gebrauchsnutzungen erhalten, zu entreißen. Die offizielle Geschichte der mittelalterlichen Pflanzennutzungen ist von Privilegierten geschrieben, welche im Grunde genommen die Nutzan- und -verwendungen aus den Berichten dem Volksmund entnommen haben. Kaum ein Botaniker kennt die Essensnutzung der Kräuter oder hat von der Aufbereitung wild wachsender Nahrung eine Ahnung. Würden sie von einem praktischen Gebrauch der Pflanzen ausgehen, so würden sie nicht floristisch-naturschützerisch, sondern vielmehr nützlich und vegetationskundig botanisieren. Sie haben es leicht, sich in verschiedener Weise über Bedenklichkeiten zu mokieren, denn für sie sind Pflanzen lediglich Artefakte und Lebewesen, welche keinen kultürlichen Wert haben.

Allzeit gebrauchsfähiges Wildpflanzenwissen

Erprobtes Kräuterwissen schuf den Wissenden dem jeweiligen politischen Herrschaftssystem gegenüber eine Eigenmächtigkeit. Leute, welche sich mit den Wildpflanzen ernähren und heilen konnten, waren von den Mächtigen nicht unterdrückbar. Im Mittelalter wurde das Wissen denunziert und Menschen für die Anwendung bestraft, gefoltert oder zu Tode gebracht. Als Geheimwissen unterlag es einer reduzierten Verbreitung. Heute stellt sich die Situation ähnlich dar: Durch Umwälzungen wurden neue Methoden gefunden, die Menschen von der Kräuternutzung abzubringen, um die Machtverteilung und Ausbeutungsmechanismen fortführen zu können (s. BERGER, J. 1982). Per verallgemeinerter Dogmen und lobbyistisch angewandter Gesetze bis hin zum Monopolismus verlagerte sich die Macht auf Wirtschaftstreibende und weltumspannende Konzerne.

Das Erfahrungswissen um Kräuter ist allzeit brauchbar, wird von verschiedenen Ideologien vereinnahmt und an herrschaftliche Verhältnisse und Modeerscheinungen angepasst. Alles, was heute im Sinne von Haushalten und ökologischer Nachhaltigkeit mit Hausverstand gehandhabt wird, gilt schlicht als wirtschaftsfeindlich und entzieht vielfach den Geldmachern die Wirtschafts- und Bereicherungsbasis sowie die bedenkenlose Ausbeutung der Naturressourcen. Die Neigung, die revolutionäre Wiederbelebung der Pflanzennutzungen für wirtschaftliche Zwecke zu vereinnahmen, unterliegt dem Machtbestreben und der wachstumsorientierten und einträglichen Ressourcenplünderung durch Monopolisten. Dies wird durch die Aberziehung der Ingebrauchnahme wild wachsender Pflanzen und die Auslöschung des Kräuterwissens aus dem Gedächtnis forciert. Verschiedene Gesetze verhindern echte und individuell entschiedene Lebenswirklichkeiten und sind zu einer großen Lüge geworden. Die Moderne geht von einem „Nullpunkt" aus, als hätte es zuvor keine geschichtliche Basis und Grundberechtigung im Umgang mit dem Kräuterwissen gegeben. Mit dem installierten scheinbaren Ersatzwissen verloren die Kräutererfahrungen ihre Bedeutung. Derart erfährt das Wissen in Ermangelung ihres Gebrauchs eine Entaktualisierung und Entwertung. Dadurch gehen auch die Handlungskompetenzen der Leute verloren. Der ledigliche „Rekurs auf das Traditionale, auf eine formale Geschichtsschreibung beweihräuchernder Altertümlichkeit hebt die Geschichte und die Gegenwart auf" (HÜLBUSCH, K.H. 2001).

Veränderung der Landschaft

Fragt man heute auf dem Land die Leute, wo man essbare Wildpflanzen finden könne, so zucken sie mit den Achseln. Sie kennen die Pflanzen und ihre Nutzungen nicht mehr, und andererseits sind die Pflanzen nicht mehr vorhanden, da die meisten Fluren auf höchstem Intensitätsniveau bewirtschaftet werden oder brachgefallen sind. Nur mehr selten bietet die Vegetationsausstattung Voraussetzungen für die Sammelnutzung. Mit steigender Bewirtschaftungsintensität sind die naturbürtigen Bedingungen derart überlagert, dass man nur mehr wenige essbare Pflanzen findet, und diese sind, weil zu stark „gemästet", nicht mehr koscher.

Wildkräuternutzer stehen heute in einem Dilemma, denn es ist schwierig geworden, sich aus der freien Landschaft zu ernähren oder zu heilen. In Bezug auf John Bergers Wildkräutlerin schreibt Karl Heinrich Hülbusch 1991: „Lucie Cabrol hätte in ihrem ‚Dritten Leben' als Kundige und Sammlerin heute schlechte Karten, weil sie mit ihren Kenntnissen permanent gegen den Naturschutz und die Industrialisierung – zwei Seiten der gleichen Medaille – verstoßen würde. Gegen den Naturschutz, weil sie sammelt, was durch die Industrialisierung rar geworden ist. Gegen die Industrialisierung, weil sie über Erfahrungen verfügt, die vom Markt unabhängig machen."

Mit der rücksichtslosen Ausbeutung der Naturressourcen durch die agroindustrielle Intensivierung und Verforstung der Waldweiden wurden die Standorte der Kräutervorkommen sehr nachteilig beeinflusst. Die flächige Umsetzung industrieller Bewirtschaftung verunmöglicht die Ernte von Sammelerträgen, da alle Voraussetzungen des Aufkommens nahrhafter Vegetation materiell und qualitativ zerstört wurden. Parallel dazu unterlagen in solchen Regionen nicht maschinell bewirtschaftbare Standorte der Verbrachung, Verbuschung oder Verwaldung, wodurch unter dem Druck dominant auftretender Pflanzen die Nutzpflanzen verdrängt wurden. Diese Veränderungen in den Landschaften verhindern Autonomiebestrebungen, unterstützen die Wissensverluste und können eine Basis für neue Hungersnöte bedingen.

Naturschutz fördert die Verbrachung

Auf der anderen Seite wurden annähernd extensiv und naturverträglich genutzte Flächen wegen ihres ökologischen Wertes unter Schutz gestellt, ohne auf die Lebensverhältnisse und die bewährte Bewirtschaftungspraxis jener Landnutzer einzugehen, welche in einem ursächlichen Zusammenhang mit der Beeinflussung und Stabilisierung dieser Standorte und Vegetationsausstattungen in Verbindung stehen. Der klassische Naturschutz hatte die Erhaltung der Natur als Lebensgrundlage zum Ziel. Mit den Jahren verfolgte man ein statisches Erhaltungsprinzip der Landschaftsbilder, und es wurde vergessen, dass die Naturerhaltung neben einer grundlegenden Auseinandersetzung mit den Lebens- und Wirtschaftsbedingungen der Landnutzer ein dynamisches Zeitverständnis verlangen würde. Die starre Unterschutzstellung verhindert eine gebrauchsorientierte Erhaltung und führt zur Verbrachung weiter Flächen. Gerade jene Pflanzen und Tiere gehen dabei verloren, welche auf diesen Standorten Lebensräume vorfinden würden und die es eigentlich zu schützen bedürft hätte. Fällt das Moment der bäuerlichen Landnutzung weg, so setzt eine Standorts- und Vegetationsdynamik ein, welche die Voraussetzung für monotone Dominanzverhältnisse bedingen, die Artenvielfalt durch Bestandesumbildung verloren geht und Bodenentwicklung beeinflusst wird, welche sich wiederum auf die Entwicklung der Vegetationsdecke auswirkt. Bis heute bleibt die herkömmliche Landwirtschaft mit ihrer gnadenlosen „Logik des Wachsens und Weichens" vom Naturschutz ohne kritische Vehemenz betrachtet, obwohl sich dieser geschichtlich aus der Kritik gegen die agroindustrielle Landwirtschaft und Ausbeutung der naturbürtigen Güter entwickelt hatte (vgl. HÜLBUSCH, K.H. et al. 1986; WERLHOF, C. v. 1988).

Eine bäuerliche Landnutzung bietet gravierend bessere Möglichkeiten nutzbarer Sammelorte, welche auch gleichzeitig ökologisch wertvoll sind. Nur sind solche naturschonenden Wirtschaftsweisen durch die Lehre, Schulen, Beratung etc. und mit Unterstützung des Naturschutzes und im Gefolge einer fragwürdigen Landespflege aktiv zerstört worden. Haben einmal Bauern zu wirtschaften aufgehört, folgen keine mehr nach – und derart verliert sich die Artenvielfalt. Wo sich die Landbewirtschaftung auf ein agroindustrielles Niveau gesteigert hat, findet man keine Bauern mehr und sind seltene Pflanzen und

Sammelangebote verloren gegangen. Der naturschützerisch statische Blick auf die Rote-Liste-Arten unterstützt die Industrialisierung und zerstört gleichzeitig die zu schützenden Flächen durch sukzessive Verbrachung weiter Landschaftsstriche. Diese Zerstörung der Pflanzenlebensräume, und das mit vielen Landespflegemitteln, ist ein Skandal ohnegleichen! Und die Konsumenten werden für dumm gehalten und im Nachhinein bemüht, sie seien wegen ihres Kaufverhaltens selber schuld an diesen Entwicklungen.

Die Art der Landnutzung bestimmt über die Qualität der Sammelstandorte

Über das Vorkommen der Pflanzenarten in den Aufwüchsen unserer Kulturlandschaft bestimmt die Art der Landbewirtschaftungsweise. Eine Förderung oder der Schutz einzelner Arten ist eine absurde Diskussion. Die Erzeugung von gesunden Lebensmitteln sollte vielmehr von ökologisch vielfältigen und die Naturproduktivkraft erhaltenden Landnutzungsweisen ausgehen. Die Kulturlandschaft untersteht den Stabilisierungsmomenten der Landbewirtschafter. Daneben unterliegen bestimmte Flächen einer dynamischen Entwicklung. Für den Erhalt nutzbarer Wildpflanzen ist deshalb selbst im Biolandbau eine Einmischung in die Landnutzung notwendig und eine Unterscheidung zwischen bäuerlicher Agrarkultur und agroindustrieller Massenproduckterzeugung zielführend. Eine Herabsetzung des Bewirtschaftungsniveaus wirkt sich auf die Veränderung bzw. Erhöhung der Artenvielfalt gravierend aus, muss aber nicht unbedingt die landwirtschaftlichen Produktionserträge minimieren. Nur eine ökologisch fundierte Nutzung bedingt auch den Schutz der Wildpflanzen auf weiter Flur.

Vegetationskundiger Blick auf den Biodiversitätsdiskurs

Aus vegetationskundiger Sicht unterscheiden sich heutige Landschaften mit ökologisch orientierter Wirtschaftsweise nicht wesentlich von den agroindustriellen Landschaften, außer den installierten Heckenelementen, welche nach geraumer Zeit zu sogenannten „Gehölzbrachen" degenerieren. Entscheidend ist vielmehr der Einfluss aus der Größe der Betriebe, denn je größer die Betriebe werden, umso mehr Kleinstandorte werden ausgeräumt und umso weniger nimmt man in Ermangelung der Handarbeit Kleinstandorte in eine pflegliche Nutzung, sondern lässt diese verbrachen. Kleinbetriebe nutzen die naturbürtigen Produktivkräfte, Kleinstrukturen, stabilisieren mit ihren Tätigkeiten der Standortbeeinflussung den Produktionsgegenstand und erhalten dadurch verschiedene Artenvielfalten. Landwirtschaftlich beerntete und offen gehaltene und kontinuierlich bearbeitete Standorte (z.B. Äcker, Wiesen, Weiden) ebenso wie die zeitweise beeinflussten und diskontinuierlich beernteten Standorte (z.B. Wegränder, Böschungen, Säume) liefern ein- bis zweijährige Nutzpflanzen und jene mit ausdauernder Regeneration. Die wiederkehrenden Nutzungen führen zu einem Nährstoffentzug, Nährstoffausgleich und erhöhen die Artenvielfalt. Die mit Gehölzen überschirmten (z.B. Wälder, Hecken, Gebüsche, Einzelgehölze und Alleen) und die unter dem Einfluss von Randobjekten stehenden Bereiche (z.B. Wälder, Hecken, Zäune, Wände etc.), aber auch Sonderstandorte (z.B. Gewässer, Teiche) bieten wiederum andere nutzbare Pflanzenspektren.

Die Auflassung von Kleinbetrieben bedingt eine Strukturbereinigung. Diese führt zur Aufforstung oder Verbuschung verschiedener Standorte und die Zusammenlegung kleiner Flächen zur maschinell besseren Bewirtschaftung durch Großbetriebe. So werden die Voraussetzungen für eine „Nahrhafte Landschaft" zerstört. Einher gehen diese Entwicklungen mit den Veränderungen in den Dorfstrukturen, der Auflassung von Kleingewerbe-Betrieben der Sekundärebene, wodurch viele Bezüge zur Landschaft verloren gehen. Bäuerliches Wirtschaften geht von verschiedenen Standbeinen aus, nicht von monokausalen Entscheidungen und einer Landnutzung mit Monokulturen auf weiter Flur oder nur einem Betriebszweig (s. bei BAIER, A. et al. 2005).

Heute wird über die Agrarbiodiversität gesprochen, man meint dabei die gezüchteten Kulturpflanzen und vergisst in diesem Diskurs die natürliche und die unter dem Kultureinfluss stehende und sich mitentwickelnde natürliche Biodiversität, also das, was von allein wächst und doch unter dem Einfluss des unmittelbaren Kulturaufwands steht. Diese Kulturbegleiter boten schon immer eine wesentliche Subsistenzgrundlage in der ländlichen und gärtnerischen Nutzung. Die genutzten Wildpflanzen stellen in einer überkommenen Weise Kulturelemente der Menschheit dar (vgl. BROCKMANN-JEROSCH, H. 1925). Das „Wildpflanzenleben" ist eine subsistente und dissidente Lebens- und Produktionsform zum Erwerb von Lebensmitteln. Auf breite Ebene gestellt, steht es gerade der zu kritisierenden Waren- und Mehrwertproduktion und der Abhängigmachung vom geldwerten Einkommen entgegen. Es bestehen dazu viele Lebensgeschichten, welche die Unabhängigkeit vom Markt durch Wildkräuternutzung verdeutlichen.

Naturgegebenes und vergemeinschaftetes Wissen

Aus entwicklungsgeschichtlicher Herkunft des Säugetiers „Mensch" sind viele Pflanzen einer freien Nutzung unterstellt worden, so wie Rehe, Vögel oder Insekten frei ihrem Nahrungserwerb nachgehen können. Die Gebrauchszusammenhänge der Nutzung essbarer Wildpflanzen sind naturgegeben und wurden gemeinschaftlich z. T. aus der Not heraus entwickelt. Früher war die Landschaft für alle Menschen und in Absprache frei nutzbar. Die Wälder waren reich an Pilzflora, da die lichten Gehölzfluren der allgemeinen Beweidung unterstanden. Bis in die heutige Zeit perfektionierten die Menschen das Kräuterwissen in der Anwendung ständig und züchteten Kulturpflanzen aus den althergebrachten Zusammenhängen. Später schränkten Grundherrschaften diesen Nahrungserwerb aus der freien Landschaft auf allgemein genutzte Landschaftsbereiche ein. Die „reduzierten Allmenden", seien es gemeinschaftlich genutzte Bereiche zugeschriebener Weiden, Wälder oder Restflächen wie Wegränder, Triften, Gewässer und deren Ränder etc., boten dann für die Menschen geeignete Restangebote der Sammelmöglichkeiten. An solchen Orten haben heute lediglich bestimmte Personenverbände einer Gemeinde die nachbarschaftlichen Nutzungsrechte inne, welche im Grundbuch niedergeschrieben sind. Innerhalb einer Gemeinde sind mittlerweile andere Menschen von Nutzungsrechten ausgeschlossen. In fast allen Gegenden ist heute das Pilzesammeln limitiert oder verboten, obwohl eine Waldauflichtung und Waldbeweidung das Pilz- wie auch Nutzkräutervorkommen erhöhen würde. Mittlerweile unterliegt aus anderen Gründen auch schon das Kräutersammeln einem eingeschränkten Status.

Von den Wildpflanzen leben ist ein Naturrecht

Das Recht auf freie Nahrung

Beinahe wäre die Lücke zwischen einst und heute zu groß geworden, sodass die Zusammenhänge zum Gebrauchswissen abgerissen wären. Beinahe wäre durch modernistische Zeitgeschehnisse und Einstellungen der Pfad zur Erfahrungswelt der Vergangenheit abhanden gekommen. Wildpflanzenleben ist eine Verweigerung, in das versprochene Paradies der Moderne eintreten zu wollen oder sich dorthin transportieren zu lassen. Die uneinholbaren Zukunftsversprechen trennen uns von den natürlichen Zusammenhängen, um uns zu Abhängigen zu machen. Dementsprechend werden wir heute mit Nahrung beliefert und durch Konsumption unterworfen. Das Zerstörerische an heutigen Gesellschaften ist der borniete Zwang zur Abgehobenheit von den natürlichen Bedingungen und der Natur. Als steuerbare Konsumenten haben die Menschen eine Daseinsberechtigung, aber die mit der Natur sorgsam umgehenden Wildbeuter sollen verschwinden oder werden eliminiert. Ihnen sollen die Gewohnheits- und Naturnutzungsrechte aberkannt werden. Ist die Nutzung von Wildkräutern auf der Ebene subsistenzieller Selbstversorgung getragen, so werden andersdenkende und fühlende Menschen als ärmlich abqualifiziert.

Um ein einfaches Leben führen zu können und in Zukunft auch genug zum Essen zu haben, unterliegt die Entgegenhaltung gegen die Mühlen des Systems einer täglichen Guerillastrategie. Menschen organisieren sich heute neu, tauschen Wildkräuter und das Wissen aus und leben eine andere Dimension eines widerständigen Lebens, welches ein Tun und Handeln mit anderen Gesetzmäßigkeiten innerhalb eines eigenen ökonomischen Denkens mit sich bringt. Essen bleibt immer ein Grundrecht der Menschen, welches niemand verwehren kann. Dafür sollten wir uns über den Gebrauch natürlicher Lebensmittel und durch die aktive Einmischung in ihre Herstellung auf dem Land einsetzen.

Durch Gebrauch bewahrtes und weitergegebenes Pflanzenwissen

Bei der gelebten Wildkräuternutzung geht es um die Würdigung und Verantwortung des zu erhaltenden Wissens gegen die Mechanismen der Naturausbeutung. Die bestehenden Kräutergeschichten werden angefertigt, um das gewachsene und zusammengetragene Wissen dem Entschwinden zu entreißen. Teils handelt es sich um unkonventionelle und teils um mündlich weitergereichte Nutzungen, die bei vielen Botanikern wegen des Artennaturschutzes auf Unverständnis stoßen. Die Akzeptanz ist nicht das Ziel, sondern die Dokumentation für die Nachwelt ist bedeutsam. Unmittelbar zu beerntendes Wildgemüse frisch oder durch Kochvorgänge aufzubereiten, gehört heute zum Grundwissen der Wildbeuter. Ein Wissensmanko besteht hingegen in wichtigen Verarbeitungsaspekten zur Erschließung der Wildpflanzen als Nahrung. Ebenso bleiben viele Fragen zu Bevorratungsmöglichkeiten für den Winter offen.

Die Armut in der sogenannten Dritten Welt ist das Ergebnis der Zerstörung ihrer Subsistenzwirtschaft, zu der die Kenntnisse ihrer ureigenen Pflanzennutzungen gehören (s. IMFELD, A. 1985). Zerreißen diese Zusammenhänge des unmittelbaren Gebrauchs von Nahrungsressourcen, so sind auch die Folgen der Abkoppelung vom Naturwissen offensichtlich. In der westlichen Welt haben wir genug zu essen, sicherlich heute immer noch auf Basis der Ausbeutung anderer Kontinente bedingt. Eine echte Entwicklungshilfe geht von der Autonomiestärkung der Menschen und von der Rückführung einer Ernährung auf Basis der natürlichen Standortspotenziale aus. So wie es die Vorfahren in allen Teilen der Welt handhabten, genauso sind die Wissenszusammenhänge an die nächsten Generationen weiterzugeben.

Das überlieferte Wissen ist in der Vergangenheit gewachsen und kommt logischerweise nicht aus der Zukunft. In der Zukunft kann es aus den Erfahrungen der Vergangenheit wandelbar und erweiternd erneuerbar sein. Erfahrungswissen wird mit der Prämisse korrigiert, um es für kommende Generationen zu bewahren, nicht um es zu konservieren. Wie John BERGER (1982) gezeigt hat, geht eine Überlebenskultur von einer erfahrenen Basis der Vergangenheit aus, welche durch die tradierten Überlebensakte der Gegenwart in die Zukunft reicht. Mit der Beschäftigung mit essbaren Wildkräutern wurde der Pfad der Vergangenheit mit dem Ziel wiederaufgenommen, damit das „Wildpflanzenleben" in Zukunft bewährt weiterverfolgt werden kann. Für die Weiterreichung des Überlebenswissens tragen wir jetzt die Verantwortung.

Literatur- und Quellenverzeichnis

ALM, T. – 2004: Ethnobotany of Rhodiola rosea (Crassulaceae) in Norway. In: *SIDA.* 21: 321–344.
ASCHNER, B. – 1962: Befreiung der Medizin vom Dogma. Hg.: Bauer, A.W. Haug-Verlag. Ulm/Donau.
ASCHNER, B. – 1939: Der Arzt als Schicksal! Wohin führt die Medizin? Zürich, Leipzig.
AULITZKY, H. – 1961/62: Die Bodentemperaturverhältnisse an einer zentralalpinen Hanglage beiderseits der Waldgrenze. In: *Archiv für Meteorologie, Geophysik und Bioklimatologie.* Bd. 10: 446–523, Bd. 11: 301–362, Bd. 11: 363–376. Wien.

BAIER, A., BENNHOLDT-THOMSEN, V. u. B. HOLZER – 2005: Ohne Menschen keine Wirtschaft. Oder: Wie gesellschaftlicher Reichtum entsteht. Berichte aus einer ländlichen Region in Ostwestfalen. München.
BARTELS, M. – 1893: Die Medizin der Naturvölker. Ethnologische Beiträge zur Urgeschichte der Medizin. Leipzig.
BERGER, J. – 1982: SauErde. Geschichten vom Lande. Roman. München, Wien.
BERGER, J. – 1990: Das Sichtbare und das Verborgene. Essays. München, Wien.
BERGER, J. – 1992: Gute Nachrichten, schlechte Nachrichten. Fünf Essays. Leipzig.
BERGMANN, W. – 2011: Lasst eure Kinder in Ruhe! Gegen den Förderwahn in der Erziehung. Kösel Verlag. München.
BOCK, H. – 1577: Kreuterbuch. Straßburg.
BROCKMANN-JEROSCH, H. – 1925: Die Kulturpflanze, ein Kulturelement der Menschheit. Veröff. d. Geobotan. Institutes Rübel (Festschrift Carl SCHRÖTER). 3. Heft: 793–811. Zürich.
BRØNDEGAARD, V. J. – 1985: Ethnobotanik. Pflanzen im Brauchtum, in der Geschichte und Volksmedizin. Berlin.
BRØNDEGAARD, V. J. – 1986: Tripmadam. Untersuchungen zu einer genitalbezogenen Benennungsmotivation aus dem Bereich der Dickblattgewächse. In: *Sudhoffs Archiv.* Bd. 70. Heft 2. Wiesbaden, Stuttgart.
BUVRY, L. – 1857: Mittheilungen aus Algerien. In: *Zeitschr. f. Allgem. Erdkunde.* NF 3: 33–50 u. 118–141. Berlin.

COOPERATIVE LANDSCHAFT / Autorengruppe – 2000: Gebrauchsgeschichten rund um Wildgemüse und Wildobst. Über das vegetationskundige Botanisieren. Schriften der Cooperative Landschaft Nr. 5. Wien.

Deutscher Alpenverein e.V. / SAITNER, A. – 2012: Pflanzengeschichten – Brauchtum, Sagen und Volksmedizin zu 283 Pflanzen der Alpen. München.
DIAMOND, J. M. – 2009: Arm und Reich. Die Schicksale menschlicher Gesellschaften. Frankfurt am Main.

EGGLI, U. (Hrsg.) – 2003: Sukkulentenlexikon. Band 4 Crassulaceae (Dickblattgewächse). Eugen Ulmer Verlag, Stuttgart.
ETZER, M. – 2010: Von grünen „Einwanderern" aus der Neuen Welt. In: *Kleingärtner – Die österreichische Zeitung für die Gartenpraxis.* Teil 1 3/10: 32–33 und Teil 2 4/10: 36–37. Wien.

Literatur- und Quellenverzeichnis

Etzer, M. – 2010: Schöllkraut – das Schwalbenkraut. In: *Kleingärtner – Die österreichische Zeitung für die Gartenpraxis.* 6/10: 44–45. Wien.

Fischer, G. & E. Krug – 1984: Heilkräuter und Arzneipflanzen – Tabellenbuch. Haug Verlag. Darmstadt.

Fischer, M. – 2007: Enzyklopädie der Wildpflanzen – Heilen und Kochen mit den Schätzen der Natur. Salzburg.

Fischer, M. A., Adler, W. u. K. Oswald – 2005: Exkursionsflora für Österreich, Liechtenstein und Südtirol. 2. verbess. u. überarb. Aufl. Hg.: Land Oberösterreich, Biologiezentrum. Linz. 1.392 S.

Flamm, S., Kroeber, L. & H. Seel – 1940: Pharmakodynamik deutscher Heilpflanzen. Stuttgart.

Fleischhauer, S. G. – 2003: Enzyklopädie der essbaren Wildpflanzen. Aarau, München.

Fleischhauer, S. G., Guthmann J. u. R. Spiegelberger – 2013: Enzyklopädie essbarer Wildpflanzen. 2000 Pflanzen Mitteleuropas. Bestimmung, Sammeltipps, Inhaltsstoffe, Heilwirkung. Aarau.

Frohne, D. – 2002: Heilpflanzenlexikon. 7. Aufl. Stuttgart.

Frohne, D. u. H. J. Pfänder – 1987: Giftpflanzen. Wissenschaftl. Verlagsges. Stuttgart.

Fukuoka, M. – 1975: Der große Weg hat kein Tor – Nahrung, Anbau, Leben. Darmstadt.

Furmanowa M., Skopinska-Rozewska E., Rogala E. u. M. Hartwich – 1998: Rhodiola rosea in vitro culture – Phytochemical analysis and antioxidant action. Acta Societatis Botanicorum Poloniae. 67: 69–73.

Gallei, K. u. G. Hermsdorf – 1989: Blockhausleben. Ein Jahr in der Wildnis Kanadas. München.

Gehlken, B. – 2008: Der schöne ‚Eichen-Hainbuchen-Wald' – auch ein Forst. Oder: Die ‚Kunst' der pflanzensoziologischen Systematik. Notizbuch 72 der Kasseler Schule: 12–166. Hg.: Arbeitsgemeinschaft Freiraum und Vegetation. Kassel, Bremen.

Genaust, H. – 2012: Etymologisches Wörterbuch der botanischen Pflanzennamen. Hamburg.

Giono, J., Buchholz, Q. – 2006: Der Mann, der Bäume pflanzte. München.

Graupe, F. / Koller, S. – 1995: Delikatessen aus Unkräutern. Das Wildpflanzenkochbuch. Orac-Verlag im Verlag Kremayr & Scheriau. Wien, München, Zürich.

Groeneveld, S. – 1984: Agrarberatung und Agrarkultur. Texte. Fachbereich 21 der Gesamthochschule Kassel. Witzenhausen.

Groeneveld, S. – 1987: In: Brotkünste. Texte zu Agrarberatung und Agrarkultur. Fachbereich 21 der GH-Kassel. Witzenhausen.

Grünwald J., Busch R. u. A. Biller – 2008: Wirksamkeit und Verträglichkeit einer Kombination mit Rhodiola-rosea-Extrakt bei älteren Erwachsenen mit verminderter körperlicher und geistiger Vitalität. Phytotherapie. 4: 19–22.

Heit, S. u. W. Konold – 2011: Genese und kulturhistorische Bedeutung der „Lichten Wälder" auf der Ostalb. In: Schaich, H. u. W. Konold (Hg.) 2011: „Moderne" und „archaische" Kulturlandschaften in Mitteleuropa. Culterra, Schriftenreihe des Instituts f. Landespflege d. Albert-Ludwigs-Universität Freiburg. Bd. 60: 147–186. Freiburg.

Hauswirth, O. – 1983: Bernhard Aschner, der Retter aus der Medizinkrise. Bd 31. Schriftenreihe Erfahrungsheilkunde. Haug-Verlag. Heidelberg.

Heldreich, Th. v. – 1862: Die Nutzpflanzen Griechenlands. Athen.

Heer, O. – 1865: Die Pflanzen der Pfahlbauten. Neujahrsblatt der naturforschenden Gesellschaft in Zürich für das Jahr 1866. 68: 1–54. Zürich.

Hirsch, S. u. F. Grünberger – 2011: Die Kräuter in meinem Garten. Linz.

HÜLBUSCH, K.H., HEINEMANN, G. u. P. KUTTELWASCHER – 1986: Naturschutz durch Landnutzung. urbs et regio. Heft 40. Kasseler Schriften zur Geographie u. Planung. Kassel.

HÜLBUSCH, K. H. – 1987: Nachhaltige Grünlandnutzung statt Umbruch und Neuansaat. In: Naturschutz durch staatliche Pflege oder bäuerliche Landwirtschaft. Hg.: Arbeitsgemeinschaft bäuerliche Landwirtschaft. 93–125. Rheda-Wiedenbrück.

HÜLBUSCH, K. H. – 1988: Ein Stück Landschaft – sehen, beschreiben, verstehen. In: MACHATSCHEK, M./ MOES, G. (Hg.): Ein Stück Landschaft – sehen, beschreiben, verstehen – am Beispiel von Oberrauchenödt/ Mühlviertel: 116–121. Wien.

HÜLBUSCH, K. H. – 1991: In: Autorenkollektiv 1991: Bilder und Berichte – Lernen und Lehren. Ein Stück Landschaft – sehen, verstehen, abbilden, beschreiben – zum Beispiel Miltenberg am Main. Studienarbeit im Studiengang Landschaftsplanung der Gesamthochschule Kassel.

HÜLBUSCH, K. H. – 2000: Klassenlotterie – Vorwort zu Notizbuch 52 und 55. In: Notizbuch 55 der Kasseler Schule – In guter Gesellschaft: 6–31. Hg.: Arbeitsgemeinschaft Freiraum und Vegetation. Kassel, Bremen.

HÜLBUSCH, K. H. – 2001: Die Ökonomie der Indizien. In: Schriften der Cooperative Landschaft Nr. 7. Wiesen und Weiden – Mähbrachen und Schiweiden: 1–10. Hg.: Cooperative Landschaft. Wien.

HÜLBUSCH, K. H. – 2005: Chronologie der anthropogenen Vegetation. In: Notizbuch 67 der Kasseler Schule – Symposien der AG Freiraum und Vegetation 2001 – 2004: 144–157. Hg.: Arbeitsgemeinschaft Freiraum und Vegetation. Kassel, Bremen.

IMFELD, A. – 1985: Hunger und Hilfe. Provokationen. Unionsverlag. Zürich.

IMFELD, A. – 2005: Blitz und Liebe. Geschichten aus vier Kontinenten. Rotpunktverlag. Zürich.

KAUER, W. – 1987: Spätholz. Reinbek bei Hamburg.

KLAUCK, E. J. – 2005: Die Forstgesellschaften des Hunsrücks im Lichte ihrer Wirtschaftsgeschichte. Notizbuch 69 der Kasseler Schule: 13–216. Hg.: Arbeitsgemeinschaft Freiraum und Vegetation. Kassel, Bremen.

KOSTENZER, O. – 1974: Das Holleröl, ein heute fast vergessenes Volksheilmittel. In: *Tiroler Heimatblätter.* Jg. 1974, Heft 1: 27 – 28. Innsbruck.

KRAUTGARTNER, A. – 2007 bis 2013: Mündliche Mitteilungen zur Heilwirkung von Pflanzen. Salzburg, Freilassing.

KROEBER, L. – 1934/35: Das neuzeitliche Kräuterbuch Bd. 1 u. 2. Stuttgart, Leipzig.

KÜNZLE, J. – 1913: Chrut und Uchrut. Praktisches Heilkräuterbüchlein. Wangs bei Sargans.

KURZ, P. & MACHATSCHEK, M. – 2008: Alleebäume – Wenn Bäume ins Holz, ins Laub und in die Frucht wachsen sollen. Hg.: Bundesministerium für Land- und Forstwirtschaft, Umwelt und Wasserwirtschaft. Böhlau Verlag. Wien – Köln – Weimar.

KURZ, P., MACHATSCHEK, M. & B. IGLHAUSER – 2001: Hecken. Geschichte und Ökologie, Anlage, Erhaltung und Nutzung. Leopold-Stocker-Verlag. 2. Aufl. 2010. Graz, Stuttgart.

LACKNER, A. – 1992–1997: Mündl. über die Nutzungsweisen auf der Alm in Kärnten. Heiligenblut.

LAMBERT, H. u. MACHATSCHEK, M. – 2000: Gebrauchsgeschichten rund um Wildgemüse und Wildobst – Über das vegetationskundige Botanisieren. In: Schriften der Cooperative Landschaft Nr. 5: I–VI. Hg.: Cooperative Landschaft. Wien.

LEE F.T., KUO T.Y., LIOU S. Y. u. C. T. CHIEN – 2009: Chronic Rhodiola rosea extract supplementation enforces exhaustive swimming tolerance. Am J Chin Med. 37: 557–572.

Literatur- und Quellenverzeichnis

Lührs, H. – 1993: Die Vegetation als Indiz der Wirtschaftsgeschichte. In: Notizbuch 31 der Kasseler Schule: 13–34. Hg.: Arbeitsgemeinschaft Freiraum und Vegetation. Kassel.

Lührs, H. – 1994: Die Vegetation als Indiz der Wirtschaftsgeschichte – dargestellt am Beispiel des Wirtschaftsgrünlandes und der Gras-Acker-Brachen … Notizbuch 32 der Kasseler Schule. Hg.: Arbeitsgemeinschaft Freiraum und Vegetation. Kassel.

Machatschek, M. – 1991: Das Bauerntum in den Alpen als „vergehende Geschichte". In: *Der Alm- und Bergbauer.* 41. Jg. Folge 6/7: 246–274. Hrsg.: Österreichische Arbeitsgemeinschaft für Alm und Weide. Innsbruck.

Machatschek, M. – 1996: Der Ampfer ist ein Indiz für den Düngerüberhang in der biologischen Landwirtschaft. Vom Ernte-Verband zur Veröffentlichung abgelehntes Manuskript. Wien.

Machatschek, M. – 1997: Bäuerliche Baumwirtschaft – Ein geschichtlicher Rückblick – Geschichten und Prinzipien. GärtnerInnen-Seminar. 9. u.10.1.1997. Mskr. Saarbrücken. S. 36.

Machatschek, M. – 1997: Zurück zum lokalen Markt, damit die Landschaft wieder direkt durch den Magen gehen kann. Tagung: „LEBENsMITTEL – Ernährung 2000: Virtuell – naturell? Chemiehaltig oder nachhaltig?" Vortrags-Mskr. Arge Umwelterziehung Wien.

Machatschek, M. – 1999/2007: Nahrhafte Landschaft – Ampfer, Kümmel, Wildspargel, Rapunzelgemüse, Speiselaub und andere wiederentdeckte Nutz- und Heilpflanzen. 3. Auflage 2007. Böhlau Verlag. Wien – Köln – Weimar.

Machatschek, M. – 2000: Das nützliche Botanisieren ist vegetationskundig. In: *Schriften der Cooperative Landschaft* Nr. 5: 140–150. Hg.: Cooperative Landschaft. Wien.

Machatschek, M. – 2001: Vom Nutzen und Schützen der Natur. In: *NaturLand Salzburg*, Naturschutz-Informationsschrift. 8. Jg. Heft 1: 33–36. Salzburg.

Machatschek, M. – 2002: Laubgeschichten – Gebrauchsgeschichten einer alten Baumwirtschaft, Speise- und Futterlaubkultur. Böhlau Verlag. Wien – Köln – Weimar.

Machatschek, M. – 2002b: Das „Baumgetreide" von der Esskastanie – und andere Bewirtschaftungsgeschichten über den „Baum der weisen Voraussicht". In: Obstbaumtage 1998/99/2000. Fachberichte 9 der NÖ. Naturschutzabteilung: 5–22. Hg.: Arche Noah. Schiltern, St. Pölten.

Machatschek, M. – 2003: Wildwachsende Nahrung aus der Landschaft – Ein Plädoyer für Wildgemüse, Wildobst und Heilkräuter. In: *Der Gartenbau – L'Horticulture/ HSW.* Tagungsdokumentation Wädensweiler Stauden- und Gehölztage 2003. Sondernummer: „Garten – mehr als nur Design": 24–26. Solothurn.

Machatschek, M. – 2004: Nahrhafte Landschaft Band 2 – Mädesüß, Austernpilz, Bärlauch, Gundelrebe, Meisterwurz, Schneerose, Walnuß, Zirbe und andere wiederentdeckte Nutz- und Heilpflanzen. Böhlau Verlag. Wien – Köln – Weimar. S. 308.

Machatschek, M. – 2005: Das Judasohr (*Hirneola auricula-judae*) oder der Ohrenlappenpilz – Gärtnerische Beobachtungen und Verwendungsmöglichkeiten. In: *Der Österreichische Kleingärtner.* Nr.: 4/05: 48–50. Wien.

Machatschek, M. – 2006: Vom Baumblut oder Baumwasser – Über die Gewinnung von Süßstoffen. In: *Der Österreichische Kleingärtner.* Teil 1 Nr. 3/06: 50–52, und Teil 2 Nr. 4/06: 52–54. Wien.

Machatschek, M. – 2006: Die Landschaftsräucherung – Über die Bedeutung des geordneten Rauches punktueller Feuer als Kulturpflanzenschutz. In: *Der Alm- und Bergbauer.* 56. Jg. Folge 3/06: 28–32 und Folge 4/06: 29–33. Innsbruck.

MACHATSCHEK, M. – 2007: Die „Goldene Wurzel" – von den Heilkräften der Rosenwurz (*Rhodiola rosea*). In: *Kleingärtner – Die österreichische Zeitung für die Gartenpraxis*. Nr.: 7–8/07: 78–80. Wien.

MACHATSCHEK, M. – 2007a: Überlegungen zum Futterangebot für Schweine auf Almweiden von der Vorzeit bis heute. In: Königreich-Alm Dachsteingebirge – 3.500 Jahre Almwirtschaft zwischen Gröbming und Hallstatt, Forschungsberichte der ANISA, Band 1, Verein für alpine Forschung. Hg.: HEBERT B., KIENAST B., MANDL F.: S. 131–144. Haus im Ennstal.

MACHATSCHEK, M. – 2007b: Historische Kulturtechniken im Alpenraum, dargestellt an den Beispielen Dungmahder und Wasenhag – Von den umgelagerten Nährstoffen der „Dungmahder" im Gasteiner Tal (Land Salzburg) oder die Nährstoffzufuhr bergabwärts zu den Kreisläufen der Bauernwirtschaften. In: MERLIN, F. W., HELLEBART S. u. M. MACHATSCHEK (Hg.): Bergwelt im Wandel – Festschrift Erika Hubatschek zum 90. Geburtstag. 149–155. Verlag des Kärntner Landesarchivs. Klagenfurt.

MACHATSCHEK, M. – 2008: Von Birnenmehl und Kloazen – Über die Bedeutung der in Vergessenheit geratenen Mölltaler Scheibelbirnsorten. In: *Der Alm- und Bergbauer*. 58. Jg., Folge 11/08: 17–19. Innsbruck.

MACHATSCHEK, M. – 2008: Der Ökolandbau kappt seine Wurzeln. In: *politische ökologie*, Nr. 110: 66–67. München.

MACHATSCHEK, M. – 2010: Die silbrig glänzenden Tauperlen werden von der Sonne aufgetrunken. In: Loibl, E. & J. Hoppichler (Hg.). Schmackhafte Aussichten? Forschungsbericht, Band 63: 179–198. Hg.: Bundesanstalt für Bergbauernfragen. Bundesministerium für Land- und Forstwirtschaft, Umwelt und Wasserwirtschaft, Wien.

MACHATSCHEK, M. – 2010a: Wildkräuter als Nahrung – eine Übersicht europäischer Wildkräuter für Nahrungszwecke. In: Wie viele Arten braucht der Mensch? Eine Spurensuche. Grüne Reihe des Lebensministeriums, Band 22. S. 65–124. Hg.: Bundesministerium für Land- und Forstwirtschaft, Umwelt und Wasserwirtschaft, Wien. Böhlau Verlag. Wien – Köln – Weimar.

MACHATSCHEK, M. – 2010b: Über die Vielfalt der Wildobst- und Gehölznutzungen – Beispiele des Nahrungserwerbs im mitteleuropäischen Raum. In: Wie viele Arten braucht der Mensch? Eine Spurensuche. Grüne Reihe des Lebensministeriums, Band 22. S. 125–149. Hg.: Bundesministerium für Land- und Forstwirtschaft, Umwelt und Wasserwirtschaft, Wien. Böhlau Verlag. Wien – Köln – Weimar.

MACHATSCHEK, M. – 2012: Pilze als Wildäsung – Über die Pilze als Nahrung der Wildsäuger. In: *Der Tintling – Die Pilzzeitung*. Jg.: 17. Nr.: 2/12: 59–67. Schmelz.

MACHATSCHEK, M. – 2013: Das Grassmehl aus Fichten- und Tannennadeln als Zusatzfutter in der Tierhaltung und als Lebensmittel. In: Wald, Holz und Mensch – Festschrift zum 90. Geburtstag von Prof. Hiltraud Ast: 31–48. Hg.: GRABNER, M. u. H. KOHLROSS. Gesellschaft der Freunde Gutensteins. Gutenstein.

MADAUS, G. – 1938: Lehrbuch der Biologischen Heilmittel. Bd. 1, 2 u. 3. Leipzig.

MANNINEN, I. – 1931: Überreste der Sammlerstufe und die Notnahrung aus dem Pflanzenreich bei den nordeurasischen, vorzugsweise den finnischen Völkern In: Eurasia Septentrionalis Antiqua, ESA 6: 30–48.

MAURIZIO, A. – 1927: Die Geschichte unserer Pflanzennahrung. Berlin.

MAURIZIO, A. – 1940: Pflanzennahrung in Zeiten der Missernte und des Krieges. In: Mitt. aus dem Gebiete der Lebensmitteluntersuchung und Hygiene. Bd. 31: 12–38. Bern.

MAUTHNER, E. – 2009 bis 2013: Mündliche Mitteilungen über das Garten-, Koch- und Kräuterwissen. Graz, Hermagor.

MEEUSE, B. J. D. – 1949: Observations on the enzymatic action of maple and birch saps. In: New Phytologist. Volume 48, Issue 2. 125–145.

Literatur- und Quellenverzeichnis

Moes, G. – 2001: Migge in aller Kürze. In: Notizbuch 57 der Kasseler Schule. Der Gartenbau in vier Abtheilungen oder die Hausgemüse-Wirtschaft: 122–124. Hg.: Arbeitsgemeinschaft Freiraum und Vegetation. Kassel.
Nedoma, G. – 2013: Wo Knospen sind, ist Leben drin! In: Gesundheitsbote 1/2013: 2–15. St. Veit a. d. Glan.
Neef, E. – 1983: Ausgewählte Schriften. Ergänzungsheft 283 zu Petermanns Geographischen Mitteilungen. Gotha.
Neumann, K. u. J. F. M. Partsch – 1885: Physikalische Geographie von Griechenland. Breslau.
Niemann, G. – 1914: Etymologische Erläuterung der wichtigsten botanischen Namen und Fachausdrücke. Osterwieck/Harz und Leipzig.
Nordal, A. – 1939: Über einige norwegische volksmedizinische Skorbut-Pflanzen und ihren Vitamin-C-Gehalt. In: Nytt Magasin for Naturvidenskapene. 79: 193–231.

Ostrom, E. – 1990: Governing the commons. The evolution of institutions for collective action. Cambridge University Press.

Pahlow, M. – 1993: Das große Buch der Heilpflanzen. München.
Petkov V. D., Yonkov D., Mosharoff A., Kambourova T., Alova L., Petkov V. V. u. I. Todorov – 1986: Effects of alcohol aqueous extract from Rhodiola rosea L. roots on learning and memory. Acta Physiol Pharmacol Bulg. 12: 3–16.
Pirc, H. – 2002: Wildobst im eigenen Garten. Graz, Stuttgart.
Pohanka, A. – 1987: „Ich nehm' die Blüten und Stengel …" – Kräutlerin am Schlingermarkt. Böhlau Verlag. Wien – Köln – Weimar.

Rackham, O. – 2014: The ash tree. Little Toller Books. Dorset.
Radkau, J. – 2000: Natur und Macht – Eine Weltgeschichte der Umwelt. München.
Radkau, J. – 2007: Holz. Wie ein Naturstoff Geschichte schreibt. München.
Reeg, T., Brix, M., Oelke, E., M. u. W. Konold – 2009: Baumlandschaften. Nutzen und Ästhetik von Bäumen in der offenen Landschaft. Jan Thorbecke Verlag. Ostfildern.
Remer-Berlitz, U. – 2005: Mündl. Mitteilungen zur Sirup-Herstellung aus Birkenblättern. Amelinghausen.
Rosegger, P. – ca. 1888: Jakob der Letzte. L. Staackmann-Verlag. Bamberg.
Roth, L., Daunderer, M. u. K. Kormann – 1994: Giftpflanzen – Pflanzengifte. Giftpflanzen von A – Z, Notfallhilfe, Allergische und phototoxische Reaktionen. Landsberg/Lech.

Sahlins, M. – 1978: Ökonomie der Fülle. Die Subsistenzwirtschaft der Jäger und Sammler. In: Technologie und Politik 12: 154–204. Reinbek bei Hamburg.
Schertler, R. – 2005: Vorarlberger Kräuterwelten – Ein botanischer Streifzug durchs Ländle. Studienverlag Ges.m.b.H. Innsbruck.
Schiller, H., Lengauer, E., Gusenleitner, J., Hofer, B. – 1962: Fruchtbarkeitsstörungen bei Rindern im Zusammenhang mit dem Mineralstoffgehalt des Wiesenfutters und einigen Faktoren der Wirtschaftsführung. Hg.: Landwirt.-chem. Bundesversuchsanstalt. Linz.
Schlosser, S., Reichhoff, L. u. P. Hanelt – 1991: Wildpflanzen Mitteleuropas. Berlin.
Schneiter, F. – 1970: Agrargeschichte der Brandwirtschaft. In: Forschungen zur geschichtlichen Landeskunde der Steiermark. Hg. Histor. Landeskommission für Steiermark. Graz.

Schramayr, G. u. K. Wanninger – 2007: Die Steinwechsel – *Prunus mahaleb*. Eine Monographie des Vereins Regionale Gehölzvermehrung in Aspersdorf. Hg.: Amt der Niederösterr. Landesregierung. St. Pölten.

Schramayr, G. & K. Wanninger – 2011: Der Schwarze Holler – *Sambucus nigra*. Hg.: Amt d. Niederösterreichischen Landesregierung, St. Pölten und Verein Regionale Gehölzvermehrung, Aspersdorf.

Seidemann, S. – 2003: Buchbesprechung Laubgeschichten 2002. In: Nachrichten aus der Umweltbibliothek Leipzig Nr. 14. Leipzig.

Sendlhofer, F. – 2007: Die Roswurz – Eine wenig bekannte Heilpflanze. In: *Der Alm- und Bergbauer* 1–2/07. Innsbruck

Sieböck, G. – 2010: Der Weltenwanderer: Global Change – Zu Fuß um die halbe Welt. Innsbruck.

Simonis, W. Ch. – 2001: Medizinisch-botanische Wesensdarstellungen einzelner Heilpflanzen und Mysterienpflanzen. Wiesbaden.

Treipl, G. R. – 2004: Studienzusammenfassung „Eichelbrotherstellung" – Untersuchungszeitraum 2002 – 2004. Kaisersdorf.

Turi, J. – 1993/ vorher 1912: Erzählung vom Leben der Lappen. Eichborn Verlag. Frankfurt am Main.

Uyldert, M. – 1984: Verborgene Kräfte der Pflanzen. München.

Wagner, M. – 1841: Reisen in der Regentschaft Algier in den Jahren 1836, 1837 und 1838 nebst einem naturhistorischen Anhang und einem Kupferatlas. Band 1. Leipzig

Waldmeier-Brockmann, A. – 1941: Die Sammelwirtschaft in den Schweizer Alpen – Eine ethnographische Studie. Hg.: Schweiz. Gesell. f. Volkskunde. Basel.

Weissenfluh, A. v. – 1999: Mündl. über ihre Brombeer-Geheimnisse. Luzern.

Werlhof, C. v. – 1988: Grün kaputt durch Naturschutz. In: Schriften Agrarberatung und Agrarkulturen 3 am Fachbereich 21 Internationale Agrarwirtschaft Witzenhausen. Hg.: Groeneveld, S. 7–21. Witzenhausen.

Willfort, R. – 1959: Das große Handbuch der Heilkräuter. Linz.

Winkler A. u. H.C. Salzmann – 1989: Das Naturgarten-Handbuch für Praktiker. AT-Verlag. Aarau, Stuttgart.

Wolf, E. R. – 1966: Peasants. Englewood Cliffs. Prentice-Hall. New Jersey.

Wolf, E. R. – 1969: Peasant Wars of the Twentieth Century. Harpercollins College. New York.

Wolf, E. R. – 1971: Peasant Rebellion and Revolution. In: Miller N., Aya R. (eds.). National Liberation: Revolution in the Third World. The Free Press. New York.

Wolfe, T. – 1990: Mit dem Bauhaus leben = From Bauhaus to our house (amerikan. Orig. 1981). Athenäums Taschenbücher Bd. 43. Frankfurt am Main.

Wolkenstein, M. S. v. – 1936: Landesbeschreibung von Südtirol. Innsbruck.

Allgemeines Stichwortverzeichnis

A*cer negundo* 114
Acer pensylvanicum 114
Acer platanoides 102, 112, 119
Acer pseudoplatanus 109, 119
Acer rubrum 114
Acer saccharinum 114
Acer saccharum 114
Achillea millefolium 281
Acker-Hohlzahn 216, 224
Acker-Senf 141
Ahorn-Baumsaft 103, 109
Ahornblutwein 115
Ahornsirup 80, 111
Ahornzucker 110 f., 114
Alchemilla vulgaris 35, 281
Alliaria petiolata 140
Aloe vera 149
Alpen-Fetthenne 149
Alpenrose 181, 278, 281
Ameisen 106
Ampfer 336
Ampfer, Krauser 33
Anbohren 95, 103, 105 f., 110
Angelika 313
Anritzen 85, 105
Arctic Roots 162
Armenkost 322
Armoracia rusticana 115, 140
Attich 189, 243
Auricularia polytricha 291 ff.
Ausbrennen 282, 296
Autonomie 19 f., 325, 331

B*etula alba* 103
Bach-Nelkenwurz 249, 256
Badezusatz 287
Ballota 304 ff., 307 ff.

Balsam 75
Barbarakraut 140
Barbarea vulgaris 140
Bärlauch 61
Bauernwald 48, 62
Bauernwirtschaft 20, 47, 60, 84, 337
Baumnutzungsgeschichte 69
Baumpilze 294
Baumsafternte 71, 95 f., 110
Baumwasser 12, 52, 57, 69 ff., 95 ff., 337
Beerenkur 284
Beinwell 125, 171
Berberitze (*Berberis vulgaris*) 48, 54, 226 ff., 273
Berg-Ahorn 52, 57, 59, 71, 95, 98, 101, 109 ff.
Berg-Nelkenwurz 249, 256 f.
Besen 54, 57, 61, 82 f., 236, 315
Besen-Birken 83
Bettsächer 134
Betula pendula 69, 103, 119
Betulin 89
Bevorratung 21, 23, 45, 101, 139, 262, 313, 331
Bewässerung 35, 58
Bibernell 36, 40, 125, 167, 171, 283
Biene 58, 95, 143 f., 153, 186 f., 188, 235, 308
Bier-Kräuterzusätze 313
Bindematerial 57
Biobauern 28, 225
Biodiversität 327
Birkenasche 89 ff.
Birkenbier 72
Birkenblätter-Elixier 78
Birkenblättersaft 81

Birkenblätter-Sirup 69, 78, 81
Birkenkampfer 91
Birkenknospe 69, 77 f.
Birkenleder 88
Birkenöl 88
Birkenpech 90
Birkenpechkleber 88
Birkenreisig 54, 82 f., 91
Birkenrinde 84 ff., 88 ff.
Birkensaft 69, 71 ff., 96, 100 f., 103, 107ff., 112
Birkenteer 89 ff.
Birkenwasser 69 f., 72, 74 f., 108, 112, 116 f.
Birkenwein 72, 109
Birnenmehl 95, 337
Blitzbaum 92
Blitzeinschläge 92
Bluttee 214
Bohrloch 71, 105 f., 317
Brandkorn 64, 214
Brandrodung 64
Brandsalbe 150
Brandwirtschaft 213, 339
Brassica nigra 141
Brassica rapa 141
Bratlinge 180
Brechverfahren 183
Brennholz 4, 50, 54, 87, 92, 291
Brennnessel 125, 134, 171, 174, 184, 216, 223, 233
Brombeere 22, 56, 238 ff.
Brombeer-Likör 237 ff.
Brombeer-Marmelade 242
Brombeer-Mus 237 ff.
Bromen 239
Brotgetreide 225
Brotmehl 60, 84, 304
Brunnenkresse 131, 134 f., 139 f., 172

Buchweizen 64, 172, 214, 220, 265
Bürstlingsrasen 35

Calluna vulgaris 222
Capsella bursa-pastoris 141
Cardamine hirsuta 140
Cardamine pratensis 131
Castanea sativa 302
Chamaedrys montana 207
Champagner, Falscher 109, 115
Chelidonium majus 193
Clematis vitalba 102, 117
Cumarin 124

Dämonen 283
Daun 214 ff.
Dehesas 304
Dentaria enneaphyllos 139
Destillation 89 ff., 198, 202 f., 287
Dorn-Hohlzahn 216, 218 f., 224
Dörrobst 56
Dörrobstmehl 95
Dreidorn 229, 231
Drüsen- oder Indisches Springkraut 182
Dryas octopetala 205 ff., 211
Düngung 37 f., 40, 45, 63
Duovlle 101
Dürrkräutler 20
Durst löschen 80, 234

Echinacea 233
Edelkastanie 50 f., 58, 301 f., 309
Eichelbier 301 ff.
Eichelkaffee 259, 268 f.
Eichelkuchen 259 ff.
Eichelmehl 259 ff.
Eichel 261 ff.
Eicheln, Süße 301 ff.

Allgemeines Stichwortverzeichnis

Eichenallee 271
Eichenblattwasser 318
Eichengallwespe 317
Eichenhain 270 f., 306, 308
Eichenhudewälder 52
Eichenlaub 283, 318
Eichenrinde 301 ff.
Eichensaft 103
Eichenwälder 263, 302, 314
Eichenwasser 103
Einbeizen 279
Eindampfen 95, 112
Eindicken 112, 199
Einstreu 4, 50, 52, 61, 306, 315
Entwicklungshilfe 331
Enzianwurz 223, 279
Erdgrube 261 f.
Erlenweide 52
Ernährungsgeschichte 13
Erschöpfung 162, 166
Esche 50, 57, 59, 102, 104, 114, 195, 279
Essigdorn 229
Esskastanie 50 f., 58, 301 f., 309

Fackel 91
Fahrende 262
Färber-Eiche 309
Farn 44
Felsen-Fetthenne 144, 147, 150, 333
Femelschläge 62
Fermentation, alkalische 244, 261 ff., 310, 313
Fetthenne, Weiße 144, 150
Fichte 48, 52, 58 ff., 82, 102, 116, 140, 191, 224, 261, 273, 279, 319, 337
Fichten- und Tannenwipfelhonig 116
Fichtenharz 89

Fichtenwasser 102
Filipendula ulmaria 80
Flaum-Hohlzahn 214, 216
Flavonoide 124, 148, 158, 222
Flechten 22, 24, 75 f., 208, 246, 275
Fleischsur 279
Fleischwürze 139
Flotte Lotte 200
Forst 44, 46, 48, 50, 62, 100, 240, 273, 325, 328, 334 f.
Franzosenkraut 172, 174, 321
Frauenmantel 35, 40, 371, 281
Frauenwurz 164
Frucht-Brombeere 239 f., 242, 246
Futtergetreide 64

Gagelstrauch 313
Galeopsis angustifolia 217
Galeopsis bifida 218
Galeopsis ladanum 216
Galeopsis pubescens 214, 216
Galeopsis segetum 214, 216, 221
Galeopsis speciosa 216
Galeopsis tetrahit 216, 224
Galläpfel 301 ff., 317 ff.
Gallertpilz 291 f.
Gänseblümchen 117, 125, 171, 281
Gänsekresse 140
Gartenkresse, Echte 140
Garten-Springkraut 177
Geldwert 17, 24, 43, 329
Genever 284
Gerben 88, 317, 319
Gesichtslotion 245
Getreidekultur 13, 22, 64, 225, 259, 303
Geum montanum 256
Geum rivale 256
Geum urbanum 247

Gewöhnliche oder Hänge-Birke 103
Gewürznelke 108, 115, 250, 253
Glatthafer 25 f., 29, 31, 33, 35 f.
Glühwein 255
Goldene Wurzel 154, 337
Goldhafer 35
Grassmehl 59
Große und Purpur-Fetthenne 143 ff.
Groß-Springkraut 177
Grummet 28 ff., 39
Grünland 25, 28 f., 32 f., 36, 38 ff., 52, 60 f., 240, 335 f.
Gülle 36 ff.

Haarwasser 75, 184
Hackkultur 213
Hagebutte 48
Hainbuche 50, 57, 102, 334
Hanfnessel 214 ff.
Hasel 50, 54, 57, 89, 105, 219, 266, 282
Haselnuss-Eiche 309
Haut- und Haarpflege 75
Hebamme 76 ff., 165, 286
Heckenkirsche 54
Heidekraut 48, 222
Heidelbeere 48, 108, 115, 235, 243
Heilblatt 149
Heilelixier 283
Heu 25, 28 ff., 44 ff., 52, 57 f., 84, 112, 279
Heuhüpfer 132
Himbeere 56, 243
Hirsch 78, 110
Hirschholunder 191
Hirtentäschelkraut 125, 141, 172, 322
Hohlzahn 212 ff.
Hohlzahn, Bunter 216, 220
Hohlzahn, Gelber 214 f., 217 ff., 222 f., 225

Hohlzahn, Schmalblättriger 217
Hohlzahn, Zweispaltiger 217 f.
Hollamulla 196
Hollerholz-Heilöl 202 f.
Holler-Suisse 196, 199 f., 202, 227
Hollersülze 189, 199 f., 202
Holler-Tezl 202 f.
Hollerwasser 203
Holunderlaub 54
Holzbrot 69, 84
Holzrechenmacher 236
Hühnerdarm 122 f.
Hühnersuppe 128
Humulus lupulus 102
Hustensirup 113, 117, 224
Hydrolat 202
Hylotelephium maximum 144
Hylotelephium purpureum 144

Impatiens balsamina* 177
Impatiens capensis 177
Impatiens glanduliferia 177, 182, 185, 188
Impatiens noli-tangere 177, 184
Impatiens parviflora 177, 185

Johannisbeere, Rote 108, 195, 235
Johannisbeere, Schwarze 108, 189, 235
Juchten 89, 91
Juniperus alpine 275
Juniperus communis 116, 273 ff., 288
Juniperus nana 274 f.
Juniperus sabina 118, 275

Kadeöl 287
Kahlschläge 56, 62 ff., 184, 191, 218
Kalkung 40
Kapuzinerkresse 141
Käse 39, 61,72, 101,110, 136, 173, 201, 282

Allgemeines Stichwortverzeichnis

Kiefer 48, 52, 59, 63, 84
Kienspäne 63 f.
Kieselsäure 91, 124, 220, 222 ff.
Kieseltee 222
Kirschenwasser 102
Kletten-Labkraut 125, 171
Klettenwurzel 313
Kletzenbrot 56
Knoblauchsrauke 124, 140, 172
Knochenaufbau 222
Knopper-Eiche 309
Knoppernwirtschaft 318
Körbe 88, 90, 246, 262 f.
Korbflechten 83
Kork 98, 192, 267, 302, 306 ff.
Korkbaum 307 f.
Kornwut 213 f., 216
Krammetsvögel 275, 277
Kranewit(t) 275, 283
Kratzbeere 238, 240
Kräuterkunde 14
Kräuterwissen 11, 14, 17, 20, 22, f., 323 f., 329, 338
Kren 115, 140 f.
Kuckucksblume 131
Kuh 25, 30, 39, 77, 95 f., 279, 315
Kuhwurz 168

Lagerung 320
Lampenöl 183
Landespflege 326 f., 334
Landnutzung 4, 12, 22, 41, 51, 54, 63, 306, 316, 321, 326 ff., 335
Landwirtschaft 14, 17, 20, 24, 32 f., 38, 40, 326 ff., 335
Lappen 78, 101, 166, 339
Lärche 44, 52, 59, 273
Lärchharzgewinnung 52
Lärchwiese 44, 52
Laubfutter 57, 61, 82

Laubnutzung 13, 48
Lebendigmacher 275, 285
Lepidium latifolium 140
Lepidium sativum 140
Likör 189, 227, 234, 237 f., 240, 243, 245 f., 284
Luftwiesenwirtschaft 57

Mädesüß 80, 115, 172, 223, 336
Mahdzeit 37
Mai-Haferrübe 141
Maiwipferl 82
Malva spec. 151
Malven 151, 171, 174, 224
Margerite 25, 35, 171
Mastbäume 51, 58 f.
Mauerpfeffer, Milder 125, 148
Mauerpfeffer, Scharfer 143 f., 148 f.
Meerrettich oder Kren 140
Milch 25, 34, 38 f., 61, 72, 76 ff., 101, 109, 126, 135, 149, 156, 164 f., 173, 182, 194, 220, 244, 265, 268 f. 282, 296, 304
Misteldrossel 277
Mistung 35, 40
Moderne 11, 14, 17, 324, 330, 334
Mond 23, 67, 97, 119, 333
Moos 44, 208
Morschholz 292
Most 53, 96, 101, 139, 144, 282
Mottenmittel 255
Muskatpulver 164

Nadelfutter 59
Nahrungserwerb 18, 329, 337
Nassfermentation 264
Nasturtium officinale 134, 140
Naturrecht 321 ff.
Naturschutz 14, 16, 39, 43, 62, 168,

187, 306, 323, 325 ff., 331, 335 f., 339
Nelkenwurz, Echte 108, 247 ff.
Neophyt 35, 186 ff.
Neunblättrige Zahnwurz 139
Nierenbaum (Birke) 74
Nussfrüchte 44, 51, 58, 60, 82, 259, 261 ff., 270, 301 ff., 308, 311, 313 ff.
Nusshain 271

Obstmehl 56, 95
Obstsuppe 56
Ohrenlappenpilz 291 f., 294 f., 299, 337
Ohrenpilz 292 ff.
Orangeblütiges Springkraut 177
Orchidee 185, 318

Pappel 52, 57, 92, 102, 110, 297
Parfüm 89, 219, 232
Pektin 124, 194, 196, 222, 234, 243, 245, 287
Permakultur 316
Pesto 125, 138, 141, 281 f., 344
Pfefferersatz 139, 141
Pfefferkraut 140, 149
Pflanzenmast 38
Pflanzenwissen 330
Pilzansätze 296
Pilze 4, 44, 52 f., 88, 128, 272, 291 ff., 337
Pilzpulver 54, 294 f.
Plenterbetrieb 62
Plenterwirtschaft 65
Pratensis 25 ff., 131
Purpur-Waldfetthenne 144

Quarkblume 137
Quecke 35

Quercus aegilops L. 309, 318
Quercus cerris 103, 263, 267
Quercus esculus L. 309
Quercus ilex subsp. ballota 304 f., 307 f.
Quercus infectoria 309
Quercus petraea 103, 267, 309
Quercus pubescens 103
Quercus robur 103, 119, 261, 267, 305
Quercus rubra 258, 267
Quercus suber L. 307 ff.
Quercus tinctoria 309
Quiche 125

Raubbau 169
Räucherstrauch 282
Rauchtabak 234
Raygras 37
Reintierblume 207
Re(i)ntier 78, 207
Reintierrose 207
Rhodiola himalensis 157
Rhodiola rosea 154 ff., 333 ff.
Rhodiola saxifragoides 158
Rhododendron ferrugineum 281
Rhododendron hirsutum 281
Ribes nigrum 189
Rinde 44, 75 f., 80, 83 ff., 98, 103 f., 108, 114, 192 f., 227 ff., 275, 278, 298, 301 ff.
Robinia pseudacacia 297
Robinienhonig 146
Rosea pachyclados 158
Rosea rhodontha 158
Rosenrod 158
Rosenwurz 117, 154 ff.
Rosenwurz-Wasser 167
Roseroot 162
Roter oder Trauben-Holunder 196

Rothollerkern-Heilöl 199
Rot-Klee 25, 35, 40
Rotweinauszüge 166
Rübe 64, 95, 124, 141, 174, 199, 213, 224
Rübenzucker 115
Rubus caesius 237 f., 240
Rubus fruticosus 56, 237 ff., 246
Rubus caesius 237 f., 240
Rühr-mich-nicht-an 176 ff.

Saftdruckstreuer 179
Saftschub 110
Salicylsäure 80, 244
Sambucus ebulus 189, 243
Sambucus nigra 291, 339
Sambucus racemosa 189, 191
Samenvorrat 32, 39
Sammelstandort 327
Saponine 124, 222
Sauerampfer 22, 76 ff., 125, 171, 229
Sauerkraut 57, 166, 276, 280, 284
Schaf 30, 51, 62, 66, 77, 83 f., 129, 207, 230, 256, 307 f.
Schafgarbe 22, 36, 39, 116, 124 f., 167, 171, 233, 281, 285
Schaumkraut, Behaartes 140
Schaumkraut, Bitteres 140
Schaumzikade 132
Scheinakazie 297
Schinken 51, 139, 279, 301 f.
Schlehdorn 48
Schlüsselblume 125, 172, 224
Schneitelung 59
Schöllkraut 139, 334
Schüttgelb 89
Schwammerlragout 295
Schwarz-Holunder 189, 193, 199 f., 202, 291 ff.

Schwein 25, 30, 51, 61 f., 302, 304, 308, 314 f., 337
Schweinemast 262, 300 ff., 316
Schwenden 100
Sebenstrauch 117, 274
Sedum reflexum 144, 147
Sedum acre 144, 147 ff.
Sedum album 144, 150
Sedum alpestre 149
Sedum maximum 143 f.
Sedum rosea 154
Sedum rupestre 144
Sedum sexangulare 144, 149
Sedum telephium 143 ff.
Selbstversorgung 322, 330
Senf, Schwarzer 141
Senf, Weißer 133, 139, 141
Seven 274
Siebenschläfer 260 f.
Silage 25
Silberwurz, Weiße 205 ff.
Silikatverbindung 222 f.
Sinapis alba 141
Sinapis arvense 141
Soisse 199
Sonnenhut 233
Speck 150, 173, 279 f., 284, 288, 315
Speiselaub 336
Spießdorn 229, 231
Spitz-Ahorn 102, 112
Spitz-Wegerich 171
Stein-Eiche 207, 304, 307 ff.
Steinhäger 284
Stellaria media 121, 123
Sternmiere 121 ff.
Stiel-Eichen 260 f., 305, 318
Stinkbaum 274
Stinkwacholder 274
Stockausschlagwald 50

Strohkorbformen 246
Suberwälder 308
Subsistenzwirtschaft 316, 331, 339
Suisse 196, 199 f., 202, 227
Süßstoff 69, 79 f., 95 ff., 119, 243, 337
Süßungsmittel 81, 100, 112, 118, 200, 244

Tanne 102, 116, 215, 337
Taraxacum officinale 135
Teekur 77, 223, 284 f.
Thymian 82, 115 ff., 128, 172 f., 223 f.
Tiergesundheit 28
Tinte 317 f.
Tonikum 163, 165
Traubenkirsche 50, 54, 59
Tripmadam 144, 147, 150, 333
Tropaeolum majus 141
Turdus pilaris 276
Turdus viscivorus 277

Überlebenskultur 331
Überlebenswissen 331
Ulme 172, 297
Universalheilpflanze 273

Verantwortung 330 f.
Verbrachung 186, 325 ff.
Vogelfutter 129
Vogelkirschen 102

Wacholder 116, 118, 233, 273 ff.
Wacholderbeerentinktur 276, 282 ff.
Wacholderbranntwein 284, 287
Wacholderdrossel 276
Wacholder-Harz 287
Wacholdernadel-Pesto 281 f.
Wacholderöl 286 f., 289

Wacholderreisig 278 f., 283
Wacholderspross 280
Wald 4, 43 ff., 100, 184
Waldauflichtung 329
Waldbeweidung 42, 64, 329
Waldheu 44
Waldhude 57
Waldprinzip 65
Waldrebe 117
Waldschläge 117
Waldweide 61, 229, 325
Waldwiese 52
Weichsel 102
Weidelgras 37, 39
Weidenrinde 80
Weidenutzung 48, 187, 230, 274
Weidewald 52, 217
Weihrauch 287, 324
Weihrauchbaum 282
Weinarten 102
Weinbau 50
Weinscharl(ing) 229
Weinwurzel 250 f., 254
Weißdorn 48
Weiße Fetthenne 144, 150
Wiese 4, 25 ff., 142, 171, 328
Wiesen-Bärenklau 36, 171
Wiesen-Bocksbart 25, 30, 35, 171
Wiesen-Flockenblume 36
Wiesen-Frauenmantel 35
Wiesen-Glockenblume 25, 35
Wiesen-Kerbel 36, 172 f.
Wiesenknopf 125, 171
Wiesen-Kümmel 36, 171
Wiesen-Löwenzahn 135, 171
Wiesen-Pippau 25, 35
Wiesen-Platterbse 36
Wiesen-Salbei 30, 36
Wiesen-Schaumkraut 134
Wiesen-Schwingel 25, 35

Allgemeines Stichwortverzeichnis

Wiesenwirtschaft 29, 32, 36, 40 f., 57
Wildbeuter 7, 24, 267, 330 f.
Wilde Kresse 131 f.
Wildpflanze 22 ff., 321 ff.
Wildpflanzenleben 329, 331
Wildschweine 261, 313, 316
Winterelixier 244
Witwenblume 25, 34 ff., 171
Wurstware 279, 284, 315
Wurzelrindentee 231

Würzmittel 131, 139, 253, 273, 295

Zerr- und Flaum-Eiche 103
Zinnkraut 128, 285
Zirbe 60, 336
Zucker-Ahorn 100 ff., 114
Zunder(holz) 52, 91
Zwerg- oder Alpen-Wacholder 274
Zwergholler-Schnaps 243
Zwerg-Holunder 189
Zwetschke 56, 102, 195, 242

Krankheiten – betroffene Körperteile

Abwehrkräfte 141, 166, 222, 234
adaptogen 16, 162
Adjuvans 224
Akne 136, 244, 318
Angina 244, 328
Antiskorbutmittel 149
aphrodisierend 165
appetitanregend 126, 254
Arteriosklerose 210, 244, 285
Arthritis 74, 285
Arthrose 285
Asthma 135, 203, 285
Atemstillstand 148
Atemwegserkrankung 126
Augenbindehaut 296
Augenentzündungen 231
Augenschmerz 255
Ausschläge 75, 116 126
Auszehrung 215, 224

Beulenbildung 168
Blasenbeschwerde 224, 285
Blinddarm 244
Blutarmut 74, 126, 161, 223 f.
Bluterkrankung 223
Blutfluss 234, 254
Bluthusten 126
Blutreinigung 74, 131, 134, 136, 138, 140, 223
Blutzuckerspiegel 163
Bronchialleiden 285
Bronchien 223, 235
Bronchitis 126, 135, 223 f., 285
Brustverschleimung 223
Burn-out 163, 351

Cholera 233

Darmkolik 289
Darmkrankheit 254
Darmperistaltik 284
Darmüberreizung 151
Depression 161, 163
Desinfektionsmittel 286
durchblutungsfördernd 286
Durchfall 254

Ekzeme 91, 126, 318
Enddarmreinigung 287
endzündungshemmend 74, 89, 126, 196, 222, 235, 254, 267
Energielosigkeit 156, 210
Entaktualisierung 324
Entbitterung 260, 262, 268, 270, 310, 313, 316
entgiftend 76, 126, 163, 235
entwässernd 74, 77, 285
Entzündung 74, 126, 149, 151, 183, 196, 210 f., 231, 233, 245, 296, 318
Epidemie 131, 351
Erbrechen 148, 179, 180, 183, 193, 231, 233 f., 351

Fiebersenkung 131, 135, 196, 211, 233 ff., 254
Frauenkrankheit 164
Frostbeule 231, 318
Furunkel 128, 151

Galle- und Leberleiden 134, 138, 174, 231, 235, 285

349

Galleausscheidung 231, 284
Gallensteinleiden 229, 284
Gallestörung 222, 224
Gastritis 233
Gebärmutter 76, 222, 233
Gebärmutterentzündung 222, 318
gefäßreinigend 244
Gehirn-Heilmittel 161
Gerstenkörner 126
Geschwulst 168, 224, 284
Geschwür 75, 128, 149, 151, 168 285, 318
Gicht 274, 87
grippale Infekte 183, 202, 224
Grippe 161, 189, 203, 210, 224, 244

Hämorrhoiden 126, 128, 149, 184, 231, 233, 244, 296
Hals- und Rachenbereich 296
Harndrang 134, 233, 286
Harnsame 134
harntreibend 126, 135, 222, 244 f.
Harntreibungstee 284
Harnwegsinfektion 144
Harnwegsinfekt 223
Hautausschlag 116, 126, 184, 231, 286 f.
Hautheil- und Hautjunghaltemittel 168
Hautkrankheit, braunfleckenartige 202
Hautkrankheit 75, 91, 136, 183 f., 202, 223 f., 244, 285
Hautunreinheit 136, 244, 318,
Hepatitis 126
Herzbeschwerden 210, 234
Herzklopfen 126, 286
Herz-Kreislauf-Erkrankung 286
Hornhauttrübung 126

Husten 296

Impotenz 161
Infektion 161

Juckreiz 126

Kehlkopf 91, 223
Konzentrationsfähigkeit 161, 163
Kopfschmerzen 148, 161, 163, 166, 193, 233, 244, 256, 285 f.
Körperreinigung 74
Krämpfe 135, 139 f., 286
Krebserkrankung 103, 203, 228 f., 231
Krebsvorbeugung 222
Kreislaufwirtschaft 45

Lähmung 118, 148, 254, 285
Leber 24, 126, 134, 138, 163, 174, 210, 222, 224, 231, 233 ff., 254, 256, 285
Leberflecken 75
Leiberdbeben 183
Leistungsfähigkeit 161
Leukämie 223
lungenreinigend 126
Lungenschwindsucht 224
Lungentuberkulose 215, 224

Magenkolik 74, 224
Magenschleimhaut 134, 196
Magenverstimmung 289
Malaria 233
Menstruation 126, 164, 210, 244, 285
Müdigkeit 162, 165
Muskelkraftsteigerung 166

Nachgeburt 76 f.

Nagelbetteiterung 222
Nervenleiden 161, 194
Nervennahrung 163
Neurotransmitter 161
Nierenleiden 74, 224
Nierenreizung 231
Nieren- und Blasensteine 74
Nierenstockung 233

Ohrenschmerz 128
Osteoporose 222

Pestilenzen 210, 283
Pfortader 254
Pickel 128
Pocken 25
Prostata 244
Psoriasis 91, 126

Quetschung 59, 128

Rekonvaleszenz 128, 222
Rheuma 74, 77, 80, 61, 116, 126, 135 f., 183 f., 202, 210, 231, 233, 281, 285 ff.
Ruhr 148, 164, 234, 244, 254, 261

Scheidenkatarrh 318
Schilddrüsenvergrößerung 224
Schlaflosigkeit 163
Schlafstörung 161, 210
Schlaganfall 205, 210 f., 247, 254, 297
Schlangenbiss 233
Schnittwunden 126
Schnupfen 135, 161
Schwangere 162, 233, 286, 352
Schwangerschaftserbrechen 234
Schweißtreibung 202
Sehschwäche 231
Sexualfunktion 165
Skorbut 131, 140
Sodbrennen 244, 285
Sommersprossen 75, 136
Stärkungsmittel 126, 285, 289, 317
Staublunge 224
Stress 162

Tierbisse 284
Tuberkulose 163, 215, 222 ff.
Tumorerkrankung 297

Übelkeit 148, 179, 231
Übersäuerung 202, 223, 285
Umschläge 75, 126, 136, 168, 184, 224, 245, 296
Uterusblutung 296

MICHAEL MACHATSCHEK

leitet die Forschungsstelle für Landschafts- und Vegetationskunde in Hermagor/Kärnten. Er ist als freiberuflicher Ökologe, Landschafts- und Freiraumplaner und Wanderforscher unterwegs, sammelt altes Gebrauchswissen und führt Lehrtätigkeiten durch. Er ist Autor zahlreicher Bücher zu Fragen der Landnutzungsformen und Kräuterkunde.